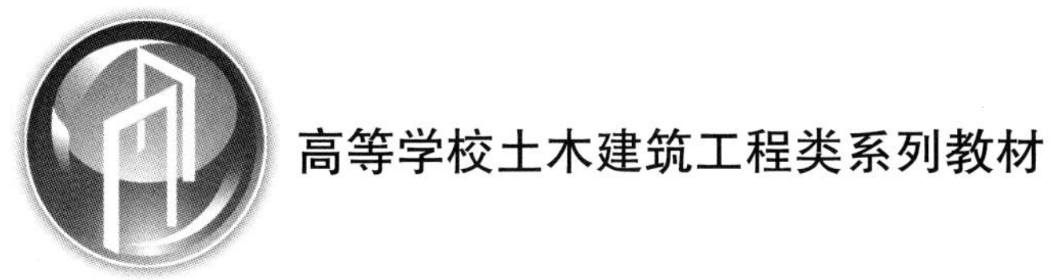

钢筋混凝土结构分析程序设计（第二版）

■ 主编 侯建国 安旭文 杨冬梅

图书在版编目(CIP)数据

钢筋混凝土结构分析程序设计/侯建国,安旭文,杨冬梅主编.—2版.
—武汉:武汉大学出版社,2013.1
高等学校土木建筑工程类系列教材
ISBN 978-7-307-10310-8

Ⅰ.钢…　Ⅱ.①侯…　②安…　③杨…　Ⅲ.钢筋混凝土结构—结构分析—程序设计　Ⅳ.TU375.04

中国版本图书馆CIP数据核字(2012)第270420号

责任编辑:李汉保　　责任校对:黄添生　　版式设计:支　笛

出版发行:**武汉大学出版社**　(430072　武昌　珞珈山)
(电子邮件:cbs22@whu.edu.cn 网址:www.wdp.whu.edu.cn)
印刷:荆州市鸿盛印务有限公司
开本:787×1092　1/16　印张:18.25　字数:437千字　插页:1
版次:2004年9月第1版　2013年1月第2版
2013年1月第2版第1次印刷
ISBN 978-7-307-10310-8/TU·109　定价:28.00元

内容简介

本书系统地介绍了利用有限单元法进行框架结构的内力分析，并按我国现行结构设计标准《建筑结构荷载规范》(GB 50009—2001)(2006 年版)、《混凝土结构设计规范》(GB 50010—2010)和《建筑抗震设计规范》(GB 50011—2010)中的相关规定，介绍了荷载组合和配筋计算的程序设计方法与编制技巧。书中结合作者编制的框架结构分析程序 FSAP 程序(Frame Structures Analysis Program)，对 FSAP 程序的主要功能模块进行了详细讲解，并给出了相应的源程序。

本书可以作为高等学校土木建筑工程类专业本科生和硕士研究生有限元程序设计选修课的教材，亦可以供从事结构设计的工程技术人员以及高等学校相关教师参考。

高等学校土木建筑工程类系列教材

编　委　会

序

建筑业是国民经济的支柱产业，就业容量大，产业关联度高，全社会50%以上固定资产投资要通过建筑业才能形成新的生产能力或使用价值，建筑业增加值占国内生产总值较高比率。土木建筑工程专业人才的培养质量直接影响建筑业的可持续发展，乃至影响国民经济的发展。高等学校是培养高新科学技术人才的摇篮，同时也是培养土木建筑工程专业高级人才的重要基地，土木建筑工程类教材建设始终应是一项不容忽视的重要工作。

为了提高高等学校土木建筑工程类课程教材建设水平，由武汉大学土木建筑工程学院与武汉大学出版社联合倡议、策划，组建高等学校土木建筑工程类课程系列教材编委会，在一定范围内，联合多所高校合作编写土木建筑工程类课程系列教材，为高等学校从事土木建筑工程类教学和科研的教师，特别是长期从事土木建筑工程类教学且具有丰富教学经验的广大教师搭建一个交流和编写土木建筑工程类教材的平台。通过该平台，联合编写教材，交流教学经验，确保教材的编写质量，同时提高教材的编写与出版速度，有利于教材的不断更新，极力打造精品教材。

本着上述指导思想，我们组织编撰出版了这套高等学校土木建筑工程类课程系列教材，旨在提高高等学校土木建筑工程类课程的教育质量和教材建设水平。

参加高等学校土木建筑工程类系列教材编委会的高校有：武汉大学、华中科技大学、南京航空航天大学、南昌航空大学、湖北工业大学、汕头大学、南通大学、江汉大学、三峡大学、孝感学院、长江大学、昆明理工大学、江西理工大学、江西农业大学、江西蓝天学院15所院校。

高等学校土木建筑工程类系列教材涵盖土木工程专业的力学、建筑、结构、施工组织与管理等教学领域。本系列教材的定位，编委会全体成员在充分讨论、商榷的基础上，一致认为在遵循高等学校土木建筑工程类人才培养规律，满足土木建筑工程类人才培养方案的前提下，突出以实用为主，切实达到培养和提高学生的实际工作能力的目标。本教材编委会明确了近30门专业主干课程作为今后一个时期的编撰、出版工作计划。我们深切期望这套系列教材能对我国土木建筑事业的发展和人才培养有所贡献。

武汉大学出版社是中共中央宣传部与国家新闻出版署联合授予的全国优秀出版社之一，在国内有较高的知名度和社会影响力。武汉大学出版社愿尽其所能为国内高校的教学与科研服务。我们愿与各位朋友真诚合作，力争使该系列教材打造成为国内同类教材中的精品教材，为高等教育的发展贡献力量！

高等学校土木建筑工程类系列教材编委会

2008年8月

前　言

有限单元法作为一种实用的数值分析方法随着电子计算机技术的普及而得到了工程界的广泛重视，有限单元法已成为结构分析的强有力工具。

有限单元法在20世纪50年代起源于航空工程中飞机结构的矩阵分析。该方法将整个结构看成有限个力学小单元互相连接而组成的集合体；分析每个力学小单元的力学性能，按照一定的方式装配在一起，就反映了整体结构的力学特性。

这种思路，在1960年被推广用来求解弹性力学问题，并开始采用“有限单元法”(Finite Element Method)术语。其基本步骤是，首先将弹性连续体进行离散化，分割成有限的小块体(即单元)，让这些小块体只在指定点(即节点)处互相连接，用这种离散结构代替原来连续的结构；其次，对每个单元选择一个简单函数来近似表示其位移(或内力)分布规律，并按弹、塑性理论中的变分原理建立单元节点力与位移之间的关系；最后，把所有单元集合起来，得到一组代数方程组，求解代数方程组，得出各节点位移，进而求出各单元的应力或内力，从而得到离散结构的解。只要单元分得较多，就可能用这个解作为连续体的解答。

为了使解答尽可能接近精确解，通常划分单元较多，企图用手算完成这一任务是不可能的。电子计算机技术的进步，使这种方法得到广泛应用。电子计算机的特点是容量大、速度快、稳定性好，因而一般工程问题都能解决。这里，关键是根据有限单元法设计的计算机程序的编制。

目前，国内外已编制了许多大型通用有限单元法程序。其中著名的有E. L. Wilson教授等编制的SAP系列，K. J. Bathe教授等编制的ADINA系列，美国国家航空航天管理局(NASA)发展的NASTRAN，以及近年来在国内广为流行的美国大型有限元软件ANSYS、ABAQUS等；国内大连理工大学钟万勰教授等研制的JIGFEX和DDJ程序系统，国家航空工业部研制的XAJEF系列等。这些大型通用有限单元法程序，对于静力、动力、材料非线性、几何非线性、稳定性等问题都可以很方便地计算出来，可以解决许多复杂的工程问题。但大型有限单元法程序由于其通用性，无所不包，因而也带来了一些问题。例如，数据填写复杂，应用上不够方便。而且有些专门问题，新发展的问题，这类程序无法包括。因此，对于结构分析工作者，仅仅会使用现有程序是不够的，还必须具备根据不同的需要编制相应程序的能力。再者，有限单元法发展到现在，已积累了十分丰富的资料，计算机程序也编制了许多，在实际工作中，往往可以借鉴，这也需要学习编制程序的技巧与方法，才有可能读懂其他程序，然后再移植、改造或增加新的功能。

从工程应用的角度来看，为了推进计算机辅助设计的发展，要求结构分析进一步与工程结构数据库、网格自动剖分、图形处理、人工智能、专家系统、计算机绘图等相结合，而这些问题又更多地依赖于计算机程序设计的能力。在杆系结构方面，目前虽已有许多结构计算软件可供使用，但这些软件有的还停留在内力分析阶段，而按照我国现行结构设计标准的相关规定，对钢筋混凝土结构构件在各种荷载作用下的内力进行荷载组合，然后进行配筋计算的软件还为数不多，从结构设计的观点来看，仅求出结构构件的内力是远远不够的。目前国内应用较多的杆系结构设计软件有 PKPM 系列、TBSA、广厦 CAD、GT Strudu、PSD(Plant Steel Design)等，但这些软件在应用中仍有一些不尽如人意的地方。例如，PKPM 用于火力发电厂主厂房的结构设计时有关风荷载的计算、荷载分项系数的取值和荷载组合及抗震设计时可变荷载的组合值系数的取值等方面就存在许多问题；GT Strudu 及 PSD 等从美国引进的软件，由于结构设计标准的不同，难以直接用于国内的工程结构设计。因此，掌握结构分析程序的编制方法，根据不同的需要编制一些专用的、单项的小型结构分析程序，尤其是根据我国现行结构设计标准中的相关规定编制相应的荷载组合和承载力计算程序，是从事工程结构设计的人员应具备的一个基本能力。

本书是在侯建国主编的《钢筋混凝土结构分析程序设计》(武汉大学出版社 2004 年第一版)的基础上修订而成，主要介绍利用有限单元法进行框架结构的内力分析，并按我国现行结构设计标准中的相关规定进行荷载组合和配筋计算的程序设计方法与编制技巧。全书由 6 章和 1 个附录所组成。

第 1 章为绪论，简要介绍结构分析程序的发展与应用，结构分析程序设计的一般方法与基本要求和框架结构分析程序的主要内容。

第 2 章主要介绍平面杆系结构有限单元法(亦称矩阵位移法)的基本原理，并列出有关基本公式。其中重点以平面框架结构为例介绍了有限单元法解题的全过程，包括离散化、单元分析、整体分析和解方程求位移及杆端内力计算等内容。

第 3 章围绕作者所编写的平面杆系结构分析程序 FSAP(Frame Structures Analysis Program)进行逐段讲解，介绍平面框架结构内力分析程序的编制方法与技巧(包括静力分析和动力分析)。重点介绍了原始数据输入、约束条件的引入、单元刚度矩阵的形成、结构刚度矩阵的组集、整体荷载列向量的形成、解方程、杆端力计算和抗震设计中的自振周期的计算、水平地震作用计算及地震作用效应(内力、位移)计算等关键性程序模块，并给出了相应的细框图和源程序，便于读者自学和参考。

第 4 章和第 5 章仍以作者编制的 FSAP 程序为对象进行逐段讲解，重点介绍按照我国现行结构设计标准《建筑结构荷载规范》(GB 50009—2001)(2006 年版)、《混凝土结构设计规范》(GB 50010—2010)和《建筑抗震设计规范》(GB 50011—2010)的有关规定，进行荷载组合和配筋计算的程序设计。第 3 章还介绍了按我国现行《混凝土结构设计规范》(GB 50010—2010)和《建筑抗震设计规范》(GB 50011—2010)关于钢筋混凝土框架结构抗震设计中的“强柱弱梁”、“强剪弱弯”、“强节点”的有关规定，对地震组合内力设计值进行调整的程序设计方法和编制技巧。

第 6 章给出了 FSAP 程序的使用说明，并给出了大量的工程实例，供读者上机实习之用，或作为读者自编某些程序的考题之用。

附录中给出了 FSAP 程序中有关的其他子程序。

为了便于读者自学，书中介绍的程序力求简单明了，因此，这些程序不是一个非常精练的通用标准程序，必然有许多可修改之处。读者在读懂 FSAP 程序后，可以很方便地将这些程序改编为空间问题有限单元法程序，也可以扩充相应的前处理程序(自动形成计算简图及图像显示)和后处理程序(形成结构配筋图等)。

本书编写中努力贯彻“少而精”的原则，力图做到深入浅出，循序渐进，使读者学习完本书后能独立修改、编制各自需要的应用程序，达到学以致用的目的。在编写过程中，对于读者较为熟悉的有限单元法原理只作一般性介绍，而把重点放在计算程序(尤其是荷载组合和配筋计算程序)的编制原理和具体方法上。

本书主要作为高等院校土木建筑工程类专业高年级学生和硕士研究生结构分析程序设计选修课的教材，亦可供从事工程结构设计的技术人员和土木建筑工程类院校的师生学习与参考。

本书第 1 章 ~ 第 4 章由侯建国编写；第 5 章和第 6 章及附录由安旭文编写；按原规范进行结构设计的 FSAP 程序由侯建国编制；安旭文、李扬对 FSAP 程序按新规范的规定进行了全面修订，并增加了许多新的功能；整个程序的上机调试由安旭文、李扬负责完成。全书由侯建国修改定稿。

由于作者水平所限，尽管我们尽了很大努力，但书稿中仍难免有缺点和疏漏之处，欢迎广大读者批评斧正。

侯建国

2011 年 12 月于珞珈山

目　录

第 1 章　绪　　论

§1.1　结构分析程序的发展与应用

随着电子计算机技术的飞速进步和广泛应用，有限单元法和相应的结构分析程序已成为工程结构数值分析的有力工具。特别是在固体力学和结构分析领域内，有限单元法和相应的结构分析程序已取得了巨大的进展，利用上述方法与程序已成功地解决了一大批具有重大意义的课题，许多通用程序和专用程序也已投入了实际应用。目前，有限单元法仍是一个在快速发展的学科领域，有限单元法的理论、特别是结构分析程序的研发与应用方面的文献，经常大量地出现在各种专著、教材和刊物中[1]~[15]。

有限单元法是以电子计算机技术为手段的“电算”方法，有限单元法以大型工程结构问题为对象，未知数的个数可以成千上万，因而为解决复杂的力学问题提供了一个有效的工具。掌握了这个工具，为结构工程师的工作提供了极大的方便。过去的一些计算难题现在已成为常规问题，过去不得已而采用的一些过于简化的计算模型已经为更加符合实际的复杂模型所代替。计算工作的高速度与高精度，使某些试验手段开始成为过时的东西；优化设计方法的发展使结构设计从单纯的验算过程变为真正的设计过程；建筑结构 CAD (Computer Aided Design)的出现，使广大设计人员从繁琐的手工计算和绘图工作中解脱出来，这确实是设计工作中的一个飞跃。

从工程应用角度来看，在杆系结构方面，目前虽已有许多程序可供使用，但这些程序有的还停留在内力分析阶段，而按照我国现行结构设计标准的相关规定，对钢筋混凝土结构构件在各种荷载作用下的内力进行荷载组合，然后进行配筋计算的程序还为数不多。杆系结构 CAD 方面的软件，目前国内应用较多的有 PKPM 系列、TBSA、广厦 CAD、GT Strudu、PSD(Plant Steel Design)等，但这些软件在应用中仍有一些不尽如人意的地方。例如，PKPM 用于火力发电厂主厂房的结构设计就存在许多问题；GT Strudu 及 PSD 等从美国引进的软件，由于结构设计标准的不同，难以直接用于国内的工程结构设计。在非杆系结构方面，目前国内外虽然已编制了许多大型通用有限单元法程序，如 SAP、Super SAP、ADINA、ANSYS、ABAQUS 等，但这些大型通用程序由于其通用性，无所不包，因而也带来一些问题。例如，数据准备十分复杂，有些专门问题、新发展的问题，这些程序无法包括。所以，掌握结构分析程序的编制方法，根据不同的需要编制一些专用的、单项的小型结构分析程序是工程计算所必需的。而且，为了借鉴已有的许多程序，也需要学习程序设计的方法和技巧，这样才有可能读懂别人的程序，然后再移植、改造和增加新的功能。同时，为了推进计算机辅助设计的发展，要求结构分析进一步与工程结构数据库、网格自动剖分、图形处理、人工智能、专家系统、计算机绘图等相结合，而这些问题又更多地依赖于计算机程序设计的能力。

上述情况要求正在从事和即将参加工程建设的技术人员，特别是担负着开发和研究任务的科学技术工作者，能够较好地掌握有限单元法的基本原理和程序设计方法，以便一方面能够有效地利用现有的成果和计算程序，另一方面能够具有改进现有计算方法和计算程序的能力，并为发展新的方法、编制新的结构分析程序，掌握必需的基础理论。

本书正是为了适应上述要求，为工科院校土木建筑工程类专业高年级学生及硕士研究生学习杆系结构有限单元法程序设计提供一部教材，同时也可以作为土木建筑工程类专业的工程技术人员和高等学校教师的参考读物。

本书除了介绍杆系结构有限单元法程序的设计方法和编制技巧外，还对结构设计中的荷载组合和配筋计算等内容的程序设计方法与编制技巧也作了详细介绍，虽然这部分内容已不属于有限单元法的内容，但进行结构设计则是必不可少的，因而这部分内容也是本书的重点和特点之一。

§1.2 结构分析程序设计的一般方法和基本要求

1.2.1 结构分析程序设计的步骤和方法

编制一个结构分析程序，一般应遵循以下的一些方法和步骤。

(1)提出问题，确定计算模型。根据工程需要将实际结构归结为某种结构计算问题，如杆系结构计算问题、弹性力学平面问题及空间问题等。

(2)提出相关数学公式和力学公式。选择适当的计算方法，把相关数学公式、力学公式化成适于计算机解题的方法。

(3)确定变量符号及其意义。变量名宜尽量采用数学、力学中或实际问题中相同或相近的名字，如 α 用 ALF 表示，θ 用 CT 表示，周期用 T 表示，等等。

(4)绘制总框图。按照解决问题的流程，把想要编写的程序分成若干个大的功能模块，原则性地指出计算过程中的几个大的步骤，并将各功能模块用框图形式连接起来即构成总框图，以便有条不紊地编写程序。

对于框架结构分析程序，其总框图如图 1-1 所示。总框图中一些大的程序模块还可以进一步细分为若干个子块，每一子块完成某一特定功能(参见图 1-1)。

(5)用算法语言编写程序。常用语言有 BASIC、FORTRAN 等。

(6)上机调试。首先将所编制的程序输入计算机，进而检查所编制的程序是否符合相关算法语言的语法规定，然后试算。这时往往用一个小题目，最好每一步都有结果核对。若试算结果正确，再用中型、大型考题考核，各种类型问题的考题都通过了，才能投入使用。

(7)程序维护。一个程序投入使用后，还需要做许多维护工作。例如，继续考题，因编制一个程序，常常不可能把所有问题都弄清楚，难免有考虑不周之处，程序越大，这个问题就越突出。进而扩充功能、改进方法等。

1.2.2 程序设计的基本要求

编制一个结构分析程序，特别是对于较大型的程序系统，一般应达到以下几点基本

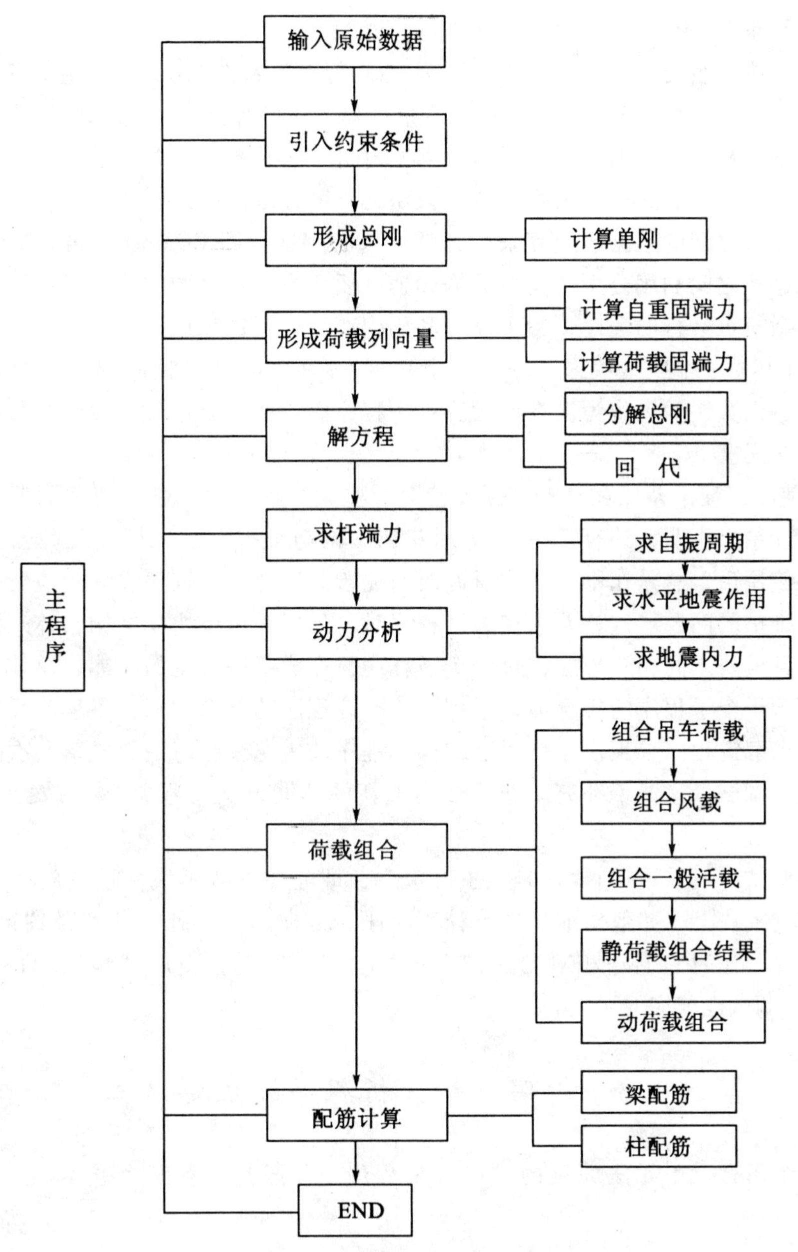

图1-1　框架结构分析程序总框图

要求。

(1)应保证程序的正确性，即程序应能如实地反映计算模型的要求。通常采用各种各样的考题来检验程序的正确性。

(2)应使程序具有高效率，以加快运算速度，节约机时。作者在近几年编制和调试程序的过程中，尝试了几种加快运算速度的技巧，现列出如下，供读者编程时参考：

①能用加法解决的不用乘法，能用乘法解决的不用除法，能用乘法解决的不用乘方。

②能放在循环体外计算的应尽量提到循环体外，从而消除重复运算，必要时设工作单元存放中间结果。

③能用一维数组的不用二维数组。因为一维数组的存取要比二维数组的存取快得多。

④根据 FORTRAN 语言数组元素按列存放的特点，最左边的下标变化最快，因此，有关数组的运算，最内层的循环均设计成从第一个下标(即最左边的下标)开始，最外层的循环为最末一个下标。这样就大大节省了数组元素的存取时间。

⑤各程序块之间的数据传递宜采用开辟有名公用区，即 COMMON 语句的方式。这是因为不同程序块之间利用公用区交换数据的速度要比虚实结合的方式快得多。

对于在微机上运行的程序，为了充分利用内存，还可以采用在主程序中开辟两个很大的公用数组(其中一个整型数组、一个实型数组)，而将其他子程序中的数组则设计成动态数组，然后以数组元素作为实在变元，将主程序中的两个公用常界数组分段提供给各动态数组作为实元。

(3)应使程序便于调试和维护。国外曾对一些大型程序的研制和使用周期所花的费用进行了调查，结果表明大约有 75% 的费用花在调试与维护上。从相关经验知道，大多数程序在交付使用后，总是在不断地进行修改与完善。因此，在程序设计中应特别关注程序便于调试和维护的问题。这就要求在编制程序时，最好采用模块化结构，体现结构化程序设计思想。各模块之间相互独立，每一个子程序只完成某一特定的功能，总体程序作为一个主程序和若干个子程序的集合体，子程序执行该程序的全部功能，主程序只是用来控制解题规模和求解进程。采用模块化程序结构，程序的来龙去脉清楚，段落层次分明，可读性强，既便于调试，又便于补充、修改或增加新的功能，从而避免“牵一发而动全身”的弊端。

程序的调试一般采用“自底向顶”的策略[14]，即先调试各子块，重点放在一些影响大而复杂的关键模块上，如数据前处理、计算单刚、形成总刚、处理荷载及约束、解方程、特征值计算等，先对它们作相对独立的调试，然后再联调，当调试到顶(即调试到主程序)时，整个调试也就完成了。

§1.3 框架结构分析程序的主要内容

任何一个用有限单元法编制的结构分析程序，一般都包括三个基本内容，如图 1-2 所示。

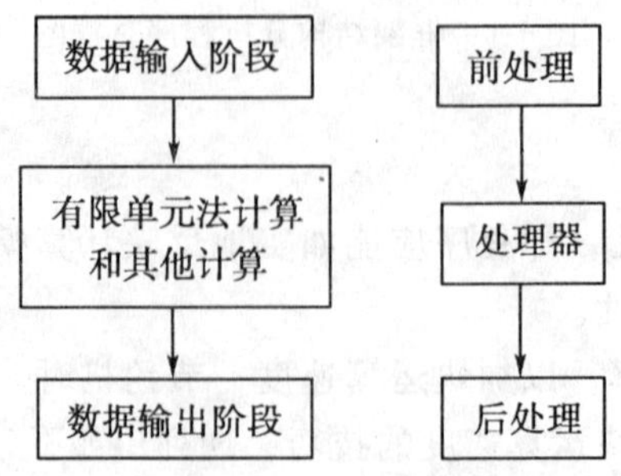

图 1-2 结构分析程序的基本内容

1.3.1 数据输入阶段——前处理

数据输入阶段，通常也称为前处理，主要是输入计算课题所必需的原始数据和生成数据，以便形成有限单元法计算模型，如框架结构分析中的计算简图、弹性力学有限单元法中的计算网格图等，为有限元矩阵的计算及其他计算作好准备。对于有限单元法计算程序，输入数据可以归结为：

(1)控制参数。控制参数包括节点总数、单元总数、问题类型、材料组数、荷载组数等。控制参数用来控制解题范围、数组规模、循环语句的终止点和求解进程等。一般说来，程序的通用性越大，这类数据就越多。

(2)几何信息。确定结构的几何形状、单元的几何形状和结构的边界支承条件的数据统称为几何信息。几何信息包括单元信息、节点坐标、边界约束信息等。

(3)材料信息。输入单元的几何特性和物理特性，如截面尺寸、弹性模量或混凝土强度等级等数据。

(4)荷载信息。输入每一个荷载作用的单元号或节点号、方向号、荷载值等。

(5)其他信息。如抗震计算时需要输入结构抗震等级、特征周期、重力荷载代表值的组合值系数等；配筋计算时需要输入纵向受力钢筋和箍筋的强度设计值等；有时梁的支座弯矩需要考虑削减，因而需要输入梁的支座弯矩削减信息等。

1.3.2 有限单元法计算和其他计算

这一阶段主要是计算单元刚度矩阵(简称单刚)、单元荷载列阵，再组集成结构整体刚度矩阵(亦称总刚度矩阵，简称总刚)、整体荷载列阵，然后进行求解。对于动力问题，还需计算质量矩阵、特征值及特征向量、自振周期等；还有荷载组合及配筋计算等。

1.3.3 数据输出阶段

数据输出主要包括两部分，一是输出原始数据，以便存档和核对；二是输出最终的计算结果，包括位移、单元内力或应力等。对于动力问题一般输出特征值、特征向量和自振周期等；配筋计算时输出最不利组合内力和相应的钢筋截面面积及配筋率等，抗震验算还要输出地震组合的最不利内力及配筋结果、轴压比等。

有时为了检查计算过程中的问题，常需设计一些中间结果的输出语句，例如，节点位移未知量编号数组、单刚、总刚等。另外，当解方程溢出时，常输出结构刚度矩阵的主对角元等。这种类型的输出，在调试程序时会设计得多一些，一旦程序被证实是正确的，就可以减少，甚至完全取消。

目前，后处理的发展很快，主要增加了图形输出，如计算简图、网格图、内力图、应力图、振型图和结构施工图等。

第2章 框架结构内力分析程序的编制原理

§2.1 概 述

有限单元法(Finit Element Method)是20世纪50年代中期发展起来的。有限单元法是电子计算机时代的产物。电子计算机技术为这一方法提供了特殊的方便，而电子计算机技术的进步，又使这一方法得到了广泛的应用。利用有限单元法及相应的电子计算机程序进行结构的设计计算，引起了结构分析领域的深刻变化，这一方法比原有的结构分析方法具有速度快，精度高，便于解决复杂的、大型的难题的优点。进入20世纪80年代以后，由于微机在我国的普及，使得这一方法应用得更加广泛。目前几乎所有的工程设计单位和每一个工程师都熟悉并乐于采用这一方法来解决工程结构的分析计算问题。

本章结合作者编制的框架结构分析程序FSAP(Frame Strnctures Analysis Program)，简要介绍平面杆系结构有限单元法的基本原理和求解步骤。

用有限单元法对平面杆系结构进行分析时，通常采用位移法，即把各节点的位移作为基本未知量来求解。平面框架中的每一节点都有三个未知位移(水平线位移 u，竖向线位移 v，转角位移 θ)。有的铰节点则有四个或四个以上的位移(2个线位移 u 和 v，各杆端的转角位移 θ_1、θ_2、…)。在一般的结构力学位移法中，常常不考虑杆件的轴向变形，以便减少未知位移的数目，达到简化计算的目的。在有限单元法中，为了提高计算的精度，而又不增加太多的计算时间，特别是为了增加程序的通用性，往往是把轴向变形也考虑进去的。

用有限单元法求解平面框架结构时，首先把整体结构离散成有限个单元(杆件)，这些单元以有限个节点相连接，承受着等效节点荷载(直接作用于节点的荷载和由单元荷载移置到节点的荷载)，再根据节点的变形协调条件，建立节点的静力平衡方程，通过求解线性方程组得到所有节点的位移，最后再由节点位移求得各杆端的内力，进而求出杆中各截面的内力。这就是有限单元法分析平面框架的基本思路，其具体内容可以归结为：

(1)结构离散化，对单元和节点进行编号，即确定有限单元法计算简图；

(2)确定节点位移未知量编号$\{\Delta\}$，同时引入约束条件；

(3)计算单元刚度矩阵$[\boldsymbol{k}]$；

(4)组装整体刚度矩阵$[\boldsymbol{K}]$；

(5)组装整体荷载列向量$\{\boldsymbol{F}\}$；

(6)解方程求位移；

(7)计算杆端力；

(8)动力分析，包括特征值和特征向量及自振周期计算、水平地震作用计算、地震内力分析等。

结构设计时，还需根据现行结构设计规范中的相关规定，对已求得的内力进行荷载组合和配筋计算等。

§2.2　平面杆系结构有限单元法的基本原理及求解步骤

2.2.1　平面杆系结构有限单元法的基本原理

在利用有限单元法进行结构分析时，首先要把结构离散化，即把整体结构作为有限个单元的集合体来考虑。平面框架结构由梁和柱所组成，因而把梁和柱作为单元是很自然的。如图 2-1(a)所示的平面框架，是由 2 根梁和 4 根柱用 6 个节点连接而成的。这些单元和节点按照一定的原则进行编号。在外荷载的作用下，各节点产生位移 u_i、v_i、θ_i。用位移法进行分析时，首先用一些链杆和刚臂把所有的线位移和角位移加以约束，使之成为“固定状态”，如图 2-1(b)所示。固定状态在外荷载作用下，在节点处不产生任何位移。但链杆和刚臂这些附加约束却产生了约束反力 X_{gi}、Y_{gi}、M_{gi}。这些约束反力可以由两端固定杆(在 FSAP 程序中将两端固定杆作为基本杆件)在相应荷载作用下的载常数表求得。由于原结构上并没有这些约束力，因此，需要在各节点上再作用与约束反力大小相等方向相反的“放松力”X_{fi}、Y_{fi}、M_{fi}，借以取消这些约束，恢复其原有的节点位移，如图 2-1(c)所示。这样一来，原结构就变成了“固定状态”与“放松状态”的叠加。

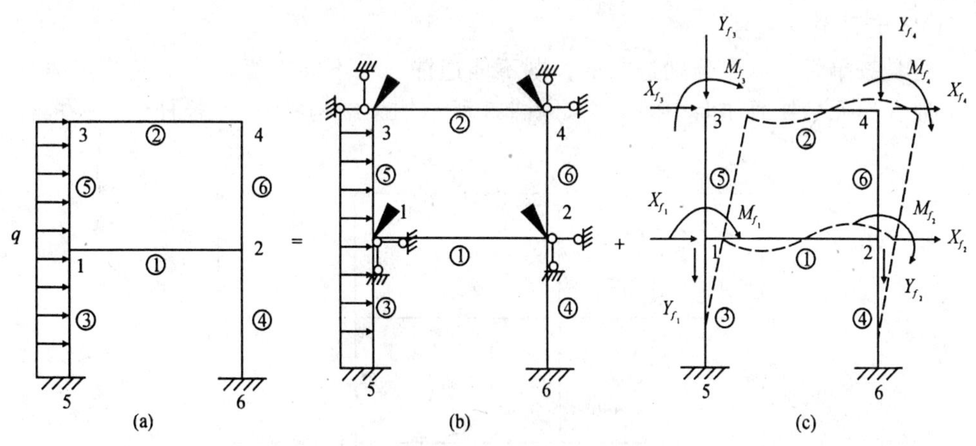

图 2-1　有限单元法计算原理图

对于固定状态的计算，由于所有的位移都被控制，所以基本杆件都是两端固定杆，各杆固端力可以查载常数表求得，再由节点平衡条件求得各节点的约束反力 X_{gi}、Y_{gi}、M_{gi}。

对于放松状态，所有的放松力(亦称等效节点力)X_{fi}、Y_{fi}、M_{fi}都作用在节点上：$X_{fi}=-X_{gi}$，$Y_{fi}=-Y_{gi}$，$M_{gi}=-M_{fi}$。汇交于节点上的各单元的杆端位移是相同的，即满足变形协调条件；而各杆端对节点的作用力的总和也应与作用在节点上的放松力大小相等方向相反，即满足力的平衡条件。如果能够建立杆端位移与杆端力的关系，就可以建立以节点位移为未知量的力的平衡方程组，平衡方程的个数等于结构所有节点位移的总数，通过求解方程组就能得到各节点的位移。反之，根据变形协调条件，求得了节点位移，亦即求得了杆端位移，再利用杆端位移与杆端力的关系，就能求得各杆的杆端力。

最后，把放松状态与固定状态的杆端力叠加起来，就得到了原结构的杆端力，根据杆中荷载的情况还可以进一步求出各截面的内力；而放松状态下各节点的位移即是原结构的节点位移。

这里，问题的关键在于两个方面，一是如何建立杆端力与杆端位移的关系，二是如何建立各节点的平衡方程，这将在后面加以说明。

如上所述，平衡方程的个数等于结构的所有节点位移的总数，也就是结构的总自由度数。简单的结构自由度数仅几个，复杂的结构则有数十个、数百个，乃至于上千个。这样的线性方程组，用手工的方法求解显然是十分困难的，甚至是不可能的。如用电子计算机则可以在短时间内解出。因此，有限单元法是以计算机的应用为前提的。

2.2.2 有限单元法的求解步骤

无论对什么样的结构，有限单元法的分析过程都是程序化了的，其典型的求解步骤如下。

1. 离散化——确定有限单元法计算简图

首先将结构的梁、柱离散为有限个单元的集合体。对于杆系结构，通常采取自然离散的形式，就是把结构的梁、柱作为单元，梁、柱的交点取为节点，然后对单元和节点进行编号，同时选定坐标系、内力及位移的符号。

(1)单元及节点编号。

编号是按单元和节点分别进行的，既不能遗漏，也不能重复。为了与节点编号相区别，一般在单元号外面加上小圆圈。如图 2-2 所示框架结构共有 15 根杆件，一根杆件作

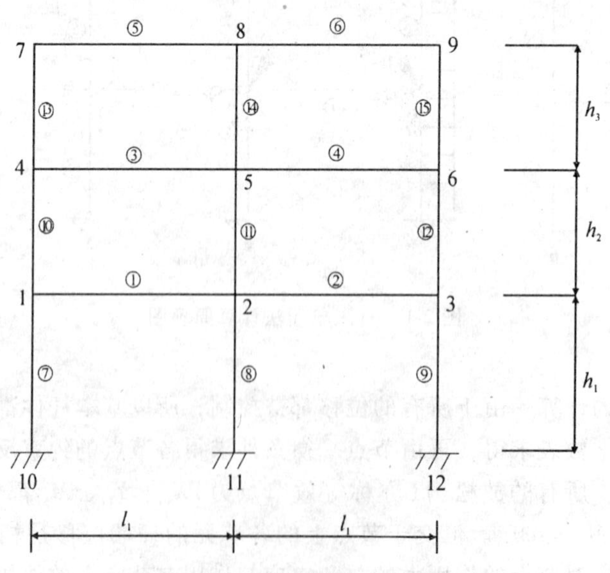

图 2-2 框架结构有限单元法计算简图

为一个单元，因此，单元编号从①号编到⑮号；在该框架结构的 12 个节点中，有 3 个为支座节点，且为固定端。节点编号既可以从支座节点开始进行编号，亦可以将支座节点编号放在最后。

在进行单元和节点编号时，应按一定的次序进行。对于单元编号，为了配筋计算方便，FSAP 程序约定：先编梁，后编柱，最后编刚性杆。同类杆(例如梁)一般说来编号次序可以任意，但为了避免出错，可以按“从左至右，自下而上”的顺序进行编号(参阅图 2-2)。

对于节点编号，原则上应使相邻节点的最大“节点号差”尽可能地小。因为相邻节点的节点号差越大，总刚度矩阵的带宽就越大，所需的存贮容量也就越大。所谓带宽是指总刚度矩阵每一行中最左非零元素至该行主对角线元素之间(包括它们自身)的元素个数，称为该行的半带宽，简称带宽。例如，以下 6 阶总刚度矩阵$[\boldsymbol{K}]$，各行的带宽分别为 1、2、3、2、1、4。

$$
\begin{array}{c} \text{带宽} \\ 1 \\ 2 \\ 3 \\ 2 \\ 1 \\ 4 \end{array}
\quad
[\boldsymbol{K}]=\begin{bmatrix} 4.5 & & & & & \\ 0.2 & 5.3 & & \text{对称} & & \\ -1.3 & 0 & 10.2 & & & \\ 0 & 0 & 5.1 & 8.4 & & \\ 0 & 0 & 0 & 0 & 0.6 & \\ 0 & 0 & -1.7 & 0 & 0 & 3.1 \end{bmatrix} \tag{2-1}
$$

总刚度矩阵的最大带宽与相邻节点的最大节点号差有关(支座除外)，而每个节点有 3 个平衡方程，故总刚度矩阵的最大带宽可以按下式确定

$$m=3(d+1) \tag{2-2}$$

式中：d——相邻节点的最大节点号差。

带宽小的总刚度矩阵，非零元素集中在主对角线两侧；带宽过大，不仅浪费存贮单元，有时还会影响计算精度。对于如图 2-3 所示框架，图 2-3(a)所示的节点编号较好，图 2-3(b)所示的节点编号则较差，这可以从各自对应的总刚度矩阵看出(参阅式(2-3)～式(2-4))。在式(2-3)及式(2-4)中，“×”表示非零元素，它们是 3×3 的子矩阵，因为每个节点有 3 个平衡方程；“○”表示经运算后可能变为非零的零元素；空格表示零元素。对

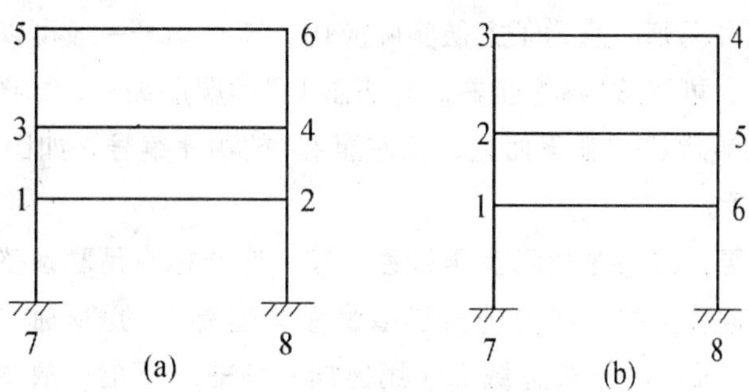

图 2-3　同一框架结构两种不同的节点编号方式

于图 2-3(a)，$d=2$，故 $m=9$；对于图 2-3(b)，$d=5$，故 $m=18$。当总刚采用变带宽一维压缩存贮时，图 2-3(a)及图 2-3(b)对应的总刚元素个数分别为 117 个及 135 个。可见，图 2-3(a)的编号，相应的总刚度矩阵的带宽较小，所需的内存数也较少。

图 2-3(a)对应的总刚度矩阵为

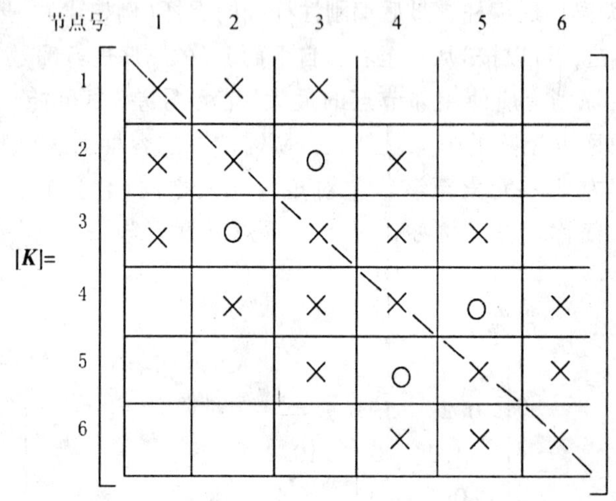

(2-3)

图 2-3(b)对相应的总刚度矩阵为

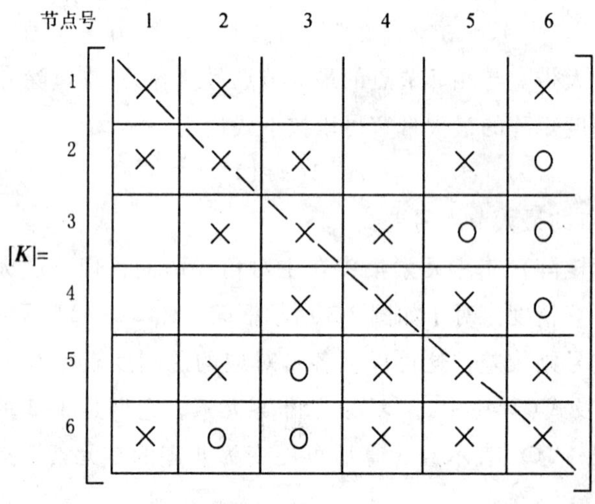

(2-4)

根据前述节点编号原则，且为了方便实际应用，节点编号一般可以按下列规则进行：

当层数≥跨数时，可以按"从左至右，自下而上"的顺序编号，如图 2-4(a)所示；

当层数<跨数时，可以按"自下而上，从左至右"的顺序编号，如图 2-4(b)所示。

(2)坐标系的选择。

为讨论问题的需要，需要建立两套坐标系，第一套坐标系是联系整个结构的整体坐标系，通常把水平、竖直方向的两条直线分别取做整体坐标系的 Ox 轴和 Oy 轴，坐标原点可任意取，如图 2-5 所示。由于外荷载的作用方向一般是向下的，故本书及 FSAP 程序中取 Oy 轴向下为正。另一套坐标系是属于每个单元的局部坐标系，其 $O\bar{x}$ 轴与杆轴重合，并按顺时针方向转 90°的规则定出 $O\bar{y}$ 轴。确定了单元的局部坐标系，也就确定了单元的

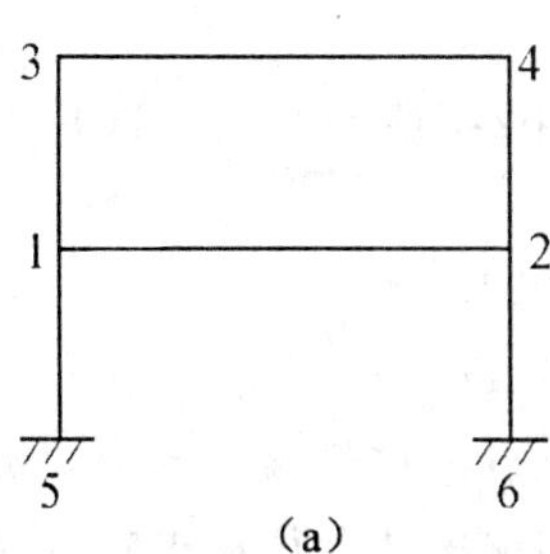

(a)

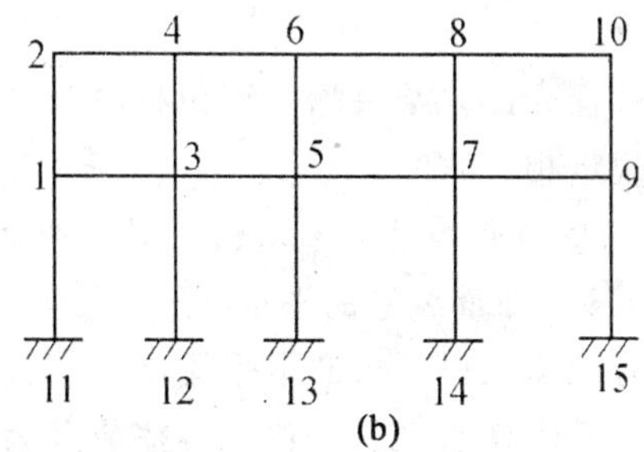

(b)

图 2-4　节点编号

始、终节点号，例如图 2-5 中的 $\{\bar{o}_1\ \bar{x}_1\ \bar{y}_1\}$ 是①号单元的局部坐标系，其坐标原点 $\bar{o}_1$ 与节点 1 重合；$\{\bar{o}_9\ \bar{x}_9\ \bar{y}_9\}$ 则是单元 9 的局部坐标系。

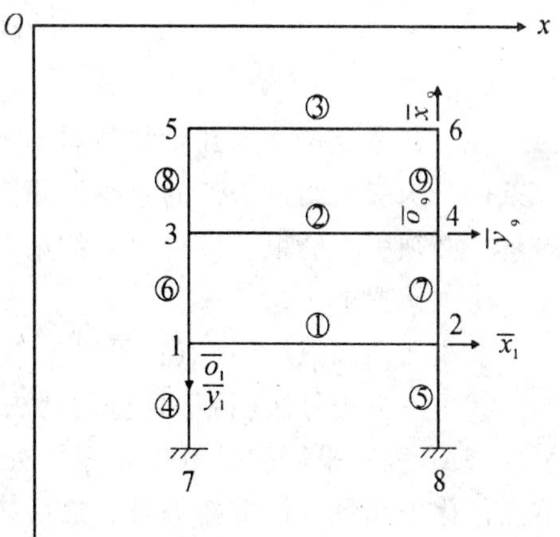

图 2-5　坐标系的选择

(3)符号规定。

①外力符号。

垂直于杆轴的均布、集中荷载及梯形等线性分布荷载以向下(梁)、向右(柱)为正；集中力偶以顺时针方向旋转为正；沿着杆轴的均布、集中荷载则以向左(梁)、向下(柱)为正。

②内力符号。

有两种规定，一是位移法符号，这是在内力分析过程中使用的，如图 2-6(a)所示为正，其中 i 为左端(梁)或下端(柱)，j 为右端(梁)或上端(柱)。二是习惯用法符号，这是荷载组合及配筋计算中使用的，与平时的习惯用法一致，如图 2-6(b)所示为正。

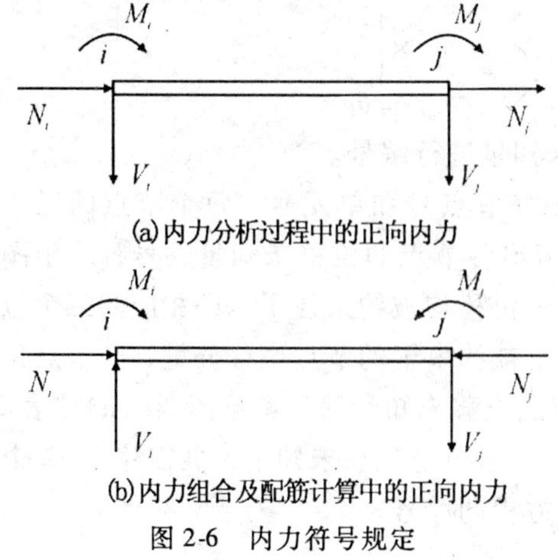

图 2-6　内力符号规定

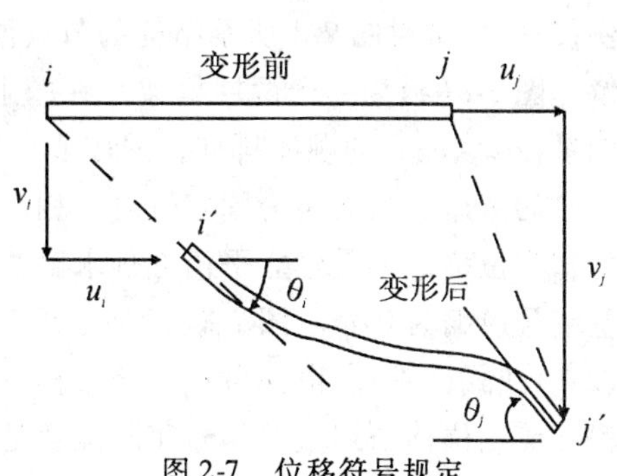

图 2-7　位移符号规定

③位移符号。

无论计算过程或计算结果均采用位移法符号，如图 2-7 所示为正。这是与内力分析中位移法的符号规定相一致的。

2. 确定节点位移未知量编号，同时引入约束条件

(1)节点位移未知量编号的形成。

杆系结构有限单元法分析通常采用位移法，即以节点位移作为基本未知量来求解。因此，在用有限单元法算题之前，首先应按节点编号顺序编出节点位移未知量的编号，也就是编出需要建立的节点平衡方程的序号。

各节点的节点位移排列顺序为

$$\{\boldsymbol{\delta}_i\} = \begin{Bmatrix} u_i \\ v_i \\ \theta_i \end{Bmatrix} \begin{matrix} \text{水平位移} \\ \text{竖向位移} \\ \text{转角} \end{matrix} \tag{2-5}$$

在进行节点位移未知量编号时，还要考虑支座的约束情况，这就是通常所说的引入约束条件。未引入约束条件的总刚度矩阵$[\boldsymbol{K}]$为奇异矩阵，为了使结构的整体平衡方程有唯一解，必须引入约束条件。引入约束条件的方法如下：

①主元置 1 法；

②主元乘大数法(优点：可以考虑非零已知节点位移，如支座不均匀沉降等)；

③重排方程号法(俗称划行划列法)：去掉线性相关的行和列后，重新编方程号。

FSAP 程序采用的是重排方程号法，即首先将与已知零位移有关的方程去掉，然后对节点位移未知量进行重新编号，最后按该新的节点位移未知量编号进行结构总刚度方程的组集与求解。该方法的优点是，节省存贮容量、加快运算速度。这是因为组合总刚前已将与已知零位移有关的方程去掉了，相应的有关刚度系数就不用计算了，因而该方法既节省存贮容量，又节省机时。

计算机程序实现时，引入节点位移未知量编号数组 JW(3，NJ)来存放节点位移未知量编号，这里 NJ 为节点总数，参见下式。

$$\begin{matrix} \text{节点号} & 1 & 2 & \cdots & \text{NJ} \end{matrix}$$

$$\text{JW}(3,\ \text{NJ}) = \begin{bmatrix} \times & \times & \cdots & \times \\ \times & \times & \cdots & \times \\ \times & \times & \cdots & \times \end{bmatrix} \begin{matrix} u_i \\ v_i \\ \theta_i \end{matrix} \tag{2-6}$$

例[2-1]　试对图 2-8 所示结构的节点位移未知量进行编号。

解：图 2-8(a)为一个两层框架，在图上已编好节点号和单元号。每个节点的三个位移未知量按 u、v、θ 的顺序排列，并按节点序号编出各节点的位移未知量编号，示于图中各节点号的旁边。当支座为固定端时，相应的三个位移均被约束住了，即相应的三个位移均为已知零位移，不需建立平衡方程求解，故凡是被约束了的节点位移分量，其节点位移未知量编号应编为 0 号。图 2-8(a)所示框架的节点位移未知量编号参见图 2-8(a)或表 2-1 或式(2-7)或式(2-8)。由此可见，该结构一共有 12 个节点位移未知量，共需建立 12 个平衡方程，节点位移未知量的编号实际上就是平衡方程的序号。

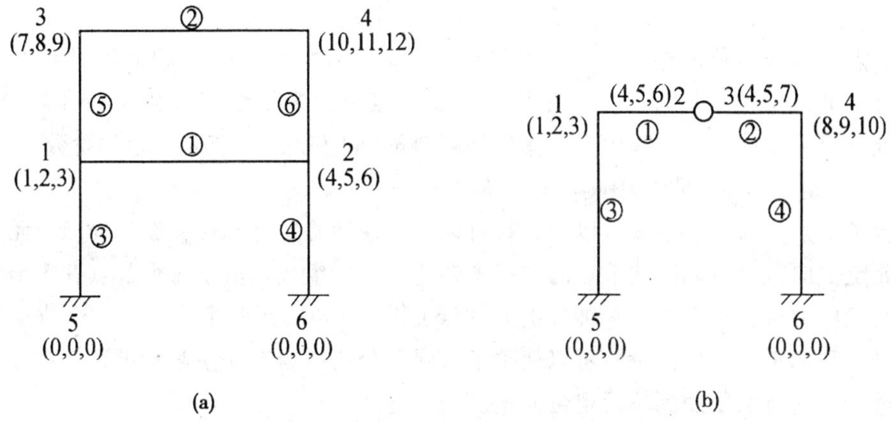

图 2-8　节点位移未知量的编号

表 2-1　　**图 2-8(a)所示结构的节点位移未知量编号**

节点号	1	2	3	4	5	6
未知量编号	1，2，3	4，5，6	7，8，9	10，11，12	0，0，0	0，0，0

节点号　1　2　3　4　5　6

或
$$\mathrm{JW}(3,6)=\begin{bmatrix}1 & 4 & 7 & 10 & 0 & 0\\ 2 & 5 & 8 & 11 & 0 & 0\\ 3 & 6 & 9 & 12 & 0 & 0\end{bmatrix}\begin{matrix}u_i\\ v_i\\ \theta_i\end{matrix} \tag{2-7}$$

或
$$\{\Delta\}=[\delta_1,\delta_2,\delta_3,\delta_4,\delta_5,\delta_6,\delta_7,\delta_8,\delta_9,\delta_{10},\delta_{11},\delta_{12}]^{\mathrm{T}} \tag{2-8}$$

图 2-8(b)在平面框架的单元中间有一个铰节点，在铰节点处有两个转角未知量。因此，在铰节点处应多编一个节点号，相邻两个节点的线位移相同，但转角不同。这种铰节点的处理方法通常称为主从关系表示法，即在铰节点处任意指定其中一个节点号为主节点号，铰节点处其余的节点号为从节点号，允许一主多从，但不允许一从多主。对于图 2-8(b)所示框架，可以假定节点 2 为主节点号，节点 3 为从节点号，相应的节点位移未知量编号参见图 2-8(b)或表 2-2 或式(2-9)或式(2-10)。由此可见，图 2-8(b)所示结构共需建立 10 个平衡方程进行求解。这种铰节点的处理方法比较灵活，便于编程。

表 2-2　　**图 2-8(b)所示结构的节点位移未知量编号**

节点号	1	2	3	4	5	6
未知量编号	1，2，3	4，5，6	4，5，7	8，9，10	0，0，0	0，0，0

节点号　1　2　3　4　5　6

或
$$\mathrm{JW}(3,6)=\begin{bmatrix}1 & 4 & 4 & 8 & 0 & 0\\ 2 & 5 & 5 & 9 & 0 & 0\\ 3 & 6 & 7 & 10 & 0 & 0\end{bmatrix}\begin{matrix}u_i\\ v_i\\ \theta_i\end{matrix} \tag{2-9}$$

或 $\{\Delta\}=[\delta_1,\ \delta_2,\ \delta_3,\ \delta_4,\ \delta_5,\ \delta_6,\ \delta_7,\ \delta_8,\ \delta_9,\ \delta_{10}]^{\mathrm{T}}$ (2-10)

对节点位移未知量进行编号时，不仅确定了需要建立的平衡方程的序号和方程总个数，同时也进行了约束处理。也就是说，形成节点位移未知量编号数组 JW(3，NJ)后，同时也就确定了整体平衡方程中的整体位移列向量$\{\boldsymbol{\Delta}\}$和总刚度矩阵$[\boldsymbol{K}]$的阶数。

(2)单元定位向量(即杆端位移编号)的形成。

确定了节点位移未知量编号以后，就可以很方便地确定杆端位移编号，即单元定位向量。单元定位向量由单元两端节点的位移未知量编号所组成。由于每个节点有 3 个位移分量，故在程序中可以引入一个一维数组 IEW(6)来存放各单元两个节点的 6 个节点位移未知量编号。利用单元定位向量，可以使整个有限元分析过程有条不紊地进行。在整个有限元分析过程中，要反复用到单元定位向量。

对于图 2-8(a)所示框架结构，由已确定的节点位移未知量编号 JW(3，NJ)，可以很方便地确定各单元的单元定位向量 IEW(6)，如表 2-3 所示。

表 2-3　　图 2-8(a)所示结构的单元定位向量 IEW(6)

单元号	节点号	单元定位向量 IEW(6)					
		1	2	3	4	5	6
①	1，2	1	2	3	4	5	6
②	3，4	7	8	9	10	11	12
③	5，1	0	0	0	1	2	3
④	6，2	0	0	0	4	5	6
⑤	1，3	1	2	3	7	8	9
⑥	2，4	4	5	6	10	11	12

3. 单元分析—建立单元刚度矩阵

对于平面框架，每一节点都有 3 个自由度 u、v、θ，每一杆端也同样具有这 3 个位移。单元分析的目的就是设法建立单元的杆端力与杆端位移的关系。现以任一两端固定的基本杆件为例，建立局部坐标系 $\overline{oxy}$，并建立整体坐标系 oxy，如图 2-9 所示。

设单元在局部坐标系下的杆端位移与杆端力分别为

$$\left.\begin{aligned}\{\bar{\boldsymbol{\delta}}\}^{\mathrm{e}}&=\begin{Bmatrix}\delta_i\\ \delta_j\end{Bmatrix}=\begin{bmatrix}\bar{u}_i & \bar{v}_i & \bar{\theta}_i & \bar{u}_j & \bar{u}_j & \bar{\theta}_j\end{bmatrix}^{\mathrm{T}}\\ \{\bar{\boldsymbol{F}}\}^{\mathrm{e}}&=\begin{Bmatrix}F_i\\ F_j\end{Bmatrix}=\begin{bmatrix}\bar{N}_i & \bar{V}_i & \bar{M}_i & \bar{N}_j & \bar{V}_j & \bar{M}_j\end{bmatrix}^{\mathrm{T}}\end{aligned}\right\}\tag{2-11}$$

式中，$\bar{\delta}_i$、$\bar{\delta}_j$ 及 $\bar{F}_i$、$\bar{F}_j$ 分别为单元 i、j 两端在局部坐标系下的杆端位移及杆端力。

由结构力学知识可知，单元杆端力与杆端位移之间的关系为

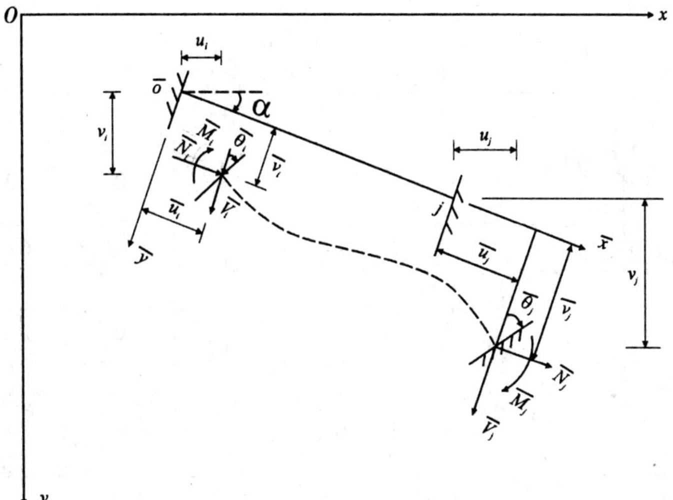

图 2-9　杆端力与杆端位移关系图

$$
\begin{cases}
\bar{N}_i = \dfrac{EA}{l}\bar{u}_i - \dfrac{EA}{l}\bar{u}_j \\[2ex]
\bar{V}_i = \dfrac{12EI}{l^3}\bar{v}_i + \dfrac{6EI}{l^2}\bar{\theta}_i - \dfrac{12EI}{l^3}\bar{v}_j + \dfrac{6EI}{l^2}\bar{\theta}_j \\[2ex]
\bar{M}_i = \dfrac{6EI}{l^2}\bar{v}_i + \dfrac{4EI}{l}\bar{\theta}_i - \dfrac{6EI}{l^2}\bar{v}_j + 2\dfrac{EI}{l}\bar{\theta}_j \\[2ex]
\bar{N}_j = -\dfrac{EA}{l}\bar{u}_i + \dfrac{EA}{l}\bar{u}_j \\[2ex]
\bar{V}_j = -\dfrac{12EI}{l^3}\bar{v}_i - \dfrac{6EI}{l^2}\bar{\theta}_i + \dfrac{12EI}{l^3}\bar{v}_j - \dfrac{6EI}{l^2}\bar{\theta}_j \\[2ex]
\bar{M}_j = \dfrac{6EI}{l^2}\bar{v}_i + \dfrac{2EI}{l}\bar{\theta}_i - \dfrac{6EI}{l^2}\bar{v}_j + \dfrac{4EI}{l}\bar{\theta}_j
\end{cases}
\tag{2-12}
$$

写成矩阵形式，有

$$
\begin{Bmatrix} \bar{N}_i \\ \bar{V}_i \\ \bar{M}_i \\ \bar{N}_j \\ \bar{V}_j \\ \bar{M}_j \end{Bmatrix} =
\begin{bmatrix}
\dfrac{EA}{l} & 0 & 0 & -\dfrac{EA}{l} & 0 & 0 \\[2ex]
0 & \dfrac{12EA}{l^3} & \dfrac{6EA}{l^2} & 0 & -\dfrac{12EA}{l^3} & \dfrac{6EA}{l^2} \\[2ex]
0 & \dfrac{6EA}{l^2} & \dfrac{4EA}{l} & 0 & -\dfrac{6EA}{l^2} & \dfrac{2EA}{l} \\[2ex]
-\dfrac{EA}{l} & 0 & 0 & \dfrac{EA}{l} & 0 & 0 \\[2ex]
0 & -\dfrac{12EA}{l^3} & -\dfrac{6EA}{l^2} & 0 & \dfrac{12EA}{l^3} & -\dfrac{6EA}{l^2} \\[2ex]
0 & \dfrac{6EA}{l^2} & \dfrac{2EA}{l} & 0 & -\dfrac{6EA}{l^2} & \dfrac{4EA}{l}
\end{bmatrix}
\begin{Bmatrix} \bar{u}_i \\ \bar{v}_i \\ \bar{\theta}_i \\ \bar{u}_j \\ \bar{v}_j \\ \bar{\theta}_j \end{Bmatrix}
\tag{2-13a}
$$

缩写成

$$\{\bar{F}\}^e=[\bar{k}]^e[\bar{\delta}]^e \tag{2-13b}$$

$$[\bar{\boldsymbol{k}}]^e=\begin{array}{c}\\ i\begin{cases}1\\2\\3\end{cases}\\ j\begin{cases}1\\2\\3\end{cases}\end{array}\overset{\begin{array}{cccccc}\overbrace{1\quad 2\quad 3}^{i} & \overbrace{4\quad 5\quad 6}^{j}\end{array}}{\left[\begin{array}{ccc:ccc}\frac{EA}{l} & 0 & 0 & -\frac{EA}{l} & 0 & 0\\ 0 & \frac{12EI}{l^3} & \frac{6EI}{l^2} & 0 & -\frac{12EI}{l^3} & \frac{6EI}{l^2}\\ 0 & \frac{6EI}{l^2} & \frac{4EI}{l} & 0 & -\frac{6EI}{l^2} & \frac{2EI}{l}\\ \hdashline -\frac{EA}{l} & 0 & 0 & \frac{EA}{l} & 0 & 0\\ 0 & -\frac{12EI}{l^3} & -\frac{6EI}{l^2} & 0 & \frac{12EI}{l^3} & -\frac{6EI}{l^2}\\ 0 & \frac{6EI}{l^2} & \frac{2EI}{l} & 0 & -\frac{6EI}{l} & \frac{4EI}{l}\end{array}\right]} \tag{2-14}$$

式中：$[\bar{\boldsymbol{k}}]^e$——局部坐标系下的单元刚度矩阵，这是一个 6×6 的对称方阵，且 36 个元素中只有 5 个不同的元素。

式(2-13)称为局部坐标系下单元的杆端力与杆端位移之间的关系。

由于结构的节点平衡方程是按整体坐标系建立的，所以还要把上述局部坐标系中的量转换到整体坐标系中去，其转换关系为

$$\begin{cases}\{\boldsymbol{\delta}\}^e=[\boldsymbol{T}]\{\bar{\boldsymbol{\delta}}\}^e\\ \{\boldsymbol{F}\}^e=[\boldsymbol{T}]\{\bar{\boldsymbol{F}}\}^e\end{cases} \tag{2-15}$$

式中，$\{\boldsymbol{\delta}\}^e$、$\{\boldsymbol{F}\}^e$ 分别为单元在整体坐标系下的杆端位移及杆端力，即

$$\begin{cases}\{\boldsymbol{\delta}\}^e=[u_i\quad v_i\quad \theta_i\quad u_j\quad v_j\quad \theta_j]^{\mathrm{T}}\\ \{\boldsymbol{F}\}^e=[X_i\quad Y_i\quad M_i\quad X_j\quad Y_j\quad M_j]^{\mathrm{T}}\end{cases} \tag{2-16}$$

式(2-15)中的$[\boldsymbol{T}]$为坐标转换矩阵，其表达式为

$$[\boldsymbol{T}]=\begin{bmatrix}\cos\alpha & -\sin\alpha & 0 & & & \\ \sin\alpha & \cos\alpha & 0 & & 0 & \\ 0 & 0 & 1 & & & \\ & & & \cos\alpha & -\sin\alpha & 0\\ & 0 & & \sin\alpha & \cos\alpha & 0\\ & & & 0 & 0 & 1\end{bmatrix} \tag{2-17}$$

由于$[\boldsymbol{T}]$为正交矩阵，故有$[\boldsymbol{T}]^{-1}=[\boldsymbol{T}]^{\mathrm{T}}$，由式(2-15)及式(2-13)可得

$$\{\bar{\boldsymbol{\delta}}\}^e=[\boldsymbol{T}]^{-1}\{\boldsymbol{\delta}\}^e=[\boldsymbol{T}]^{\mathrm{T}}\{\boldsymbol{\delta}\}^e \tag{2-18}$$

$$\{\boldsymbol{F}\}^e=[\boldsymbol{T}][\bar{\boldsymbol{k}}]^e\{\bar{\boldsymbol{\delta}}\}^e=[\boldsymbol{T}][\bar{\boldsymbol{k}}]^e[\boldsymbol{T}]^{\mathrm{T}}\{\boldsymbol{\delta}\}^e=[\boldsymbol{k}]^e\{\boldsymbol{\delta}\}^e \tag{2-19}$$

$$[\boldsymbol{k}]^e=[\boldsymbol{T}][\bar{\boldsymbol{k}}]^e[\boldsymbol{T}]^{\mathrm{T}} \tag{2-20a}$$

式中 $[\boldsymbol{k}]^e$ 称为整体坐标系下的单元刚度矩阵，该矩阵是一个 6×6 的对称方阵。

若令 $C=\cos\alpha$，$S=\sin\alpha$，$C^2=\cos^2\alpha$，$S^2=\sin^2\alpha$，$CS=\cos\alpha\sin\alpha$，则式(2-20a)右端的三个矩阵乘开以后，其表达式见式(2-20b)。由式(2-20b)可以看出，整体坐标系下的单元刚度矩阵的 36 个元素中，只有 7 个不同的元素。

$$[\boldsymbol{k}]^e=\begin{array}{c}\\ i\left\{\begin{array}{c}1\\2\\3\end{array}\right.\\ j\left\{\begin{array}{c}4\\5\\6\end{array}\right.\end{array}\overset{\qquad\overbrace{1\qquad\quad 2\qquad\quad 3}^{i}\qquad\qquad\overbrace{4\qquad\quad 5\qquad\quad 6}^{j}}{\left[\begin{array}{ccc|ccc}
\frac{EA}{l}C^2+\frac{12EI}{l^3}S^2 & \left(\frac{EA}{l}-\frac{12EI}{l^3}\right)CS & -\frac{6EI}{l^2}S & -\left(\frac{EA}{l}C^2+\frac{12EI}{l^3}S^2\right) & -\left(\frac{EA}{l}-\frac{12EI}{l^3}\right)CS & -\frac{6EI}{l^2}S \\
\left(\frac{EA}{l}-\frac{12EI}{l^3}\right)CS & \frac{EA}{l}S^2+\frac{12EI}{l^3}C^2 & \frac{6EI}{l^2}S & -\left(\frac{EA}{l}-\frac{12EI}{l^3}\right)CS & -\left(\frac{EA}{l}S^2+\frac{12EI}{l^3}C^2\right) & \frac{6EI}{l^2}C \\
-\frac{6EI}{l^2}S & \frac{6EI}{l^2}C & \frac{4EI}{l} & \frac{6EA}{l^2}S & -\frac{6EI}{l^2}C & \frac{2EI}{l} \\
\hline
-\left(\frac{EA}{l}C^2+\frac{12EI}{l^3}S^2\right) & -\left(\frac{EA}{l}-\frac{12EI}{l^3}\right)CS & -\frac{6EI}{l^2}S & \frac{EA}{l}C^2+\frac{12EI}{l^3}S^2 & \left(\frac{EA}{l}-\frac{12EI}{l^3}\right)CS & \frac{6EI}{l^2}S \\
-\left(\frac{EA}{l}-\frac{12EI}{l^3}\right)CS & -\left(\frac{EA}{l}S^2+\frac{12EI}{l^3}C^2\right) & -\frac{6EI}{l^2}C & \left(\frac{EA}{l}-\frac{12EI}{l^3}\right)CS & \frac{EA}{l}S^2+\frac{12EI}{l^3}C^2 & -\frac{6EI}{l^2}C \\
-\frac{6EI}{l^2}S & \frac{6EI}{l^2}C & \frac{2EI}{l} & \frac{6EA}{l^2}S & -\frac{6EA}{l^2}C & \frac{4EI}{l}
\end{array}\right]}$$

(2-20b)

式(2-19)写成分块矩阵的形式，得

$$\begin{Bmatrix}\boldsymbol{F}_{ij}\\\boldsymbol{F}_{ji}\end{Bmatrix}=\begin{bmatrix}\boldsymbol{k}_{ii}&\boldsymbol{k}_{ij}\\\boldsymbol{k}_{ji}&\boldsymbol{k}_{jj}\end{bmatrix}\begin{Bmatrix}\delta_i\\\delta_j\end{Bmatrix}\qquad \begin{array}{l}\boldsymbol{F}_{ij}=\boldsymbol{k}_{ii}\boldsymbol{\delta}_i+\boldsymbol{k}_{ij}\boldsymbol{\delta}_j\\\boldsymbol{F}_{ji}=\boldsymbol{k}_{ji}\boldsymbol{\delta}_i+\boldsymbol{k}_{jj}\boldsymbol{\delta}_j\end{array}\tag{2-21}$$

式中的 $\boldsymbol{k}_{ii}$、$\boldsymbol{k}_{ij}$、$\boldsymbol{k}_{ji}$、$\boldsymbol{k}_{jj}$ 均为 3×3 的方阵；$\boldsymbol{F}_{ij}$、$\boldsymbol{F}_{ji}$ 分别表示 i、j 两端的杆端力，$\boldsymbol{\delta}_i$、$\boldsymbol{\delta}_j$ 分别表示 i、j 两端的杆端位移，它们都是 3×1 的列阵。

4. 整体分析——建立结构的整体平衡方程组

(1)组合总刚 $[\boldsymbol{K}]$。

对于图 2-1(c)所示框架，在放松力的作用下，各节点恢复其原有的位移。现以节点 3 为脱离体(参阅图 2-10)，由节点平衡条件 $\sum X=0$，$\sum Y=0$，$\sum M=0$，可得

$$\begin{cases}X_{34}+X_{31}=X_{f3}\\Y_{34}+Y_{31}=Y_{f3}\\M_{34}+M_{31}=M_{f3}\end{cases}\tag{2-22a}$$

或缩写成

$$\boldsymbol{F}_{34}+\boldsymbol{F}_{31}=\boldsymbol{F}_{f3}\tag{2-22b}$$

式(2-22)中左边各项可以由单元的杆端力与杆端位移方程式(2-21)求得，即

$$F_{34}=\boldsymbol{k}_{33}^{②}\delta_3+\boldsymbol{k}_{34}^{②}\delta_4$$

$$F_{31}=\boldsymbol{k}_{33}^{⑤}\delta_3+\boldsymbol{k}_{31}^{⑤}\delta_1$$

于是节点 3 的平衡方程可以写成

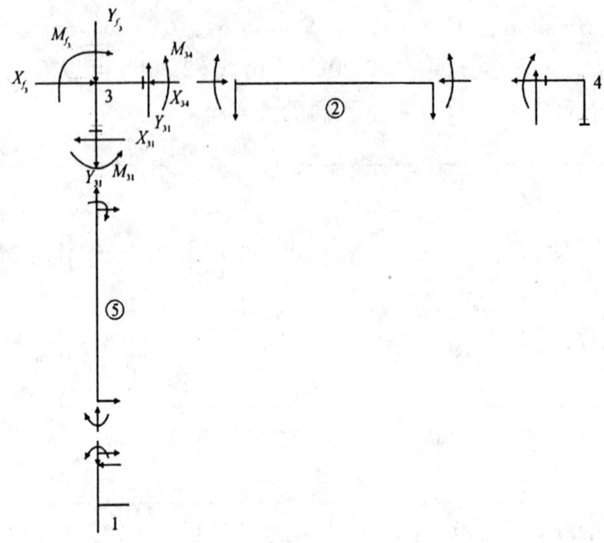

图 2-10 整体平衡方程的建立

$$\boldsymbol{k}_{31}^{⑤}\delta_1+(\boldsymbol{k}_{33}^{②}+\boldsymbol{k}_{33}^{⑤})\delta_3+\boldsymbol{k}_{34}^{②}\delta_4=F_{f_3}$$

同理可以写出节点 1、2、4 的节点平衡方程

$$(\boldsymbol{k}_{11}^{①}+\boldsymbol{k}_{11}^{③}+\boldsymbol{k}_{11}^{⑤})\delta_1+\boldsymbol{k}_{12}^{①}\delta_2+\boldsymbol{k}_{13}^{⑤}\delta_3=F_{f_1}$$

$$\boldsymbol{k}_{21}^{①}\delta_1+(\boldsymbol{k}_{22}^{①}+\boldsymbol{k}_{22+}^{④}+\boldsymbol{k}_{22}^{⑥})\delta_2+\boldsymbol{k}_{24}^{⑥}\delta_4=F_{f_2}$$

$$\boldsymbol{k}_{42}^{⑥}\delta_2+\boldsymbol{k}_{43}^{②}\delta_3+(\boldsymbol{k}_{44}^{②}+\boldsymbol{k}_{44}^{⑥})\delta_4=F_{f_4}$$

这里的每一个系数 $\boldsymbol{k}_{ii}$、$\boldsymbol{k}_{ij}$都是 3×3 的方阵，可以由式(2-20)计算得到。$\boldsymbol{\delta}_i$ 及 $\boldsymbol{F}_{fi}$ 均为 3×1 的列阵，表示每一节点的三个位移及三个放松力。上述平衡方程写成矩阵形式为

$$\begin{bmatrix} \sum\limits_{e_1}\boldsymbol{k}_{11} & \boldsymbol{k}_{12} & \boldsymbol{k}_{13} & 0 \\ \boldsymbol{k}_{21} & \sum\limits_{e_1}\boldsymbol{k}_{22} & 0 & \boldsymbol{k}_{24} \\ \boldsymbol{k}_{31} & 0 & \sum\limits_{e_1}\boldsymbol{k}_{33} & \boldsymbol{k}_{34} \\ 0 & \boldsymbol{k}_{42} & \boldsymbol{k}_{43} & \sum\limits_{e_1}\boldsymbol{k}_{44} \end{bmatrix} \begin{Bmatrix} \boldsymbol{\delta}_1 \\ \boldsymbol{\delta}_2 \\ \boldsymbol{\delta}_3 \\ \boldsymbol{\delta}_4 \end{Bmatrix} = \begin{Bmatrix} \boldsymbol{F}_{f_1} \\ \boldsymbol{F}_{f_2} \\ \boldsymbol{F}_{f_3} \\ \boldsymbol{F}_{f_4} \end{Bmatrix} \tag{2-23a}$$

式中 $e_1 \sim e_4$分别表示交汇于节点 1 ~ 4 的单元数。上式可以缩写为

$$[\boldsymbol{K}]\{\boldsymbol{\Delta}\}=\{\boldsymbol{F}\} \tag{2-23b}$$

式中：$[\boldsymbol{K}]$——结构的整体刚度矩阵，简称总刚；

$\{\boldsymbol{\Delta}\}$——结构的整体位移列阵，亦称为整体位移列向量；

$[\boldsymbol{F}]$——结构的整体等效节点力列阵，亦称为整体荷载列向量。

式(2-23)是以节点编号为下标的刚度方程式，由于每个节点有 3 个位移，因此式(2-23)实际上是有 12 个节点位移未知量的联立方程组。若按节点位移未知量编号(见图 2-8(a)括号内所示)列出刚度方程，则单元刚度方程和整体刚度方程中的各个下标也需作相

应的改变。如单元⑤，以节点号为下标时单元刚度方程式为

$$\begin{bmatrix} \boldsymbol{k}_{11} & \boldsymbol{k}_{13} \\ \boldsymbol{k}_{31} & \boldsymbol{k}_{33} \end{bmatrix}\begin{Bmatrix} \boldsymbol{\delta}_1 \\ \boldsymbol{\delta}_3 \end{Bmatrix}=\begin{Bmatrix} \boldsymbol{F}_{13} \\ \boldsymbol{F}_{31} \end{Bmatrix} \tag{2-24a}$$

若以节点位移未知量编号为下标，则以下式表示

$$\begin{array}{c} \overbrace{1 \qquad 2 \qquad 3}^{1} \quad \overbrace{7 \qquad 8 \qquad 9}^{3} \\ \begin{array}{c} 1\left\{\begin{matrix} \\ \\ \\ \end{matrix}\right. \\ 3\left\{\begin{matrix} \\ \\ \\ \end{matrix}\right. \end{array} \left[\begin{array}{ccc:ccc} k_{11} & k_{12} & k_{13} & k_{17} & k_{18} & k_{19} \\ k_{21} & k_{22} & k_{23} & k_{27} & k_{28} & k_{29} \\ k_{31} & k_{32} & k_{33} & k_{37} & k_{38} & k_{39} \\ \hdashline k_{71} & k_{92} & k_{73} & k_{77} & k_{78} & k_{79} \\ k_{81} & k_{82} & k_{83} & k_{78} & k_{88} & k_{89} \\ k_{91} & k_{72} & k_{93} & k_{79} & k_{98} & k_{99} \end{array}\right]\begin{Bmatrix} u_1 \\ u_2 \\ u_3 \\ u_7 \\ u_8 \\ u_9 \end{Bmatrix}\begin{Bmatrix} f_1 \\ f_2 \\ f_3 \\ f_7 \\ f_8 \\ f_9 \end{Bmatrix} \end{array} \tag{2-24b}$$

以节点位移未知量编号为下标的结构刚度方程则为

$$\begin{bmatrix} k_{11} & k_{12} & k_{13} & k_{14}^{\textcircled{1}} & k_{15}^{\textcircled{1}} & k_{16}^{\textcircled{1}} & k_{17}^{\textcircled{5}} & k_{18}^{\textcircled{5}} & k_{19}^{\textcircled{5}} & 0 & 0 & 0 \\ k_{21} & k_{22} & k_{23} & k_{24}^{\textcircled{1}} & k_{25}^{\textcircled{1}} & k_{26}^{\textcircled{1}} & k_{27}^{\textcircled{5}} & k_{28}^{\textcircled{5}} & k_{29}^{\textcircled{5}} & 0 & 0 & 0 \\ k_{31} & k_{32}^{\textcircled{1}+\textcircled{3}+\textcircled{5}} & k_{33} & k_{34}^{\textcircled{1}} & k_{35}^{\textcircled{1}} & k_{36}^{\textcircled{1}} & k_{37}^{\textcircled{5}} & k_{38}^{\textcircled{5}} & k_{39}^{\textcircled{5}} & 0 & 0 & 0 \\ k_{41}^{\textcircled{1}} & k_{42}^{\textcircled{1}} & k_{43}^{\textcircled{1}} & k_{44} & k_{45} & k_{46} & 0 & 0 & 0 & k_{4,10}^{\textcircled{6}} & k_{4,11}^{\textcircled{6}} & k_{4,12}^{\textcircled{6}} \\ k_{51}^{\textcircled{1}} & k_{52}^{\textcircled{1}} & k_{53}^{\textcircled{1}} & k_{54} & k_{55} & k_{56} & 0 & 0 & 0 & k_{5,10}^{\textcircled{6}} & k_{5,11}^{\textcircled{6}} & k_{5,12}^{\textcircled{6}} \\ k_{61}^{\textcircled{1}} & k_{62}^{\textcircled{1}} & k_{63}^{\textcircled{1}} & k_{64} & k_{65}^{\textcircled{1}+\textcircled{4}+\textcircled{6}} & k_{66} & 0 & 0 & 0 & k_{6,10}^{\textcircled{6}} & k_{6,11}^{\textcircled{6}} & k_{6,12}^{\textcircled{6}} \\ k_{71}^{\textcircled{5}} & k_{72}^{\textcircled{5}} & k_{73}^{\textcircled{5}} & 0 & 0 & 0 & k_{77} & k_{78} & k_{79} & k_{7,10}^{\textcircled{2}} & k_{7,11}^{\textcircled{2}} & k_{7,12}^{\textcircled{2}} \\ k_{81}^{\textcircled{5}} & k_{82}^{\textcircled{5}} & k_{83}^{\textcircled{5}} & 0 & 0 & 0 & k_{87} & k_{88} & k_{89} & k_{8,10}^{\textcircled{2}} & k_{8,11}^{\textcircled{2}} & k_{8,12}^{\textcircled{2}} \\ k_{91}^{\textcircled{5}} & k_{92}^{\textcircled{5}} & k_{93}^{\textcircled{5}} & 0 & 0 & 0 & k_{97} & k_{98}^{\textcircled{2}+\textcircled{5}} & k_{99} & k_{9,10}^{\textcircled{2}} & k_{9,11}^{\textcircled{2}} & k_{9,12}^{\textcircled{2}} \\ 0 & 0 & 0 & k_{10,4}^{\textcircled{6}} & k_{10,5}^{\textcircled{6}} & k_{10,6}^{\textcircled{6}} & k_{10,7}^{\textcircled{2}} & k_{10,8}^{\textcircled{2}} & k_{10,9}^{\textcircled{2}} & k_{10,10} & k_{10,11} & k_{10,12} \\ 0 & 0 & 0 & k_{11,5}^{\textcircled{6}} & k_{11,5}^{\textcircled{6}} & k_{11,6}^{\textcircled{6}} & k_{11,7}^{\textcircled{2}} & k_{11,8}^{\textcircled{2}} & k_{11,9}^{\textcircled{2}} & k_{11,10} & k_{11,11}^{\textcircled{2}+\textcircled{6}} & k_{11,12} \\ 0 & 0 & 0 & k_{12,4}^{\textcircled{6}} & k_{12,5}^{\textcircled{6}} & k_{12,6}^{\textcircled{6}} & k_{12,7}^{\textcircled{2}} & k_{12,8}^{\textcircled{2}} & k_{12,9}^{\textcircled{2}} & k_{12,10} & k_{12,11} & k_{12,12} \end{bmatrix}\begin{Bmatrix} u_1 \\ u_2 \\ u_3 \\ u_4 \\ u_5 \\ u_6 \\ u_7 \\ u_8 \\ u_9 \\ u_{10} \\ u_{11} \\ u_{12} \end{Bmatrix}=\begin{Bmatrix} f_1 \\ f_2 \\ f_3 \\ f_4 \\ f_5 \\ f_6 \\ f_7 \\ f_8 \\ f_9 \\ f_{10} \\ f_{11} \\ f_{12} \end{Bmatrix} \tag{2-25}$$

以上是以节点平衡的方法建立整体刚度方程，其力学概念是非常清楚的，该方法是以一个节点为单位进行平衡的，但是要把这个方程组写成程序则比较麻烦。下面介绍直接刚度法，该方法是以一个单元为单位的，利用杆端位移编号(即单元定位向量)直接组装成总刚，这种方法更易于在计算机上实现。

因为单元定位向量是由单元两端节点的位移未知量编号所组成，单元定位向量指出了单元节点位移未知量 $\{\boldsymbol{\delta}\}^e$ 在 $\{\boldsymbol{\Delta}\}$ 中的位置和单刚元素对应于总刚的行、列号，因而利用单元定位向量可以很方便地确定单刚元素在总刚 $[\boldsymbol{K}]$ 中的位置。按单元定位向量组装总刚的方法及步骤如下。

(1)计算单刚 $[\boldsymbol{k}]^e$；

(2)求单元定位向量 IEW(6)；

(3)按单元定位向量指示的行、列号将单刚元素叠加到[$\boldsymbol{K}$]中相应位置，即所谓的“对号入座”法。

下面仍以图 2-8(a)所示二层框架为例，说明总刚的形成方法。

各单元的定位向量参见表 2-3。

设单刚行、列号为 I、J，I=1～6，J=1～6(局部码)，对于所有的单元，这种下标都是相同的；而单刚元素对应于总刚的行、列号则由单元定位向量 IEW(6)确定：行号为 IEW(I)，列号为 IEW(J)(总体码)，各单元单刚元素局部码与总刚元素总体码的对应关系如表 2-4 所示。

表 2-4 图 2-8(a)所示结构单刚元素局部码与总体码的对应关系

IEW(J) \ IEW(I)						⑥	4	5	6	10	11	12
						⑤	1	2	3	7	8	9
						④	0	0	0	4	5	6
						③	0	0	0	1	2	3
						②	7	8	9	10	11	12
						①	1	2	3	4	5	6
⑥	⑤	④	③	②	①	J / I	1	2	3	4	5	6
4	1	0	0	7	1	1	k_{11}	k_{12}	k_{13}	k_{14}	k_{15}	k_{16}
5	2	0	0	8	2	2	k21	k22	k23	k24	k25	k26
6	3	0	0	9	3	3	k_{31}	k_{32}	k_{33}	K_{34}	k_{35}	k_{36}
10	7	4	1	10	4	4	k_{41}	k_{42}	k_{43}	k_{44}	k_{45}	k_{46}
11	8	5	2	11	5	5	k_{51}	k_{52}	k_{53}	k_{54}	k_{55}	k_{56}
12	9	6	3	12	6	6	k_{61}	k_{62}	k_{63}	k_{64}	k_{65}	k_{66}

利用表 2-4 所列局部码与总体码的对应关系，就可以很方便地将单刚元素叠加到总刚的正确位置。例如：

$$K_{11}=k_{11}^{①}+k_{44}^{③}+k_{11}^{⑤}，\ K_{54}=k_{54}^{①}+k_{54}^{④}+k_{21}^{⑥}$$

再如

$$K_{87}=k_{21}^{②}+k_{54}^{⑤}，\ K_{12,10}=k_{64}^{②}+k_{64}^{⑥}$$

又如

$$K_{71}=k_{41}^{⑤}，\ K_{11,5}=k_{52}^{⑥}$$

所有单元做完，总刚度矩阵也就形成了。这就是所谓的“对号入座”法，即由单刚元素直接组装成总刚。

(2)组装整体荷载列向量{$\boldsymbol{F}$}。

整体荷载列向量{$\boldsymbol{F}$}即结构整体平衡方程[$\boldsymbol{K}$]{$\boldsymbol{\Delta}$}={$\boldsymbol{F}$}的右端项，亦称为自由项，由下列两项组成：

①直接作用在节点上的外荷载；

②由单元荷载移置而来的等效节点力(等于负的固端反力)，即

$$\{\boldsymbol{F}\}^{e} = -\{\boldsymbol{F}_{g}\}^{e} = -[\boldsymbol{T}]\{\bar{\boldsymbol{F}}_{g}\}^{e} \tag{2-26}$$

式中：$\{\boldsymbol{F}\}^{e}$ ——整体坐标下单元的等效节点荷载；

$\{\boldsymbol{F}_{g}\}^{e}$ ——整体坐标下单元的固端反力；

$\{\bar{\boldsymbol{F}}_{g}\}^{e}$ ——局部坐标下单元的固端反力；

$[\boldsymbol{T}]$ ——坐标转换阵。

下面以图 2-11 所示框架为例，说明整体荷载列向量的形成方法。

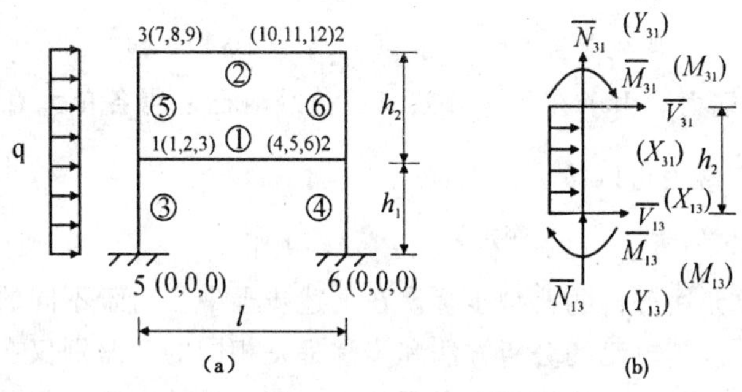

图 2-11　等效节点荷载的计算

在图 2-11 中，首先求出各单元的等效节点荷载，然后利用单元定位向量将等效节点荷载组装到$\{\boldsymbol{F}\}$的相应位置，即

$$\{\boldsymbol{F}\}^{e} = \begin{Bmatrix} X_{ij} \\ Y_{ij} \\ M_{ij} \\ X_{ji} \\ Y_{ji} \\ M_{ji} \end{Bmatrix}, \quad \mathrm{IEW}(6) = \begin{Bmatrix} \times \\ \times \\ \times \\ \times \\ \times \\ \times \end{Bmatrix} \tag{2-27}$$

由于等效节点荷载的分量与单元定位向量的元素个数相同，所以每个等效节点荷载分量对应地在单元定位向量中有一个节点位移未知量编号，因而利用单元定位向量 IEW(6)，就可以很方便地将单元的等效节点荷载分量正确地叠加到整体荷载列向量的相应位置。例如，对于单元⑤上的均布荷载 q，可以先求出局部坐标系下的固端反力 $\bar{N}_{13}$、$\bar{V}_{13}$、$\bar{M}_{13}$、$\bar{N}_{31}$、$\bar{V}_{31}$、$\bar{M}_{31}$，转换到整体坐标系以后，单元⑤的等效节点荷载分量为 X_{13}、Y_{13}、M_{13}、X_{31}、Y_{31}、M_{31}，其对应的单元定位向量 $\mathrm{IEW}(6) = [1, 2, 3, 7, 8, 9]^{\mathrm{T}}$，由此，将 X_{13}、Y_{13}、M_{13}、X_{31}、Y_{31}、M_{31}按其对应的杆端位移编号 1、2、3、7、8、9 叠加到整体荷载列向量$\{\boldsymbol{F}\}$的第 1、2、3、7、8、9 行即可。对于所有的节点荷载和单元荷载均可以按上述方法进行组装。

至此，由上述几个步骤，结构的整体平衡方程即已形成

$$[\boldsymbol{K}]\{\boldsymbol{\Delta}\} = \{\boldsymbol{F}\} \tag{2-28}$$

余下的工作即是求解这一线性方程组，求得各节点的位移。

5. 解方程求位移

$$\{\boldsymbol{\Delta}\}=\{\boldsymbol{K}\}^{-1}\{\boldsymbol{F}\} \tag{2-29}$$

结构的整体平衡方程(2-28)可以用高斯消元法、改进平方根法、迭代法等方法求解。在有限元分析中，由于[$\boldsymbol{K}$]为对称正定矩阵，因而一般都是采用改进平方根法进行求解。

6. 求杆端力

(1)求放松状态(即节点位移)下的杆端力 $\{\bar{\boldsymbol{F}}_f\}$

$$\{\bar{\boldsymbol{F}}_f\}^e=[\bar{\boldsymbol{k}}]^e\{\bar{\boldsymbol{\delta}}\}^e=[\bar{\boldsymbol{k}}]^e[\boldsymbol{T}]^T\{\boldsymbol{\delta}\}^e \tag{2-30}$$

或

$$\{\bar{\boldsymbol{F}}_f\}^e=[\boldsymbol{T}]^T[\boldsymbol{F}]^e=[\boldsymbol{T}]^T[\boldsymbol{k}]^e\{\boldsymbol{\delta}\}^e \tag{2-31}$$

(2)求最终的杆端力。由于在计算等效节点荷载时已求得各单元在固定状态下的固端力 $\{\bar{\boldsymbol{F}}_g\}^e$，故最终杆端力可以按下式求得

$$\{\bar{\boldsymbol{F}}\}^e=\{\bar{\boldsymbol{F}}_g\}^e+\{\bar{\boldsymbol{F}}_f\}^e \tag{2-32}$$

以上就是有限单元法分析的典型步骤。在上述步骤中，对于不同的结构，尽管采用的单元形式可能不同，但其单元的分析方法和步骤都是相同的，差别仅在于单元刚度矩阵有所不同。因此，掌握一种典型结构的有限元分析程序的设计方法，就可以很方便地推广应用于各种结构。此外，掌握结构的线弹性分析程序的设计方法和技巧，也是进一步学习结构非线性分析程序的基础。

第 3 章　框架结构内力分析程序设计

根据第 2 章所述框架结构内力分析程序的编制原理和我国新修订的一系列结构设计规范的相关规定[16]~[18]，并结合土木工程专业的教学要求，作者利用 FORTRAN(77)语言编写了框架结构分析程序 FSAP(Frame Structures Analysis Program)。FSAP 程序既可以用于教学，也可以用于实际工程结构的设计计算。本章围绕这一程序，介绍平面框架结构内力分析程序设计的基本方法和编制技巧，而荷载组合及配筋计算的程序设计将在第 4 章 ~ 第 5 章中再作详细介绍。

§3.1　框架结构分析程序 FSAP 简介

3.1.1　FSAP 程序的功能和特点

FSAP 程序系应用有限单元法对框架结构进行内力分析，并按我国新修订的结构设计规范《建筑结构荷载规范》(GB 50009—2001)、《混凝土结构设计规范》(GB 50010—2010)及《建筑抗震设计规范》(GB 50011—2010)中的相关规定，对恒载、吊车荷载、一般活荷载、风荷载以及地震作用进行荷载组合，然后进行配筋计算。本程序主要用于火力发电厂主厂房框排架结构和其他单层工业厂房结构以及多层与高层框架结构的设计计算。其他凡能简化为平面杆系的结构，如矩形水池、箱形基础、地下结构等，本程序亦可以适用。

FSAP 程序具有如下特点：

(1)节点可以是刚结、铰结(包括滑动)及其混合节点。

(2)截面形状可以是矩形、T 形(梁)和 I 形(柱)以及给定截面面积 A 与惯性矩 I 的杆件。

(3)杆件的材料可以是钢筋混凝土、钢、砖石及其混合结构。

(4)根据需要可以分别或同时输出各杆在各组荷载作用下的节点位移、杆件各截面的内力和组合内力、配筋计算结果以及其他一些中间结果，如节点位移未知量编号、主元位置、单刚、总刚、荷载列向量等，便于教学使用。

(5)整个程序采用模块化结构，主程序用来控制解题规模和求解进程，各子块只用来完成某一特定功能，便于程序的调试、修改和增加新的功能。

(6)凡整型量均按 FORTRAN 语言的隐含规则以 I ~ N 开头，否则为实型量。

(7)内力分析部分采用双精度实型量，便于处理刚性杆。

(8)数据传递主要采用有名公用区的方式，以加快运算速度。

3.1.2　FASP 程序总框图及子程序的功能

FSAP 程序采用模块化结构，整个程序由一个主模块和 46 个子块所组成，共有 FORTRAN 语句 2 600 余条。程序的总框图如图 3-1 所示，程序调用关系树如图 3-2 所示，各子程序的名称及其功能如表 3-1 所示。

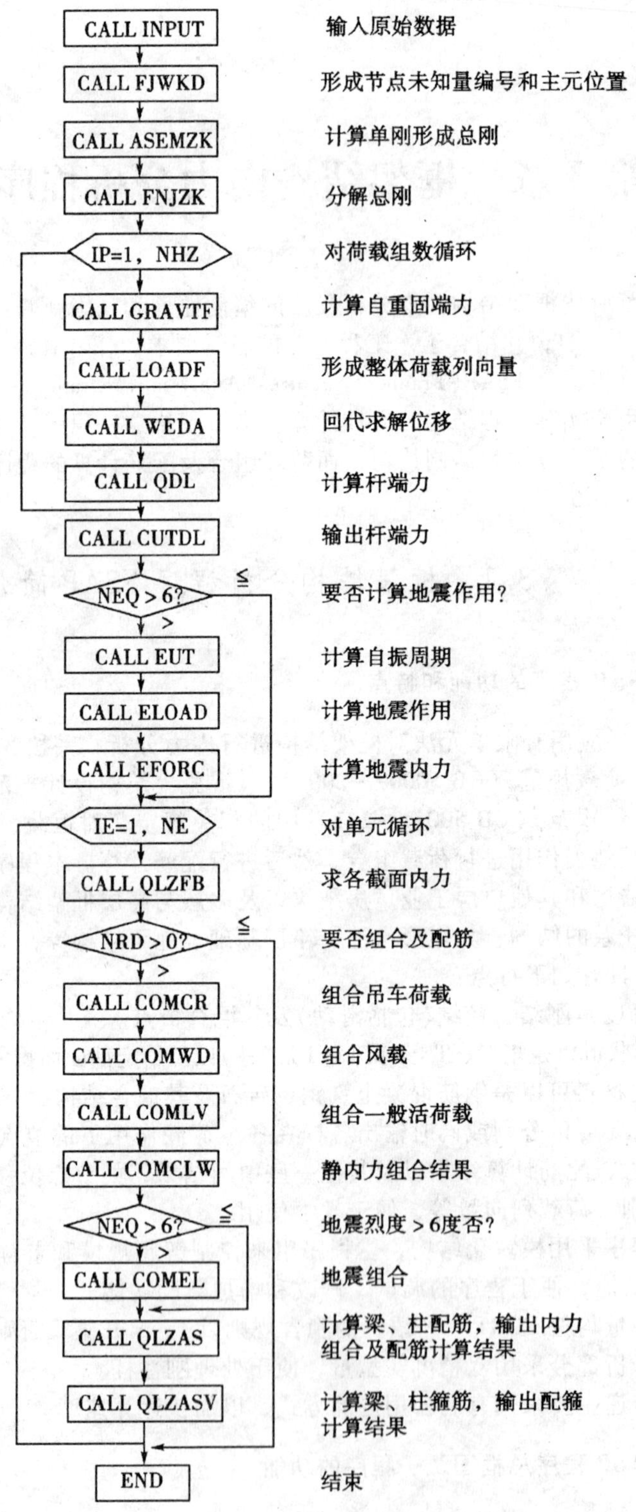

图 3-1　FSAP 程序总框图

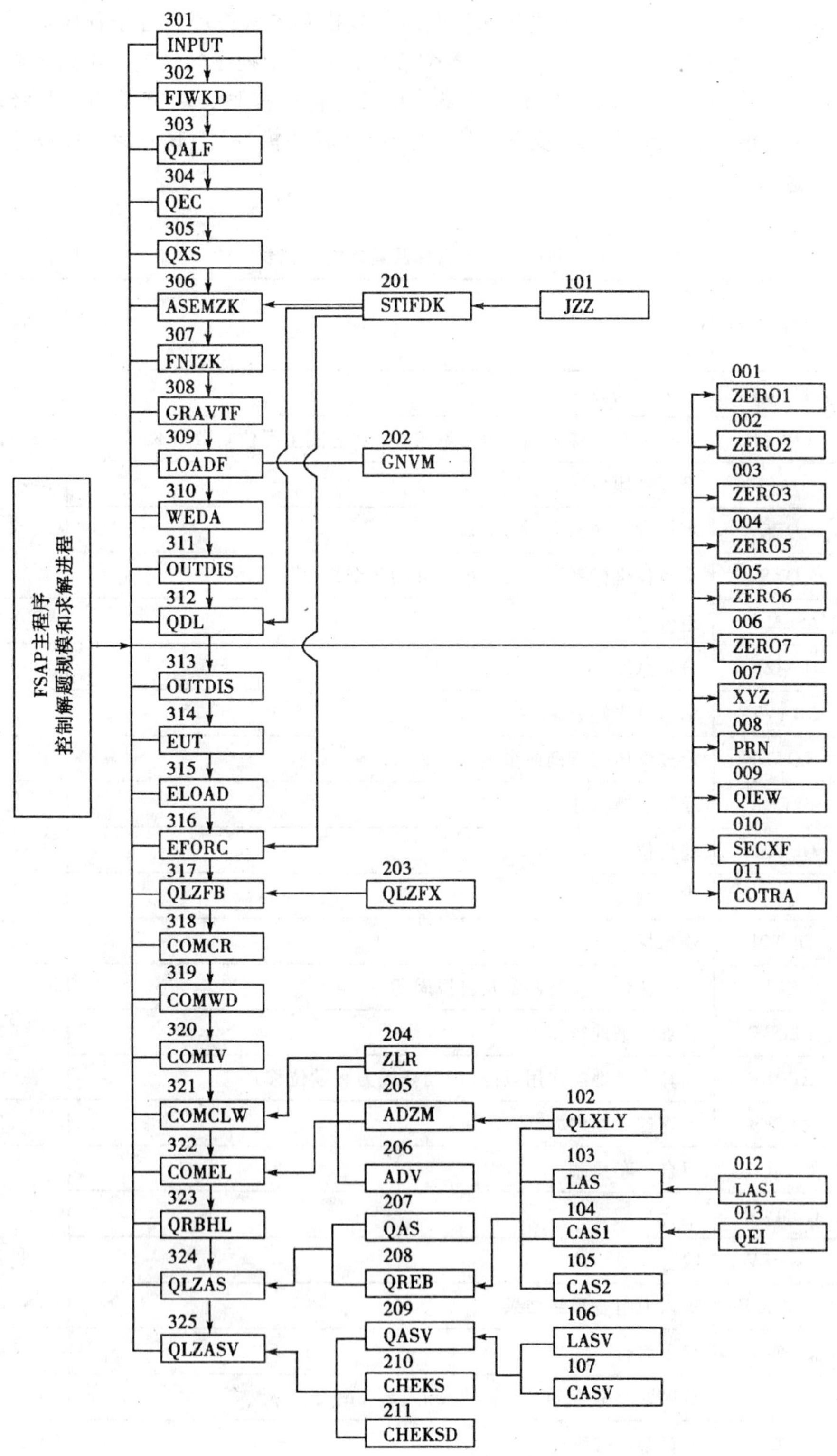

图 3-2　FSAP 程序调用关系树

从图 3-2 可以看出，主程序主要用来控制解题规模和求解进程，各子程序被用来完成某一特定功能。这种方法是将问题分解，逐个解决，有利于程序的编制、调试、修改以及增加新的功能。各子程序模块可以分为四级：0 级为树叶模块，功能单一，各级均可调用；1 级为树枝模块；二级为几大支杆；3 级为树干(核心模块)，其先后次序决定了整个程序的求解进程。

表 3-1　　FSAP 的子程序名称及其功能一览表

编号 SUB. NO	子程序名称	功　能	所在章节
301	INPUT	输入原始数据	§3.2
302	FJWKD	形成节点位移未知量编号数组 JW 和总刚主元位置数组 KAD	§3.3，§3.5
303	QALF	求杆件倾角 α	§3.4
304	QEC	求混凝土弹模 E_c 及 f_c、f_t	
305	QXS	求整体坐标系下单元刚度矩阵的 7 个系数	
306	ASEMZK	组合总刚	§3.5
307	FNJZK	分解总刚	§3.7
308	GRAVTF	求自重固端力	§3.6
309	LOADF	形成整体荷载列向量	
310	WEDA	回代求解位移	§3.7
311	OUTDIS	输出位移	
312	QDL	求杆端力	§3.8
313	OUTDL	输出杆端力	
314	EUT	求特征值、特征向量及自振周期	§3.9
315	ELOAD	计算水平地震作用	
316	EFORC	计算水平地震作用效应(即动杆端力和动位移)	
317	QLZFB	计算各截面内力	§3.8
318	COMCR	组合吊车荷载	§4.3 ~ §4.6
319	COMWD	组合风载	
320	COMLV	组合一般活载	
321	COMCLW	静内力组合最终结果	
322	COMEL	地震组合	§4.7
323	QRBHL	求配筋参数 E_c、f_c、f_t、h_0、l_0、ξ_b、$\alpha_{s,\max}$、$\rho_{\min}$ 等	§5.2 ~ §5.10
324	QLZAS	计算梁、柱纵筋	
325	QLZASV	计算梁、柱箍筋	

续表

编号 SUB. NO	子程序名称	功　　能	所在章节
201	STIFDK	形成单元刚度矩阵	§3.4
202	GNVM	求固端力	§3.6
203	QLZFX	计算荷载在指定截面产生的内力	§3.8
204	ZLR	支座弯矩削减	§4.8
205	ADZM	按"强柱弱梁"调整地震组合内力设计值	§4.7
206	ADV	按"强剪弱弯"调整地震组合内力设计值	
207	QAS	调用 LAS、CAS1 等计算梁、柱配筋的中间过程	§5.3
208	QREB	抗震设计时确定梁端截面的相对界限受压区高度	§5.2
209	QASV	调用 LASV、CASV 等计算梁、柱配箍的中间过程	§5.7
210	CHEKS	非抗震设计时验算梁、柱受剪截面尺寸	§5.8
211	CHEKSD	抗震设计时验算梁、柱受剪截面尺寸	
101	JZZ	矩阵转置	附录
102	LAS	调用 LAS1 并计算矩形、T 形截面梁配筋	§5.4～§5.6
103	QLXLY	求柱子平面内、外的计算长度	
104	CAS1	计算偏压柱配筋	
105	CAS2	计算偏拉柱配筋	
106	LASV	计算梁配箍	§5.9
107	CASV	计算偏心受力构件配箍	§5.10
001	ZERO1	双精度向量送零	附录
002	ZERO2	双精度 2 维数组送零	
003	ZERO3	整型向量送零	
004	ZERO5	双精度 3 维数组送零	
005	ZERO6	实型向量送零	
006	ZERO7	实型二维数组送零	
007	XYZ	矩阵乘向量	
008	PRN	打印字符串，如"*"号或"-"号等	
009	QIEW	求单元定位向量 IEW(6)	§3.3
010	SECXF	分解 T 形或 I 形截面信息	§3.4
011	COTRA	求单元的坐标转换阵	§3.6
012	LAS1	单筋矩形截面梁配筋计算	§5.4～§5.5
013	QFI	求轴压柱的稳定系数 φ	

3.1.3 FSAP 主程序

1. 程序中有关问题的说明

(1)程序中第一列用 C 表示注解语句。注解语句用来简要介绍程序的主要功能、特点等内容。注解语句可有可无。

(2)Program 语句表示主程序的名称，可有可无。

(3)说明语句必不可少。对于变量，凡符合隐含规则的不用说明，但双精度变量必须加以说明。对于数组，必须加以说明。在一个程序段(如主程序或子程序)中，数组的维数只需说明一次即可。例如，杆长数组 GL(3, 100)，用 REAL＊8 GL(3, 100)说明了其维数，当在公用区中再次出现时，只需写出数组名称 GL 即可。

(4)有名公用区用法。在 FSAP 程序中，为了加快运算速度，节省数据传递的时间，各程序块之间的数据传递，主要采用了有名公用区的形式。其用法为：/有名公用区名称/变量表。

有名公用的名称一般来说可以任意取，但在整个程序中前后应保持一致。变量表中既可以是简单变量，也可以是数组。一般做法是将可能在某一个或若干个程序段中同时要用到的变量或数组放在一个有名公用区中。

2. FSAP 主程序

```
C     PROGRAM  FSAP                              主程序 FSAP
C     * * * * * * * * * * * * * * * * * * * * * * * * * * * * * * * *
C     *                                                              *
C     *                                                              *
C     *                PROGRAM  FSAP                                 *
C     *                                                              *
C     *         EDITOR  : HOUJian-guo AND AN Xu-wen                  *
C     *         VERSION : V5.00               Oct. 2011  WUHAN       *
C     *                                                              *
C     *                                                              *
C     * ABSTRECT:                                                    *
C     * FSAP  IS A PLINE FRAME STRUCTURES STAIC ANALYSIS PROGRAM     *
C     * INCLUD INTERNAL FORCES ANALYSIS,INTERNAL FORCES COMBINA-     *
C     * TION AND REINFORCMENT COMPUTED.                              *
C     *                                                              *
C     *                                                              *
C     * * * * * * * * * * * * * * * * * * * * * * * * * * * * * * * *
C
      PROGRAM FSAP
      REAL*8  GL(3,100),PQ(2,400),EAI(3,20),SM(300)
      REAL*8  CO(100),SI(100),CA(6,6),QG(20),XSA(7,100),XS(7)
      REAL*8  DK(6,6),ZK(4000),FNVM(6,100),SX(2,30)
```

```
      REAL * 8  FF(300),ANVM(6,100,30),EC(20),FB(3,30)
      REAL * 8  D1(30),D2(30),TDP,TG,ALFM,DXY(2,10)
      COMMON/NL/NL,NZ,NT,NLZ,NE,NJ/NR
     #/NR,NRC/NHZ/NHZ,NGR,NCR,NWD
      COMMON/KC1/KC1/KC2/KC2,KC3,KC4,KC5,KC6
     #/NMT/NMT/NFY/NFY/FY/FY,FYV
      COMMON/EJH/JH(2,100),MP(2,100)/JFR/NJR(2,30),NHG(3,100)
      COMMON/JEP/NEP(30),NEPX(30),
     #NEPH(2,400)/PQ/PQ/GL/GL/SM/SM/TDP/TDP,TG,ALFM/EAI/EAI
      COMMON/NLR/NLR,NRL(40),RL(2,40)/NEQ/NEQ,KE,MJ/D1/D1,D2
      COMMON/JWA/JW(3,100),KAD(300),IEW(6)/NN/NN,ME/SC/CO,SI
      COMMON/CTA/CA/EC/EC,FC(20),FT2(20),
     #HB(20)/QG/QG/XSA/XSA/DK/DK,XS
      COMMON/ZK/ZK/FNVM/FNVM/SX/SX/FF/FF/ANVM/ANVM/IT/IT/FB/FB
      COMMON/CMQN/CMVN(3,4)/WL/WL(3,4)/EMVN/EMQN(3,4)
      COMMON/WO/WO(3,4),WMVN(3,4)/D0/D0(3,4),DMVN(3,4)
      COMMON/BH/B,H,B1,H1/RW/E,RW,C2,AG,H0,F,F0/IET/IET
      COMMON/ALX/ALX,ALY,AIX,AIY,AXL,AYL,ALH/JWHG/JWHG(3,100)
      COMMON/XW12/XX(7),W1(7),W2(7)/IK/IK/FW/FW
      COMMON/NCE/NCE,NCH(10)/DXY/DXY/NPJ/KTP,NPJ,NPJH(10)
      CALL  INPUT                                  输入原始数据
      CALL  FJWKD                                  形成 JW 和 KAD
      CALL  QALF                                   求单元的 sin α、cos α
      IF  (MP(1,1).GT.0)  CALL  QEC                求混凝土弹模 E_C
      CALL  QXS                                    求单刚的 7 个系数
      CALL  ASEMZK                                 计算单刚、组合总刚
      CALL  FNJZK                                  分解总刚
      CALL  ZERO2(SX,2,NHZ)                        数组送 0
      CALL  ZERO1(SM,NN)
      CALL  ZERO5(ANQM,6,NE,NHZ)
      DO  500  IP=1,NHZ                            对荷载组数循环
      CALL  ZERO1(FF,NN)                           送 0
      CALL  ZERO2(FNQM,6,NE)
      IF(IP.EQ.1.AND.NGR.GT.0)  CALL  GRAVTF       计算自重固端力
      CALL  LOADF(IP)                              形成荷载列向量
      CALL  WEDA                                   回代求解{Δ}
      IF(KC3.EQ.30)  CALL  OUTDIS(IP)              输出位移{Δ}
      CALL  QDL(IP)                                求杆端力
  500 CONTINUE                                     荷载组数循环结束
```

```
      IF(KC4. EQ. 40) CALL OUTDL                          输出杆端力
      WRITE(9,900)
      CALL PRN('---')
      WRITE(9,910) (I,(SX(J,I),J=1,2),I=1,NHZ)            校核水平剪力平衡与否
      CALL PRN('----')
      IF(NEQ. GT. 6)THEN                                  NEQ>6 时,计算地震作用
      CALL EUT                                            求特征值和周期
      CALL  ELOAD                                         求水平地震作用
      CALL  EFORC                                         求地震内力
      ENDIF
      IF(NFY. GT. 0)THEN                                  NFY>0 时要组合
      CALL PRN('* * * *')
      WRITE (9,920)
      CALL PRN('* * * *')
      IF(NCR. EQ. 0)CALL ZERO7(CMQN,3,4)                 数组送 0
      IF(NWD. EQ. 0)CALL ZERO7(WL,3,4)
      DO 600 IE=1,NLZ                                     对梁、柱单元循环
      IEA=MP(2,IE)
      IF(IE. LE. NL)THEN                                  打印标题
      WRITE(9,930)IE,(JH(J,IE),J=1,2),(EAI(J,IEA),J=1,2)
      ELSE
      WRITE(9,935)IE,(JH(J,IE),J=1,2),(EAI(J,IEA),J=1,2)
      ENDIF
      CALL PRN('* * * *')
      IF(IE. LE. NL)THEN
     IT=6                                  梁分 6 段
     ELSE
     IT=1                                  柱分 1 段
     ENDIF
     IK=IT+1
     DO 610 I1=1,IK                        对截面循环
     CALL ZERO2(FB,3,30)                   数组送 0
     CALL QLZFB(IE,I1)                     求 I1 截面内力
     IF(KC5. EQ. 50)THEN
     WRITE(9,940)I1                        打印截面号
     WRITE(9,950)(J1,(FB(L1,J1),           打印分组荷载下各
    # L1=1,3),J1=1,NHZ)                    截面内力 FB
     ENDIF
     DO 700 IHZ=1,NHZ
```

```
      DO 700 I=1,3
700   FB(I,IHZ)=FB(I,IHZ) * D2(IHZ)
      IF(NEQ.GT.6)CALL ZERO7(DMQN,3,4)数组送 0
      IF(NCR.GT.0)CALL COMCR(IE)        组合吊车荷载
      IF(NWD.GT.0)CALL COMWD(IE)        组合风载
      CALL ZERO7(EMQN,3,4)              数组送 0
      CALL  COMLV(IE)                   组合一般活载
      CALL COMCLW(IE,I1)                静内力组合最终结果
      IF(NCR.EQ.0)THEN
      CALL ZERO7(CL1,3,4)               数组送 0
      CALL ZERO7(CL2,3,4)
      ENDIF
      IF(NEQ.GT.6) THEN                 设防烈度大于 6 度时需考虑地震组合
      CALL COMEL(IE,I1)                 组合地震作用
      CALL QRBHL(IE,I1)                 求配筋有关参数
      IF(KTP.EQ.0)THEN                  对于框架结构
      IF(IE.LE.NL)THEN                  地震组合内力设计值的调整
      CALL ADV(IE)                      按梁“强剪弱弯”要求进行调整
      ELSE
      CALL ADZM(IE,K1)                  按“强柱弱梁”要求进行调整
      CALL  A DV(IE)                    按柱“强剪弱弯”要求进行调整
      ENDIF
      ELSE IF(KTP.EQ.1)THEN             对于框排架结构
      IF(IE.LE.NL)THEN                  地震组合内力设计值的调整
      CALL ADV(IE)                      按梁“强剪弱弯”要求进行调整
      ELSE
      DO 705 IPJ=1,NPJ
      IPJH=NPJH(IPJ)
      IF(IE.NE.IPJH)THEN
      CALL ADZM(IE,K1)                  按“强柱弱梁”要求进行调整
      CALL A DV(IE)                     按柱“强剪弱弯”要求进行调整
      ENDIF
705   CONTINUE
      ENDIF
      ELSE IF(KTP.EQ.2)THEN
      GOTO 710                          排架结构未及考虑抗震计算
      ENDIF
710   CONTINUE
      ENDIF
```

```
      IF(NFY.GT.1) THEN                                  要配筋时
      CALL QRBHL(IE,I1)                                  求配筋相关参数
      CALL QLZAS(IE,I1)                                  计算梁、柱纵筋
      CALL QLZASV(IE,I1)                                 计算梁、柱箍筋
      ENDIF
610   CONTINUE                                           截面循环结束
600   CONTINUE                                           单元循环结束
      ENDIF
      WRITE(9,960)                                       打印和显示计算结束标志
      WRITE(*,960)
      STOP
900   FORMAT(//28X,'* * * * *  CHACK HORIZONTAL SHEAR',1X,
     #BALANCED  * * * * *'//,2(1X,'HZ NO:',4X,
     #HORIZONTAL LOAD',5X,'HORIZONTAL SHEAR',8X))
910   FORMAT(2(1X,'IP=',I3,2X,F17.8,4X,F17.8,8X))
920   FORMAT(//22X,'* * * * *  INTERNAL FORCES COMBINATION',
     #AND REINFORCMENT CALCULATION RESULTS  * * * * *'//)
930   930 FORMAT(////1X,'* * *   BEAM=',I3,2X,'* * *',16X
     #,'I=',I4,11X,'J=',I4,40X,'BXH  =',F8.5,' X ',F7.5)
935   FORMAT(////1X,'* * *   COLM=',I3,2X,'* * *',16X,'I='
     #,I4,11X,'J=',I4,40X,'BXH  =',F8.5,' X ',F7.5)
940   FORMAT(/1X,'I1=',I3,2X,'* * *  FB  * * *'//,
     #2(1X,'HZ NO:',11X,'M',16X,'V',16X,'N',10X))
950   FORMAT(2(1X,'IP=',I3,3F17.5,5X))
960   FORMAT(//1X,'* * * * *  WELCOME YOU TO USE THIS
     #PROGRAM NEXT TIME ',!!!  * * * * *')
      END
```

§3.2 输入数据程序设计

3.2.1 READ、WRITE 语句复习

输入数据程序设计，主要是用 READ 语句读入算题所必需的原始数据，用 WRITE 语句输出读入的数据供存档和校核之用。为此，先复习一下 READ、WRITE 语句用法。

1. READ、WRITE 语句的形式

READ、WRITE 语句的一般形式为：

READ(u, f)

WRITE(u, f)

其中：u——设备号(通道号)(从哪儿读，往哪儿写)；

f——format 格式说明(按什么格式读或写)。

(1)u 的形式。

u 的形式可以是 * 或整型量。如果 u 的形式为 *，则在 READ 和 WRITE 语句中分别表示键盘及显示器。

(2)f 的形式。

f 在 READ 中一般取 *，表示按自由格式读，各数据之间用“,”号或空格隔开均可。FORTRAN 语言对整型量、实型量要求很严格，输入数据为实型量时必须带小数点。

f 在 WRITE 语句中一般是指格式语句的标号，例如：

```
      WRITE(9, 900)A
900   FORMAT(1x,'A=', F10.4)
或    WRITE(9,'(1x,'A=', F10.4)')A
```

2. 人机对话方式建立内外文件的联系——OPEN 语句应用

OPEN 语句的一般形式为：

OPEN(整型量，FILE=文件名，[STATUS='NEW'或'OLD'])

设用 File1 存放原始数据，File2 存放计算结果，利用下列程序段，就可以很方便地建立内外文件的联系，即解决从哪儿读原始数据、往哪儿写计算结果的问题。

```
      CHARACTER*20 File1, File2
      WRITE( *, 900)
900   FORMAT(1x,'input file name='\ )
      READ( *, 901) File1
901   FORMAT(A)
      OREN(8, File=File1)
      WRITE(9, 902)
902   FORMAT(1x,'output file name='\ )
      READ( *, 901)File2
      OPEN(9, File=File2, STATUS='NEW')
      READ(8, *)…
      WRITE(9, 910)…
```

对于大型结构分析程序或分段运行的程序，还可以利用无格式或二进制文件，以节省存贮空间和加快运算速度，这部分内容可以参阅 FORTRAN 语言的相关教材和手册[19]。

3.2.2　输入数据的内容

任何一个有限元结构分析程序都必须输入算题所必需的原始数据，一般包括下述内容：

(1)控制参数
(2)单元信息
(3)约束信息
(4)相关节点位移信息(如铰节点处的非独立节点位移)
(5)截面材料信息

} 结构简图数据

(6)荷载信息
(7)地震计算参数 } 荷载数据
(8)其他信息(如支座弯矩削减信息、配筋信息等)

3.2.3 输入数据程序设计

在 FSAP 程序中，输入数据的子程序为 SUB. INPUT。在 INPUT 子程序中，采用 10 个 READ 语句读入算题所必需的原始数据；每一 READ 语句后均安排了相应的 WRITE 语句，将输入的原始数据原样照印，供校对与存档用。

1. 输入控参(22 个整型量)

READ (8, *) NL, NZ, NCE, NT, NJ, NR, NRC, NMT, NHZ, NGR, NCR, NWD, NEQ, NFY, NLR, KC1, KC2, KC3, KC4, KC5, KC6, KTP

说明：

(1)NL、NZ、NCE 、NT 分别为梁、柱、斜杆及刚性杆的个数；NJ 为节点总数；NR 为约束个数；NRC 为相关节点位移个数；NMT 为截面材料组数；NHZ 为荷载组数；NGR 为自重信息，NGR=0 表示不计自重或人工算自重，NGR=1 表示机器算自重；NCR 为吊车信息，无吊车时填 0，有吊车时填吊车跨数；NWD 为风载信息，无风时填 0，有风时填 1；NEQ 为抗震设防烈度；NFY 为组合与配筋控制参数，不组合不配筋时填 0，要组合但不配筋时填 1，要组合及配筋时填 2；NLR 为需考虑支座弯矩削减的梁的个数；KC1 为是否考虑轴向变形的控参，KC1=0 或 1 分别表示考虑或不考虑轴向变形；KC2 ~ KC6 为输出结果的控参；KTP 为结构类型控制参数，KTP=0 为框架结构，KTP=1 为框排架结构，KTP=2 为排架结构。

(2)刚性杆——为了反映结构的实际受力状态而设，如上、下柱变阶处需设置刚性杆来考虑上、下柱偏心的影响，以及单层工业厂房中采用大型屋面板的屋架，亦可以简化为刚性杆。程序中对刚性杆的刚度赋以 10^{12}(若用单精度实型量，如此大的数据就放不下)。

(3)荷载分组原则：恒载为第 1 组，活载则从第 2 组至第 NHZ 组。活载的分组原则是：先吊车，后一般活载(原则上按凡能单独存在的算一组)，最后编风载。

在 FSAP 程序中，每跨吊车占 4 个活载组号：

②吊车自重；

③吊车竖向荷载左大右小；

④吊车竖向荷载右大左小；

⑤吊车水平荷载。

若两跨有吊车时，第二跨吊车的活载组号则为⑥、⑦、⑧、⑨，依此类推。

(4)FORMAT 中的格式说明符。

/换行
''原样照印
x-空格说明符

2. 输入单元信息

每个单元输入 8 个参数：

IE，JH(1，IE)，JH(2，IE)，MP(1，IE)，MP(2，IE)，GL(1，IE)，GL(2，IE)，GL(3，IE)，即

IE= 1　2　…　NE　单元号(1)(NE 为单元总数)

$$JH(2,NE)=\begin{bmatrix}\times & \times & \cdots & \times\\ \times & \times & \cdots & \times\end{bmatrix}\begin{matrix}i\text{端节点号}\quad(2)\\ j\text{端节点号}\quad(3)\end{matrix}$$

$$MP(2,NE)=\begin{bmatrix}\times & \times & \cdots & \times\\ \times & \times & \cdots & \times\end{bmatrix}\begin{matrix}\text{截面形状类别号(4)}\\ \text{材料组号(5)}\end{matrix}$$

$$GL(3,NE)=\begin{bmatrix}\times & \times & \cdots & \times\\ \times & \times & \cdots & \times\\ \times & \times & \cdots & \times\end{bmatrix}\begin{matrix}\text{杆长(6)}\\ \text{梁惯性矩增大系数或柱平面内计算长度系数(7)}\\ \text{柱平面外计算长度系数(8)}\end{matrix}$$

说明：

(1)在 FSAP 程序中，采用 DO 循环输入单元的 8 个参数。

(2)对于数组，利用了 FORTRAN 语言中数组按列存放的特点，最左边下标变化最快，因而有关数组的循环语句一般均设计成从最左边的下标开始。

(3)输入单元信息时亦可以用隐循环，此时就没有单元号提示，程序语句可以改写为：

READ(8，＊)((JH(J，IE)，J=1，2)，(MP(J，IE)，J=1，2)，(GL(J，IE)，J=1，3)，IE=1，NE)(即每个单元输入 7 个参数)

比较上述单元信息的输入方式，以 DO 循环输入方式较好，这是因为数据填写时有单元号的提示，比较直观，且不易出错。

(4)关于截面形状类别号。

FSAP 程序中考虑了 3 种类型的截面形式：

0 类——任意截面形状和材料的杆件；

1 类——钢筋混凝土矩形截面杆件；

2 类——钢筋混凝土 T 形截面梁或 I 形截面柱。

(5)关于截面材料组号。

因为实际结构一般不会出现所有单元的截面尺寸和材料等级都各不相同的情况，因而可以将相同截面形状和尺寸及材料等级的杆件进行分组，以减少输入数据的工作量。

(6)关于杆长与节点坐标。

FSAP 程序采用直接输入杆长的办法，免去了计算杆长的时间，但有斜杆时需要输入斜杆信息：

READ(8，＊)(NCH(I)，(DXY(J，I)，J=1，2)，I=1，NCE)

当斜杆根数 NCE>0 时，需要输入斜杆的有关信息。在计算梁、柱个数时，斜杆既可以归于梁的个数 NL 中，亦可以归于柱的个数 NZ 中，由计算者自定。控制参数 NCE 只是说明有无斜杆，无斜杆时填 0，有斜杆时填斜杆根数。当 NCE>0 时要补充输入的是斜杆

杆号和斜杆的 Δx 、Δy ，以便后面计算斜杆的 $\sin\alpha$ 、$\cos\alpha$ 时使用，即每个斜杆需要输入 3 个数：

①斜杆的杆号 NCH(I)；

②斜杆的 $\Delta x = x_j - x_i$ ；

③斜杆的 $\Delta y = y_j - y_i$ 。

其中，斜杆的杆号为整型量，Δx 、Δy 为实型量。

(7)关于结构类型号 KTP。

当结构类型号 KTP=1，即结构类型为框排架结构时，尚应补充输入框排架结构中排架柱的单元个数和杆件编号：

```
READ(8, *)NPJ, (NPJH(I), I=1, NPJ)
```

这里 NPJ 为框排架结构中排架柱的单元个数，NPJH(I)用来存放排架柱的杆件编号。

3. 输入约束信息

每个约束输入 2 个数：

(1)被约束的节点号 NJR(1, IR)；

(2)被约束的方向号 NJR(2, IR)。

程序语句为：

```
READ(8, *)((NJR(J, I), J=1, 2), I=1, NR)
```

IR=1 2 … NR(NR 为约束个数)

$$\text{NJR}(2,\ \text{NR})=\begin{bmatrix}\times & \times & \cdots & \times\\ \times & \times & \cdots & \times\end{bmatrix}\begin{matrix}\text{被约束的节点号}\\ \text{被约束的方向号}\left\{\begin{matrix}1 & x\text{向约束}\\ 2 & y\text{向约束}\\ 3 & \text{转角约束}\end{matrix}\right.\end{matrix}$$

4. 输入相关节点位移信息

```
READ(8, *)(NHG(J, I), J=1, 3), I=1, NRC)
```

当结构中有铰节点时，FSAP 程序中对铰节点处的相关节点位移采用主从关系来表示，每个相关节点位移填 3 个数：

IRC=1 2 … NRC(NRC 为相关节点位移个数)

$$\text{NHG}(3,\ \text{NRC})=\begin{bmatrix}\times & \times & \cdots & \times\\ \times & \times & \cdots & \times\\ \times & \times & \cdots & \times\end{bmatrix}\begin{matrix}\text{从节点号 IA}\\ \text{主节点号 IB}\\ \text{方向号 IC}\left\{\begin{matrix}1 & \text{IA 与 IB 的 x 向位移相同}\\ 2 & \text{IA 与 IB 的 y 向位移相同}\end{matrix}\right.\end{matrix}$$

例如，如图 3-3 所示框架结构，3、4 两点的水平位移、竖向位移相同，但转角位移不同，故相关结点位移个数 NRC=2。相关节点位移信息为

$$\text{NHG}(3,\ 2)=\begin{bmatrix}4 & 4\\ 3 & 3\\ 1 & 2\end{bmatrix}\begin{matrix}\text{从节点号}\\ \text{主节点号}\\ \text{方向号}\end{matrix}$$

根据这一相关节点位移信息，计算机在确定节点位移未知量编号时，就自动将 3、4 两点的水平位移和竖向位移编为相同的号，而将 3、4 两点的转角位移则另外编号。这种

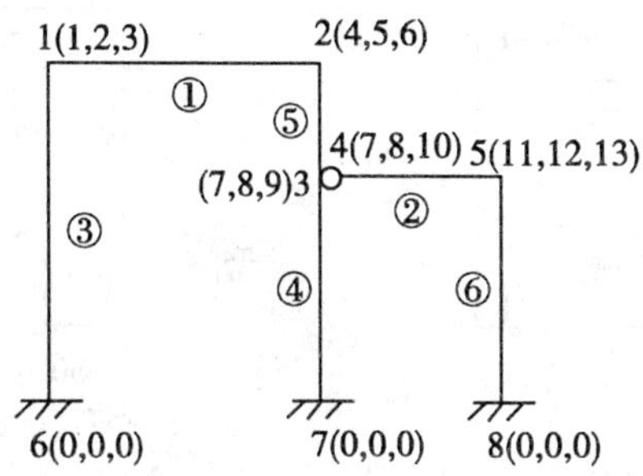

图 3-3　铰点节处相关节点位移处理

铰节点的处理方法简便，程序易于实现，只是在铰节点处多编了一个节点号。

5. 输入截面材料信息

READ(8, *)((EAI(J, I), J=1, 3), I=1, NMT)

每组材料输入 3 个数，详见下述。因为实际结构一般不会出现所有单元的截面和材料都各不相同的情况，因而没有必要每一单元都输入一组截面材料特征。为了减少输入数据的工作量，可以将结构中不同截面和材料的单元分为若干组，只输入若干组的截面材料信息即可。对于不同的截面形状类别号，EAI 要求输入的 3 个数的规定如下。

0 类——任意截面形状和材料的杆件(这类截面不能计算配筋)：

I=1　2　…　NMT(NMT 为截面材料组数)

$$\text{EAI}(3,\ \text{NMT})=\begin{bmatrix}\times & \times & \cdots & \times\\ \times & \times & \cdots & \times\\ \times & \times & \cdots & \times\end{bmatrix}\begin{matrix}E\ (\text{弹模})\ (\text{kN/m}^2)\\ A\ (\text{面积})\ (\text{m}^2)\\ I\ (\text{惯矩})\ (\text{m}^4)\end{matrix}$$

1 类——钢筋混凝土矩形截面杆件：

I=1　2　…　NMT

$$\text{EAI}(3,\ \text{NMT})=\begin{bmatrix}\times & \times & \cdots & \times\\ \times & \times & \cdots & \times\\ \times & \times & \cdots & \times\end{bmatrix}\begin{matrix}\cdots B(\text{m})\\ \cdots H(\text{m})\\ \cdots f_{cu}(\text{N/mm}^2)\end{matrix}$$

2 类——钢筋混凝土 T 形截面梁或 I 形截面柱(参阅图 3-4)，采用压缩存贮形式：

$$\text{EAI}(1,\ \text{I})-\frac{*\times\times}{B}\cdot\frac{*\times\times}{B1}$$

$$\text{EAI}(2,\ \text{I})-\frac{*\times\times}{H}\cdot\frac{*\times\times}{H1}$$

EAI(3, I) $-f_{cu}$(N/mm^2)

*——整数部分；

××——小数部分。

例如，对于某 T 形截面梁(参看图 3-5)，$B=0.4$m，$B_1=0.15$，$H=0.6$m，$H_1=0.1$m，则 EAI 中第一、第二两个分量可以分别填写为：40.015，60.010。

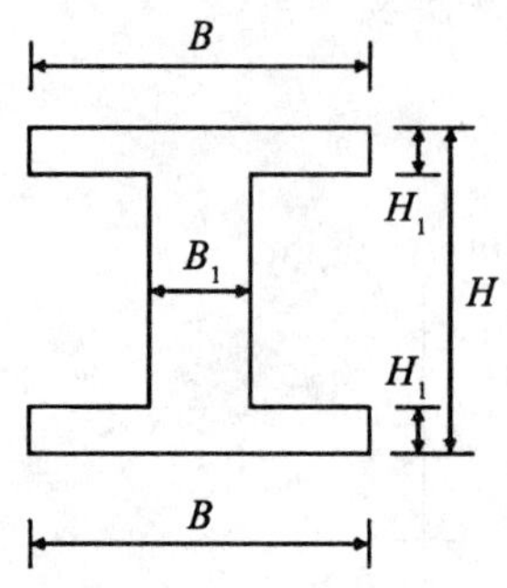

图 3-4　钢筋混凝土 T 形梁或 I 形柱

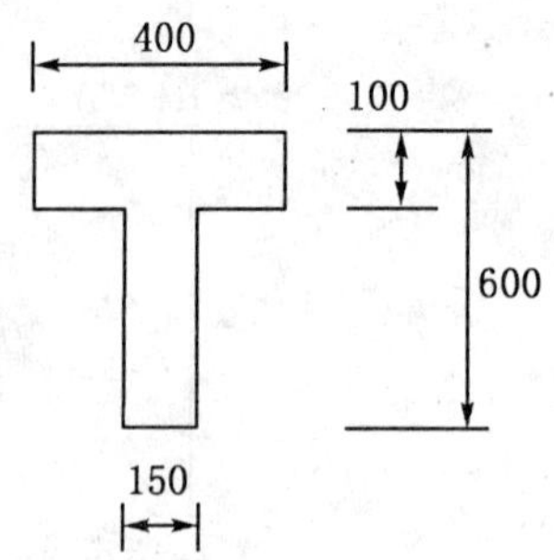

图 3-5　钢筋混凝土 T 形梁

6. 输入荷载信息

(1)输入每组荷载的荷载个数。

READ(8, *)(NEP(I), I=1, NHZ)

在程序中紧接着用 NEPX(NHZ)存放每组荷载个数的累加数备用(荷载个数循环控参)。

(2)输入每个荷载的具体信息。

每个荷载应输入 4 个数，即荷载作用杆号、荷载类型号、荷载距单元 i 端的距离或分布长度、荷载值的大小。在 FSAP 程序中，为了简化荷载数据的填写，将节点荷载也作为单元荷载来处理，此时只要将节点荷载距 i 端的距离按节点荷载作用点位置的不同填为 0 或杆长 l 即可。

FSAP 程序共考虑了 6 种荷载类型，如表 3-2 所示。

荷载个数 IEP=1　2　⋯　NP=NEPX(NHZ)

$$\text{NEPH}(2,\ \text{NP})=\begin{bmatrix}\times & \times & \cdots & \times\\ \times & \times & \cdots & \times\end{bmatrix}\begin{matrix}\text{荷载作用杆号(1)}\\ \text{荷载类型号(2)}\end{matrix}\Bigg\}\text{整型量}$$

$$\text{PQ}(2,\ \text{NP})=\begin{bmatrix}\times & \times & \cdots & \times\\ \times & \times & \cdots & \times\end{bmatrix}\begin{matrix}\text{荷载值(3)}\\ \text{荷载分布长度或作用点至 } i \text{ 端距离(4)}\end{matrix}\Bigg\}\text{实型量}$$

相应的程序段如下：

```
      DO  40  IP=1, NHZ
      IF(NEP(IP).GT.0)THEN
      IF(IP.EQ.1)THEN
      IB=1
      ELSE
      IB=NEPX(IP-1)+1
      ENDIF
      IC=NEPX(IP)
      READ(8, *)((NEPH(J, I), J=1, 2), PQ(J, I), J=1, 2), I=IB, IC)
      WRITE(9, 1100)…
      ENDIF
40    CONTINUE
```

7. 荷载组合信息

要进行荷载组合(NFY>0)时，需要输入每一组荷载的荷载分项系数，相应的程序段如下：

```
        IF(NFY.GT.0)THEN
        READ(8, *)(D2(I), I=1, NHZ)
        WRITE(9, 1112)(I, D2(I), I=1, 1)
        WRITE(9, 1113)(I, D2(I), I=2, NHZ)
        ENDIF
1112    FORMAT(10x,'D2 ARRAY'//1X,'IP=', I3, 3x,'rG=', F4.2)
1113    FORMAT(4(1X,'IP=', I3,'rQ=', F4.2, 2x))
```

8. 配筋信息

要进行配筋计算(NFY>1)时，还需要输入纵向受力钢筋和箍筋的强度设计值，相应的程序段如下：

```
        IF(NFY.GT.1)THEN
        WRITE(9, 1114)
        READ(8, *)FY, FYV
        WRITE(9, 1115)FY, FYV
1114    FORMAT(//1x,'8.', 7X,'***** Reinforcement Information *****')
1115    FORMAT(1X,'FY=', F10.2,'FYV=', F10.2)
        FY=FY*1000.
        FYV=FYV*1000.
        ENDIF
```

9. 输入地震信息

```
        READ(8, *)KE, MJ, TDP, TG, (D1(I), I=1, NHZ), FW
```

KE——结构抗震等级；

MJ——计算振型个数；

TDP——周期折减系数；

TG——特征周期；

D1(NHZ)——地震组合时，各组荷载的组合值系数；

FW——地震作用效应组合时，风载的组合值系数，一般结构可以不考虑，填0；高耸结构可以取0.2。

10. 输入支座弯矩削减信息

对于框架梁，当需要考虑支座弯矩削减信息时，每根需要考虑支座弯矩削减的梁需填3个数：

NRL(ILR)——需要考虑支座弯矩削减的梁号；

RL(1, ILR)——左支座削减宽度；

RL(2, ILR)——右支座削减宽度。

以上就是FSAP程序算题所必需的原始数据。上述数据可以归纳为四大类；第一类是控制参数，控制整个课题的运算；第二类是结构方面的数据，包括上述(2)～(5)各项，所反映的是结构模型、计算简图、结构尺寸、材料特性等方面的情况；第三类则属于荷载方面的数据，所反映的是荷载作用及其相互关系；第四类为荷载组合及配筋方面的信息。

3.2.4 输入数据子程序 SUB. INPUT

```
      SUBROUTINE INPUT                                   输入原始数据
      CHARACTER * 20 FILE1,FILE2
      REAL * 8 GL(3,100),PQ(2,400),EAI(3,20)
      REAL * 8 D1(30),D2(30),TDP,TG,ALFM
      REAL * 8 DXY(2,10),DX,DY,DL
      COMMON/ NL /NL,NZ,NT,NLZ,NE,NJ/ NR /NR,NRC
    # /NHZ/ NHZ,NGR,NCR,NWD
      COMMON/KC1/ KC1/ KC2/ KC2,KC3,KC4,KC5,KC6
    # /NMT /NMT /NFY/ NFY/FY/FY,FYV
      COMMON/ EJH/ JH(2,100),MP(2,100)/ PQ/ PQ /GL/ GL/NPJ/KTP,NPJ,
     NPJH(10)
      COMMON/JFR/ NJR(2,30),NHG(3,100)/ EAI /EAI/ TDP /TDP,TG,ALFM
      COMMON/ JEP /NEP(30),NEPX(30),NEPH(2,400)/ D1 /D1,D2
      COMMON/NLR/ NLR,NRL(40),RL(2,40) /NEQ /NEQ,KE,MJ/ FW/ FW
      COMMON/NCE/NCE,NCH(10)/DXY/DXY
      WRITE( * ,800)
      READ( * ,801)FILE1
      OPEN(8,FILE=FILE1)
      WRITE( * ,802)
      READ( * ,801)FILE2
      OPEN(9,FILE=FILE2,STATUS='NEW')
      CALL PRN('* * * *')                                打印表头
      WRITE(9,900)
      CALL PRN('* * * *')
      CALL PRN('----')
      WRITE(9,910)
      CALL PRN('----')
      WRITE(9,920)
      READ(8,*)NL,NZ,NT,NJ,NR,NRC,NMT,NHZ,
     #NGR,NCR,NWD,NEQ,NFY,NLR,KC1,KC2,
     #KC3,KC4,KC5,KC6,KTP
      NLZ=NL+NZ                                          梁、柱单元数
      NE=NLZ+NT                                          单元总数
      WRITE(9,930)NL,NZ,NT,NJ,NR,NRC,NMT,NHZ,            输出控制参数
      WRITE(9,940)
```

```
       CALL PRN('----')
       DO 10 IE=1,NE
10     READ(8,*)NUMEL,(JH(J,NUMEL),J=1,2),                    输入单元信息
      #(MP(J,NUMEL),J=1,2),(GL(J,NUMEL),J=1,3)
       IF(NCE.GT.0)THEN
       READ(8,*)(NCH(I),(DXY(J,I),J=1,2),I=1,NCE)  输入斜杆信息
       WRITE(9,935)
       WRITE(9,936) (NCH(I),(DXY(J,I),J=1,2),I=1,NCE)    输出斜杆信息
       DO I=1,NCE
       IEH=NCH(I)
       DX=DXY(1,I)
       DY=DXY(2,I)
       DL=DSQRT(DX*DX+DY*DY)
15     GL(1,IEH)=DL
       ENDIF
       WRITE(9,950)(IE,(JH(J,IE),J=1,2),(MP(J,IE),J=1,2),输出单元信息
      #(GL(J,IE),J=1,3),IE=1,NE)
       IF(KTP.EQ.1)THEN
       READ(8,*)NPJ,(NPJH(I),I=1,NPJ)
       WRITE(9,955)NPJ(NPJH(I),I=1,NPJ)
       ENDIF
       IF (NR.GT.0) THEN
       WRITE(9,960)
       CALL PRN('----')
       READ(8,*)((NJR(J,I),J=1,2),I=1,NR)                    输入约束信息
       WRITE(9,970)((NJR(J,I),J=1,2),I=1,NR)                 输出约束信息
       ENDIF
       IF(NRC.GT.0) THEN
       WRITE(9,980)
       CALL PRN('----')
       READ(8,*)((NHG(J,I),J=1,3),I=1,NRC)                   输入相关位移信息
       WRITE(9,990)((NHG(J,I),J=1,3),I=1,NRC)                输出相关位移信息
       ENDIF
       WRITE(9,1000)
       CALL PRN('----')
       READ(8,*)((EAI(J,I),J=1,3),I=1,NMT)                   输入材料信息
       WRITE(9,1010)(I,(EAI(J,I),J=1,3),I=1,NMT)             输出材料信息
       WRITE(9,1020)
       READ(8,*)(NEP(I),I=1,NHZ)                             输入每组荷载个数
```

```
       NEPX(1)=NEP(1)
       DO 20 I=2,NHZ
 20    NEPX(I)=NEP(I)+NEPX(I-1)                                  累加每组荷载个数
      WRITE(9,1080)
      WRITE(9,1040)(I,NEP(I),I=1,NHZ)                            输出每组荷载个数
      WRITE(9,1090)NEPX(NHZ)
      WRITE(9,1100)
      CALL PRN('----')
      DO 40 IP=1,NHZ
      IF(NEP(IP).GT.0)THEN
      IF(IP.EQ.1)THEN
      IB=1
      ELSE
      IB=NEPX(IP-1)+1
      ENDIF
      IC=NEPX(IP)
      READ(8,*)((NEPH(J,I),J=1,2),                               输入每个荷载
     #(PQ(J,I),J=1,2),I=IB,IC)                                   的具体信息
      WRITE(9,1110)IP,NEP(IP),                                   输出每个荷载
     #((NEPH(J,I),J=1,2),(PQ(J,I),J=1,2),I=IB,IC)                的具体信息
      ENDIF
 40   CONTINUE
      IF(NFY.GT.0)THEN
      WRITE(9,1111)
      READ(8,*)(D2(I),I=1,NHZ)                                   输入荷载分项系数
      WRITE(9,1112) (I,D2(I),I=1,1)                              输出荷载分项系数
      WRITE(9,1113) (I,D2(I),I=2,NHZ)
      CALL PRN('----')
      IF(NFY.GT.1)THEN
      WRITE(9,1114)
      READ(8,*)FY,FYV                                            输入纵筋、箍筋强度设计值
      WRITE(9,1115) FY,FYV                                       输出纵筋、箍筋强度设计值
      FY=FY*1000.
      FYV=FYV*1000.
      ENDIF
      ENDIF
      IF(NEQ.GE.6)THEN
      WRITE(9,1116)
      IF(NEQ.EQ.6)THEN
```

```
      READ(8,*)KE
      WRITE(9,1117)KE
      ELSE
      READ(8,*)KE,MJ,TDP,TG,(D1(I),I=1,NHZ),FW          输入地震信息
      WRITE(9,1118)KE,MJ,TDP,TG,(D1(I),I=1,NHZ)        输出地震信息
      WRITE(9,1119)FW
      ENDIF
      ENDIF
      IF(NLR.GT.0)THEN
      WRITE(9,1120)
      READ(8,*)(NRL(I),(RL(J,I),J=1,2),                输入支座弯矩
     #I=1,NLR)                                           削减信息
      WRITE(9,1130)(NRL(I),(RL(J,I),J=1,2),             输出支座弯矩
     #I=1,NLR)                                           削减信息
      ENDIF
      CALL PRN('----')
      WRITE(9,1140)
      CALL PRN('----')
      RETURN
800   FORMAT(1X,'DATA INPUT FILE NAME='\)
801   FORMAT(A)
802   FORMAT(1X,'OUTPUT FILE NAME='\)
900   FORMAT(//10X,'STRUCTURES ANALYSIS PROGRAM(FSAP)
     #FOR PLANE','FRAMES USING FINITE ELEMENT METHOD,
     #INTERNAL FORCES',10X,'ANALYSIS;INTERNAL FORCES
     #COMBINATION AND REINFORCEMENT ',
     #COMPUTED.',//10X,'VERSION5.00 COPYRIGHT BY
     #HOU Jianguo AND',
     #An Xu Wen'//55X,'Oct. 2011     WUHAN',//)
910   FORMAT(//20X,'ORIGINAL DATA FOR CHECK' )
920   FORMAT(//1X,'1. ',7X,'* * * * * CONTRON PARMETERS * * * * *')
930   FORMAT(//1X,'NL =',I4,4X,'NZ =',I4,4X,'NCE =',I4,4X,'NT =',I4,
     #4X,'NJ =',I4,4X,'NR =',I4//1X,'NRC=',I4,4X,'NMT=',I4,4X,'NHZ=',
     #I4,4X,'NGR=',I4,4X,'NCR=',I4  1X,'NWD=',I4//1X,'NEQ=',I4,4X,
     #'NFY=',I4,4X,NLR=',I4,4X,'KC1=',I4,4X,'KC2=',I4,4X,'KC3=',I4
     #//1X,'KC4=',I4,4X,'KC5=',I4,4X,'KC6=',I4,4X,'KTP=',I4)
```

```
935  FORMAT(1X,'NCH',6X,'DX',8X,'DY')
936  FORMAT(1X,I2,2F10.4)
940  FORMAT(//1X,'2.',7X,'* * * * * ELEMENT INFORMANTION * * * *
     #*'/1X,
     #ELEMENT', 5X,' NODE  NUMBER', 6X,' FOME  NUMBER', 5X,' GROUP
      NUMBER',
     #5X,'ELEMENT LENGTH',5X,'L0 LX',5X,'L0 LY')
950  FORMAT(1X,I5,7X,I5,2X,I5,7X,I5,12X,I5,14X,F10.4,5X,F5.2,5X,F5.2)
955  FORMAT(/1X,'KTP =',I4/3(1X,'NPJ =',I4,4X))
960  FORMAT(//1X,'3.',7X,'* * * * * RESTRINED INFORMATION * * * *
     *'/1X,
     #2(10X,' NODE',6X,'DIRECTION',10X))
970  FORMAT(2(10X,I5,6X,I5,14X))
980  FORMAT(//1X,'4.',7X,'* * * * * CORRELATIVE NODES DISPLACEMENT INF',
     #ORMATION',' * * * * *'/1X,2(10X,'CORRELATIVE NODE',5X,'DIRECTION',
     #10X))
990  FORMAT(2(15X,2I5,5X,I5,14X))
1000 FORMAT(//1X,'5.',7X,'* * * * * SECTION MATERIAL AND GEOMETRIC PRO',
     #PERTIESE * * * * *'//10X,'NUMBER',9X,'PROPERTIES')
1010 FORMAT(10X,I4,8X,3D14.6)
1020 FORMAT(//1X,'6.',7X,'* * * * * LOAD INFORMATION * * * * * *' )
1040 FORMAT(10(1X,2I5))
1080 FORMAT(//1X,'NUMBER OF ',
     #LOADS IN EVERY LOAD GROUP :'/1X,10(4X,'IP',2X,'NEP'))
1090 FORMAT( 1X,'TOTAL NUMBER OF LOADS IN ALL LOAD GROUPS =',
     #I5)
1100 FORMAT(//,2(10X,'ELEMENT',5X,'LOAD TYPE',5X,'LOAD VALUE',10X,
     #A',4X))
1110 FORMAT(1X,'IP=',I3,3X,'NEP=',I3 ,2(1X,I3,4X,I3,7X,F8.2,4X,
     #F6.2,3X))
1111 FORMAT(//1X,'7.',7X,'* * * * * COMBINATION INFORMATION * * * * *')
1112 FORMAT(/10X ,'* * * D2 ARRAY * * *'//1X,'IP=',I3,3X,'RG=',F4.2)
1113 FORMAT(4(1X ,'IP=',I3,3X,'RQ=',F4.2,2X))
1114 FORMAT(//1X,'8.',7X,'* * * * * REINFORCEMENT INFORMATION ',)
     #'* * * * *  ')
1115 FORMAT/(1X ,'FY=',F10.2,2X,'FYV=',F10.2)
```

```
1116 FORMAT(//1X,'9. ',7X,' * * * * *  EARTHQUAKE INFORMATION  * * *
       * * ')
1117 FORMAT(/1X,'KE=',I5)
1118 FORMAT(//1X,'KE=',I2,3X,'MJ=',I2,3X,'TDP=',F4.2,3X,'TG=',
     #F4.2//10X,' * * *  D1  ARRAY  * * *'//4(1X,F4.2,'IP=',I3,3X,'Fi=',
       F4.2,3X))
1119 FORMAT(1X,'FW=',F5.2)
1120 FORMAT (//1X,' 10. ', 7X,'  *  *  *  *  *   SUPPORTER  MOMENTS
       DECREASE # INFORMA',
     #TION  * * * * *'/10X,'BEAM NUMBER',5X,'LEFT WIDTH',5X,'RIGHT WID',
     #'TH')
1130 FORMAT(15X,I3,8X,F10.4,6X,F10.4)
1140 FORMAT(//20X,'RESULTS OF CALCULATION')
     END
```

表 3-2　FSAP 程序中的荷载类型及固端反力 $\{\bar{F}_g\}$

荷载类型	荷载简图	反力符号	i 端反力	j 端反力
1		$\bar{N}$	0	0
		$\bar{V}$	$-\frac{qa}{2}\left(2-2\frac{a^2}{l^2}+\frac{a^3}{l^3}\right)$	$-qa-\bar{V}_i$
		$\bar{M}$	$-\frac{qa^2}{12}\left(6-\frac{8a}{l}+\frac{3a^2}{l^2}\right)$	$qa^3\left(4-\frac{3a}{l}\right)\frac{1}{12l}$
2		$\bar{N}$	0	0
		$\bar{V}$	$-P\left(1+\frac{2a}{l}\right)\left(1-\frac{a}{l}\right)^2$	$-P-\bar{V}_i$
		$\bar{M}$	$-Pa\left(1-\frac{a}{l}\right)^2$	$\frac{Pa^2(l-a)}{l}$
3		$\bar{N}$	0	0
		$\bar{V}$	$6M\left(1-\frac{a}{l}\right)\frac{a}{l^2}$	$-\bar{V}_i$
		$\bar{M}$	$M\left(1-\frac{a}{l}\right)\left[2\frac{a}{l}-\left(1-\frac{a}{l}\right)\right]$	$Ma\left(2\left(1-\frac{a}{l}\right)-\frac{a}{l}\right)\frac{1}{l}$
4		$\bar{N}$	$q\frac{a}{l}\left(l-\frac{a}{2}\right)$	$\frac{qa^2}{l}$
		$\bar{V}$	0	0
		$\bar{M}$	0	0

续表

荷载类型	荷载简图	反力符号	i端反力	j端反力
5		$\bar{N}$	$P\left(1-\frac{a}{l}\right)$	$P\frac{a}{l}$
		$\bar{V}$	0	0
		$\bar{M}$	0	0
6		$\bar{N}$	0	0
		$\bar{V}$	$-\frac{qa}{4}\left(2-\frac{3a^2}{l^2}+\frac{1.6a^3}{l^3}\right)$	$-\frac{qa}{2}-\bar{V}_i$
		$\bar{M}$	$-\frac{qa^2}{6}\left(2-\frac{3a}{l}+1.2\frac{a^2}{l^2}\right)$	$-qa^3\left(1-0.8\frac{a}{l}\right)\frac{1}{4l}$

§3.3 节点位移未知量编号和单元定位向量的形成

3.3.1 节点位移未知量编号的形成

1. 引入约束条件的方法

杆系结构有限元分析通常采用位移法，即以节点位移作为基本未知量求解。因此，在用有限单元法算题之前，首先应按节点编号顺序编出节点位移未知量的编号，也就是编出需要建立的节点平衡方程的序号。

各节点的节点位移排列顺序：

$$\{\boldsymbol{\delta}_i\}=\begin{Bmatrix}u_i\\v_i\\\theta_i\end{Bmatrix}\begin{matrix}\text{水平位移}\\\text{竖向位移}\\\text{转角}\end{matrix}\tag{3-1}$$

在进行节点位移未知量编号时，还要考虑支座约束情况，这就是通常所说的引入约束条件。未引入约束条件的总刚度矩阵[$\boldsymbol{K}$]为奇异矩阵，为了使结构整体平衡方程有唯一解，必须引入约束条件。引入约束条件的方法有：

(1)主元置1法；

(2)主元乘大数法(优点：可以考虑非零已知节点位移，如支座不均匀沉降等)；

(3)重排方程号法(俗称划行划列法)：去掉支座处被约束了的已知零位移，然后重编节点位移未知量编号(即方程号)。

FSAP程序中采用的是重排方程号法，即首先将与已知零位移有关的方程去掉，然后对节点位移未知量进行重新编号，最后按新的节点位移未知量编号进行结构总刚度方程的组集与求解。该方法的优点是，节省存贮容量、加快运算速度。这是因为在组合总刚前已将与已知零位移有关的方程去掉了，相应的有关刚度系数就不用计算了，因而该方法既节省存贮容量，又节省机时。

2. 形成节点位移未知量编号的方法

形成节点位移未知量编号的方法是：按节点编号顺序，同时考虑约束条件和相关节点位移条件，编出结构的节点位移未知量编号。对于被约束了的节点位移，由于其为已知零位移，不需要建立平衡方程进行求解，故其相应的节点位移未知量编号应编为 0 号。

对于如图 3-6 所示结构，按节点号顺序和节点位移未知量 u_i、v_i、θ_i 的排列顺序，同时考虑约束条件和相关节点位移条件，可以由人工编出各节点的节点位移未知量编号，示于图 3-6 中各节点号的旁边。从图 3-6 可知，该结构一共有 14 个节点位移未知量，需要建立 14 个平衡方程进行求解。

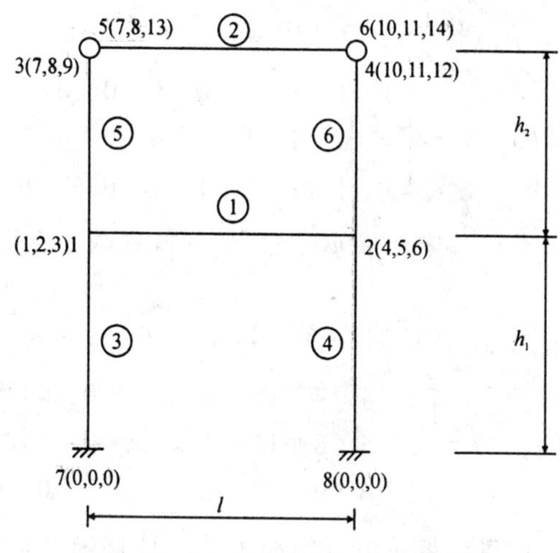

图 3-6　节点位移未知量的编号

计算机实现时，引入节点位移未知量编号数组 JW(3，NJ)，用来存放每一节点的 3 个节点位移未知量编号，这里 NJ 为节点个数。现以图 3-6 所示结构为例，说明计算机程序形成 JW(3，NJ)的具体步骤。

[例 3-1]　试形成图 3-6 所示结构的节点位移未知量编号。有关已知条件如下：NJ=8，NR=6，NHC=4

约束信息：$NJR(2,6)=\begin{bmatrix}7 & 7 & 7 & 8 & 8 & 8\\1 & 2 & 3 & 1 & 2 & 3\end{bmatrix}\begin{matrix}\text{节点号}\\\text{方向号}\end{matrix}$

相关节点位移信息：$NHG(3,4)=\begin{bmatrix}5 & 5 & 6 & 6\\3 & 3 & 4 & 4\\1 & 2 & 1 & 2\end{bmatrix}\begin{matrix}\text{从节点号}\\\text{主节点号}\\\text{方向号}\end{matrix}$

解　(1)首先将 JW 数组送 1

$$
\begin{array}{c} \text{节点号} \quad 1 \quad 2 \quad 3 \quad 4 \quad 5 \quad 6 \quad 7 \quad 8 \end{array}
$$

$$
JW(3,\ 8)=\begin{bmatrix} 1 & 1 & 1 & 1 & 1 & 1 & 1 & 1 \\ 1 & 1 & 1 & 1 & 1 & 1 & 1 & 1 \\ 1 & 1 & 1 & 1 & 1 & 1 & 1 & 1 \end{bmatrix}\begin{matrix} u_i \\ v_i \\ \theta_i \end{matrix}
$$

(2)根据约束信息 NJR，将 JW 中被约束了的节点位移的相应元素改为 0

$$
\begin{array}{c} \text{节点号} \quad 1 \quad 2 \quad 3 \quad 4 \quad 5 \quad 6 \quad 7 \quad 8 \end{array}
$$

$$
JW(3,\ 8)=\begin{bmatrix} 1 & 1 & 1 & 1 & 1 & 1 & 0 & 0 \\ 1 & 1 & 1 & 1 & 1 & 1 & 0 & 0 \\ 1 & 1 & 1 & 1 & 1 & 1 & 0 & 0 \end{bmatrix}\begin{matrix} u_i \\ v_i \\ \theta_i \end{matrix}
$$

(3)根据相关节点位移信息，将 JW 中从节点的相应元素改为 0

$$
\begin{array}{c} \text{节点号} \quad 1 \quad 2 \quad 3 \quad 4 \quad 5 \quad 6 \quad 7 \quad 8 \end{array}
$$

$$
JW(3,\ 8)=\begin{bmatrix} 1 & 1 & 1 & 1 & 0 & 0 & 0 & 0 \\ 1 & 1 & 1 & 1 & 0 & 0 & 0 & 0 \\ 1 & 1 & 1 & 1 & 1 & 1 & 0 & 0 \end{bmatrix}\begin{matrix} u_i \\ v_i \\ \theta_i \end{matrix}
$$

(4)按节点号顺序和节点位移未知量 u_i、v_i、θ_i 的排列顺序，将 JW 中的非零元素逐一累加代替原有值

$$
\begin{array}{c} \text{节点号} \quad 1 \quad 2 \quad 3 \quad 4 \quad 5 \quad 6 \quad 7 \quad 8 \end{array}
$$

$$
JW(3,\ 8)=\begin{bmatrix} 1 & 4 & 7 & 10 & 0 & 0 & 0 & 0 \\ 2 & 5 & 8 & 11 & 0 & 0 & 0 & 0 \\ 3 & 6 & 9 & 12 & 13 & 14 & 0 & 0 \end{bmatrix}\begin{matrix} u_i \\ v_i \\ \theta_i \end{matrix}
$$

(5)根据相关节点位移信息，将主节点的相关节点位移未知量编号送入从节点的相应位置

$$
\begin{array}{c} \text{节点号} \quad 1 \quad 2 \quad 3 \quad 4 \quad 5 \quad 6 \quad 7 \quad 8 \end{array}
$$

$$
JW(3,\ 8)=\begin{bmatrix} 1 & 4 & 7 & 10 & 7 & 10 & 0 & 0 \\ 2 & 5 & 8 & 11 & 8 & 11 & 0 & 0 \\ 3 & 6 & 9 & 12 & 13 & 14 & 0 & 0 \end{bmatrix}\begin{matrix} u_i \\ v_i \\ \theta_i \end{matrix} \tag{3-2}
$$

上式即为在计算机上实现时图 3-6 所示结构的节点位移未知量编号，与图 3-6 中人工编出的节点位移未知量编号完全相同。

下面进一步说明形成 JW 数组的意义。由 JW 数组的形成过程和最后所得到的 JW 数组可知，形成节点位移未知量编号数值 JW 后，不仅进行了约束处理和相关节点位移处理，同时也确定了需要建立的平衡方程的序号和方程总个数。换言之，形成 JW 数组后，同时也就确定了结构整体平衡方程$[\boldsymbol{K}]\{\boldsymbol{\Delta}\}=\{\boldsymbol{F}\}$中的整体位移列向量$\{\boldsymbol{\Delta}\}$和总刚度矩阵$[\boldsymbol{K}]$的阶数以及整体荷载列向量$\{\boldsymbol{F}\}$的各分量的序号。对于图 3-6 所示结构，节点位移未知量的编号为 1 ~ 14，即平衡方程的序号为 1 ~ 14，表明该结构共需建立 14 个平衡方程，若用 NN 表示节点位移未知量的总个数（亦即平衡方程的总个数），则本例 NN = 14，即总刚为 14 阶方阵。由 JW 数组确定的整体位移列向量$\{\boldsymbol{\Delta}\}$为

$$
\{\boldsymbol{\Delta}\} = \begin{bmatrix} \delta_1 & \delta_2 & \delta_3 & \delta_4 & \delta_5 & \delta_6 & \delta_7 & \delta_8 & \delta_9 & \delta_{10} & \delta_{11} & \delta_{12} & \delta_{13} & \delta_{14} \\ \vdots & \vdots & \vdots & \vdots & \vdots & \vdots & \vdots & \vdots & \vdots & \vdots & \vdots & \vdots & \vdots & \vdots \\ u_1 & v_1 & \theta_1 & u_2 & v_2 & \theta_2 & u_3 & v_3 & \theta_3 & u_4 & v_4 & \theta_4 & \theta_5 & \theta_6 \end{bmatrix}^{T} \tag{3-3}
$$

3. 形成 JW 的子程序 SUB. FJW

按照上述原则和步骤，不难写出形成节点位移未知量编号的程序段。需要说明的是，在 FSAP 程序中，形成节点位移未知量编号数组 JW 和形成总刚主对角元位置数组 KAD 是放在一起来作的，这里为了解释的方便，仅给出形成 JW 的程序段，形成 KAD 的程序段见§3.5。

```
      SUBROUTINE  FJWKD                              形成节点未知量编号数组 JW
      COMMON/NL/NL,NZ,NT,NLZ,NE,NJ/NR/
     #NR,NRC/JFR/NJR(2,30),NHG(3,100)
      COMMON/JWA/JW(3,100),KAD(300),IEW(6)/NN/NN,ME
      COMMON/KC2/KC2,KC3,KC4,KC5,KC6/JWHG/JWHG(3,100)
      DO 15 I=1,NJ                                   将约束特征数送入 JW
      DO 15 J=1,3
      JWHG(J,I)=1
   15 JW(J,I)=1                                      先对 JW 送 1
      DO 20 I=1,NR
   20 JW(NJR(2,I),NJR(1,I))=0                        根据约束信息将 JW 中
      DO 25 I=1,NRC                                  相应元素改为 0
      JWHG(NHG(3,I),NHG(1,I))=0                      根据相关位移信息将 JW
   25 JW(NHG(3,I),NHG(1,I))=0                        中相应元素改为 0
      NN=0
      DO 30 I=1,NJ                                   对节点循环
      DO 30 J=1,3                                    将 JW 中非零元素累加
      IF(JW(J,I).EQ.0) GOTO 30                       代替原有值
      NN=NN+1
      JW(J,I)=NN
   30 CONTINUE
      IF(NRC.GT.0) THEN                              根据相关位移信息将主节点
      DO 35 I=1,NRC                                  IB 的未知量编号送入从节点
      IA=NHG(1,I)                                    IA 的 IC 方向号中
      IB=NHG(2,I)
      IC=NHG(3,I)
   35 JW(IC,IA)=JW(IC,IB)
      ENDIF
      CALL ZERO3(KAD,NN)
      DO 40 IE=1,NE
      CALL QIEW(IE)
```

```
      DO 50 J=1,6
      N1=IEW(J)
      IF(N1.EQ.0) GOTO 50
      DO 60 K=1,6
      N2=IEW(K)
      IF(N2.EQ.0) GOTO 60
      N3=N1-N2
      IF(N3.GT.KAD(N1)) KAD(N1)=N3
   60 CONTINUE
   50 CONTINUE
   40 CONTINUE
      KAD(1)=1
      DO 70 I=2,NN
   70 KAD(I)=KAD(I)+KAD(I-1)+1
      ME=KAD(NN)
      IF(KC6.EQ.100) THEN
      WRITE(9,900)
      WRITE(9,910)(I,(JW(J,I),J=1,3),I=1,NJ) 输出 JW
      WRITE(9,920)
      WRITE(9,930)(I,KAD(I),I=1,NN)
      ENDIF
      WRITE(9,940)NN,ME                       输出显示方程总数 NN
      WRITE(*,940)NN,ME
      IF(ME.GT.4000) THEN
      WRITE(9,950)
      WRITE(*,950)
      STOP
      ENDIF
      RETURN
  900 FORMAT(//5X,' NODE',10X,'JW ARRAY')
  910 FORMAT(/5X,I5,6X,3I5)
  920 FORMAT(//5X,'KAD ARRAY')
  930 FORMAT(1X,20I5)
  940 FORMAT(//10X,'TOTAL NUMBER OF EQUATIONS  : NN=',I5,//10X,
     # TOTAL NUMBER OF ZK ELEMENTS: ME=',I5)
  950 FORMAT(//1X,'ZK IS OVERFLOW')
      END
```

3.3.2 单元定位向量的形成

有了节点位移未知量编号数组 JW，就可以根据单元两端的节点号，形成各杆的杆端位移编号数组，即各杆的单元定位向量，单元定位向量是由单元两端节点的节点位移未知量编号所组成，程序中用一维数 IEW(6)来存放各单元的单元定位向量的 6 个元素。在整个有限元分析过程中，单元定位向量起着一个十分重要的“组织者”的作用，单元定位向量不但用来确定单元刚度矩阵中的元素在结构总刚度矩阵中的位置，以及单元节点位移列向量$\{\boldsymbol{\delta}\}^e$在整个结构节点位移列向量$\{\boldsymbol{\Delta}\}$中的位置，而且用来确定单元节点力向量$\{\boldsymbol{F}\}^e$在结构整体荷载列向量$\{\boldsymbol{F}\}$中的位置。因此，借助单元定位向量，就可以很方便地解决计算中所需的信息。如组合总刚时，利用这个数组，就可以很方便地解决刚度集成法中的所谓“对号入座”的问题；又如，由单元荷载列向量组装成结构整体荷载列向量以及单元的杆端力计算等，均要用到这个数组。此外，利用单元定位向量，还可以很方便地确定总刚各行的半带度及主对角元位置数组 KAD。

下面列出形成单元定位向量 IEW(6)的子程序 SUB. QIEW。

```
      SUBROUTINE QIEW(IE)                        求 IE 单元中的杆端
      DOUBLE PRECISION GL(3,100)                 位移编号数组 IEW
      COMMON/EJH/JH(2,100),MP(2,100)/GL/GL
      COMMON/JWA/JW(3,100),KAD(300),IEW(6)
      JI=JH(1,IE)                                i 端节点号
      JJ=JH(2,IE)                                j 端节点号
      DO 10 J=1,3                                从 JW 中取出位移编号
      IEW(J)=JW(J,JI)                            送入 IEW
      IEW(J+3)=JW(J,JJ)
   10 RETURN
      END
```

从上述程序中不难看出，QIEW 子程序的主要功能是按单元两端的节点号，从 JW 数组中取出所对应的节点位移未知量编号，把该编号存放到单元定位向量 IEW(6)中去。

[例 3-2]　试求图 3-6 所示结构的单元定位向量 IEW(6)。

解　对于图 3-6 所示结构，由已形成的节点位移未知量编号数组 JW(3，8)(参看式(3-2))，其单元定位向量如表 3-3 所示。

表 3-3　**图 3-6 所示结构的单元定位向量 IEW(6)**

单元号	节点号	单元定位向量 IEW(6)					
		1	2	3	4	5	6
①	1，2	1	2	3	4	5	6
②	5，6	7	8	13	10	11	14
③	7，1	0	0	0	1	2	3
④	8，2	0	0	0	4	5	6
⑤	1，3	1	2	3	7	8	9
⑥	2，4	4	5	6	10	11	12

§3.4 形成单刚程序设计

3.4.1 单元刚度矩阵的计算公式

形成单元刚度矩阵是整个有限元分析过程中的一个十分重要的环节。在 FSAP 程序中，是以两端固定杆作为基本杆件进行单元分析的。对于其他支座形式或带有铰节点的杆件，仍以两端固定杆作为基本杆件，也用两端固定杆的单元刚度来进行单元分析，只是将未约束方向加一个附加链杆或刚臂，由位移法可知，通过否定这一附加链杆或刚臂，就可以求出其真实位移和内力，亦即具体计算时将未约束方向的位移作为节点位移未知量来求解即可。根据第 2 章中的介绍，现将两端固定杆单元刚度矩阵的有关计算公式列出如下。

1. *局部坐标系下的单刚*

局部坐标系下杆端力与杆端位移的关系为

$$\{\bar{\boldsymbol{F}}\}^e=\{\bar{\boldsymbol{k}}\}^e\{\bar{\boldsymbol{\delta}}\}^e \tag{3-4}$$

式中：$[\bar{\boldsymbol{k}}]^e$——局部坐标系下的单元刚度矩阵，参见下式。

I \ J	1	2	3	4	5	6	
1	$\frac{EA}{l}$	0	0	$-\frac{EA}{l}$	0	0	$\bar{N}_i$
2	0	$\frac{12EI}{l^3}$	$\frac{6EI}{l^2}$	0	$-\frac{12EI}{l^3}$	$\frac{6EI}{l^2}$	$\bar{V}_i$
3	0	$\frac{6EI}{l^2}$	$\frac{4EI}{l}$	0	$-\frac{6EI}{l^2}$	$\frac{2EI}{l}$	$\bar{M}_i$
4	$-\frac{EA}{l}$	0	0	$\frac{EA}{l}$	0	0	$\bar{N}_j$
5	0	$-\frac{12EI}{l^3}$	$-\frac{6EI}{l^2}$	0	$\frac{12EI}{l^3}$	$\frac{6EI}{l^2}$	$\bar{V}_j$
6	0	$\frac{6EI}{l^2}$	$\frac{2EI}{l}$	0	$-\frac{6EI}{l}$	$\frac{4EI}{l}$	$\bar{M}_j$

$$[\bar{\boldsymbol{k}}]^e=\begin{bmatrix}\frac{EA}{l}&0&0&-\frac{EA}{l}&0&0\\0&\frac{12EI}{l^3}&\frac{6EI}{l^2}&0&-\frac{12EI}{l^3}&\frac{6EI}{l^2}\\0&\frac{6EI}{l^2}&\frac{4EI}{l}&0&-\frac{6EI}{l^2}&\frac{2EI}{l}\\-\frac{EA}{l}&0&0&\frac{EA}{l}&0&0\\0&-\frac{12EI}{l^3}&-\frac{6EI}{l^2}&0&\frac{12EI}{l^3}&\frac{6EI}{l^2}\\0&\frac{6EI}{l^2}&\frac{2EI}{l}&0&-\frac{6EI}{l}&\frac{4EI}{l}\end{bmatrix} \tag{3-5a}$$

式中：$\{\bar{\boldsymbol{F}}\}^e$——局部坐标系下的杆端力，$\{\bar{\boldsymbol{F}}\}^e=\begin{Bmatrix}\bar{\boldsymbol{F}}_i\\ \bar{\boldsymbol{F}}_j\end{Bmatrix}=[\bar{N}_i\quad \bar{V}_i\quad \bar{M}_i\quad \bar{N}_j\quad \bar{V}_j\quad \bar{M}_j]^T$

$\{\bar{\boldsymbol{\delta}}\}^e$——局部坐标系下的杆端位移，$\{\bar{\boldsymbol{\delta}}\}^e=\begin{Bmatrix}\bar{\boldsymbol{\delta}}_i\\ \bar{\boldsymbol{\delta}}_j\end{Bmatrix}=\left[\bar{u}_i\quad \bar{v}_i\quad \bar{\theta}_i\quad \bar{u}_j\quad \bar{v}_j\quad \theta_j\right]^T$

局部坐标系下单刚特点：

(1)6×6 对称矩阵；

(2)只有 5 个不同的元素。

若令

$$\left.\begin{aligned} ① &= S = \frac{EA}{l} \\ ② &= S_1 = \frac{2EI}{l} \\ ③ &= 2S_1 = \frac{4EI}{l} \\ ④ &= S_3 = \frac{6EI}{l^2} \\ ⑤ &= S_4 = \frac{12EI}{l^3} \end{aligned}\right\} \tag{3-6}$$

则局部坐标系下的单刚可以简记为

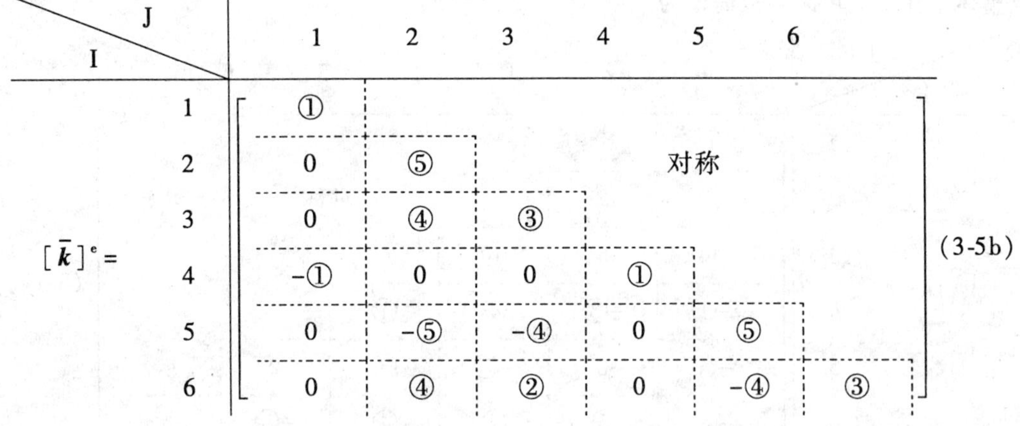

$[\bar{k}]^e =$ (3-5b)

I \ J	1	2	3	4	5	6
1	①			对称		
2	0	⑤				
3	0	④	③			
4	-①	0	0	①		
5	0	-⑤	-④	0	⑤	
6	0	④	②	0	-④	③

2. 整体坐标系下的单刚

整体坐标系下杆端力与杆端位移的关系为

$$\{\boldsymbol{F}\}^e = [\boldsymbol{k}]^e \{\boldsymbol{\delta}\}^e \tag{3-7}$$

式中：

$$[\boldsymbol{k}]^e = [\boldsymbol{T}][\bar{\boldsymbol{k}}]^e[\boldsymbol{T}]^T \tag{3-8}$$

$$[\boldsymbol{T}] = \begin{bmatrix} \cos\alpha & -\sin\alpha & 0 & & & \\ \sin\alpha & \cos\alpha & 0 & & 0 & \\ 0 & 0 & 1 & & & \\ & & & \cos\alpha & -\sin\alpha & 0 \\ & 0 & & \sin\alpha & \cos\alpha & 0 \\ & & & 0 & 0 & 1 \end{bmatrix} \tag{3-9}$$

式中：$\{\boldsymbol{F}\}^e$——整体坐标系下的杆端力，$\{\boldsymbol{F}\}^e = [X_i \quad Y_i \quad M_i \quad X_j \quad Y_j \quad M_j]^T$；

$\{\boldsymbol{\delta}\}^e$——整体坐标系下的杆端位移，$\{\boldsymbol{\delta}\}^e = [u_i \quad v_i \quad \theta_i \quad u_j \quad v_j \quad \theta_j]^T$；

$[\boldsymbol{k}]^e$——整体坐标系下的单元刚度矩阵；

$[\boldsymbol{T}]$——坐标转换阵，式中 α 为杆轴与整体坐标 x 轴的夹角，以顺时针为正。

式(3-10)中的矩阵乘开后只有 7 个不同的元素，若令

$$S=\frac{EA}{l},\quad S_1=\frac{2EI}{l},\quad S_2=2S_1,\quad S_3=\frac{6EI}{l^2},\quad S_4=\frac{12EI}{l^3}$$

且记 $SX=\sin\alpha$， $CX=\cos\alpha$， $SS=\sin^2\alpha$， $CC=\cos^2\alpha$， $CS=\cos\alpha\sin\alpha$

则有

$$\left.\begin{aligned}&①=S*CC+S_4*SS\\&②=S*SS+S_4*CC\\&③=(S-S_4)*CS\\&④=S_3*SX\\&⑤=S_3*CX\\&⑥2S_1\\&⑦S_1\end{aligned}\right\}\tag{3-10}$$

故整体坐标系下单刚可以简记为

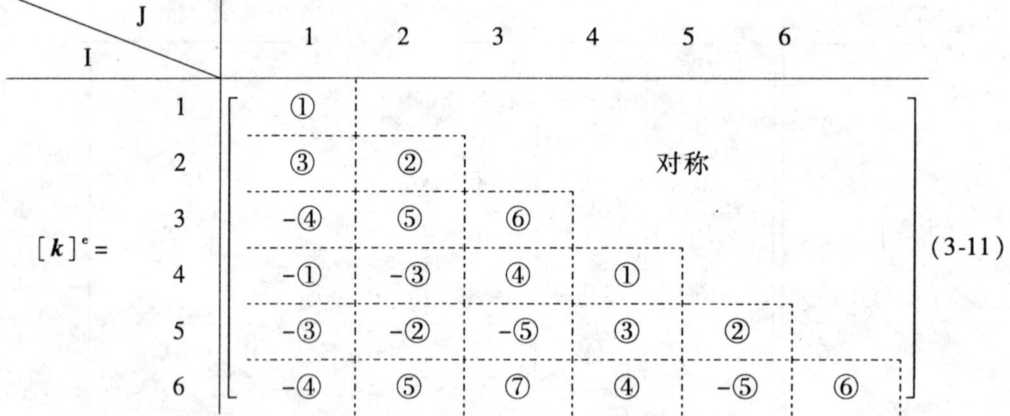

$[\boldsymbol{k}]^e=$

I \ J	1	2	3	4	5	6
1	①				对称	
2	③	②				
3	-④	⑤	⑥			
4	-①	-③	④	①		
5	-③	-②	-⑤	③	②	
6	-④	⑤	⑦	④	-⑤	⑥

(3-11)

整体坐标系下单刚特点：

(1)6×6 对称矩阵；

(2)只有 7 个不同的元素。

3. 形成单刚的计算机方法

方法一：先形成 $[\bar{\boldsymbol{k}}]^e$ 及 $[\boldsymbol{T}]$，再用矩阵乘法求 $[\boldsymbol{k}]^e=[\boldsymbol{T}][\boldsymbol{k}]^e[\boldsymbol{T}]^{\mathrm{T}}$。

优点：节省内存。

缺点：计算工作量大(组合总刚和最后计算杆端力时需计算两次单刚)。

方法二：利用整体坐标系下单刚只有 7 个不同元素的特点，直接求出各单元整体坐标系下的 7 个单刚元素，并开辟一个数组存放各单元单刚的 7 个系数。

优点：节省计算工作量。

缺点：多占内存。

FSAP 程序采用方法二形成单刚。

根据公式(3-8)及公式(3-10)，形成整体坐标系下的单元刚度矩阵的程序段由两个子程序所构成，一个是 SUB. QXS，用来计算整体坐标系下各单元的刚度矩阵的 7 个系数；另一个是 SUB. STIFDK，其作用是根据已求出的 7 个刚度系数形成单元刚度矩阵。由于在计算单刚的 7 个系数时要用到单元的方向余弦和弹性模量，故在这之前，还需调用子程序

SUB. QALF 和 SUB. QEC 来确定各单元的方向余弦及弹性模量，以及调用 SUB. SECXF 子程序分离 T 形或 I 形截面压缩存贮的信息。下面逐一介绍这些子程序。

3.4.2　计算单元的方向余弦的子程序 SUB. QALF

计算单元的方向余弦时，首先应确定各单元与整体坐标 x 轴的夹角 α 。计算机实现时，先假定结构中没有斜杆，对于横梁或刚性杆，$\alpha=0°$；对于竖柱，$\alpha=-90°$。接着求出各单元的方向余弦 $\cos\alpha$ 及 $\sin\alpha$ ，并分别存放于数组 CO(NE)和 SI(NE)中。当结构中有斜杆时，则根据斜杆信息对斜杆的倾角 α 及相应的方向余弦 $\cos\alpha$ 、$\sin\alpha$ 进行修正。相应的程序段如下。

```
      SUBROUTINE QALF                                        求单元的 sin α、cos α
      REAL * 8  CO(100),SI(100),EL,DLTX,DLTY,GL(3,100)
      REAL * 8DXY(2,10)
      COMMON/NL/NL,NZ,NT,NLZ,NE,NJ/SC/CO,SI/GL/GL
      COMMON/NCE/NCE,NCH(10)/DXY/DXY
      DO  10  IE=1,NE
      EL=GL(1,IE)                                            取出杆长
      IF(IE. LE. NL. OR. IE. GT. NLZ)  THEN
      DLTX=EL                                                求出梁的 Δx、Δy
      DLTY=0. D0
      ELSE
      DLTX=0. D0                                             求出柱的 Δx、Δy
      DLTY=-EL
      ENDIF
      CO(IE)=DLTX/EL                                         cos α
   10 SI(IE)=DLTY/EL                                         sin α
      IF(NCE. GT. 0)THEN                                     对于斜杆
      DO  20  I=1,NCE
      IEH=NCH(I)
      DLTX=DXY(1,I)                                          取出 Δx、Δy
      DLTY=DXY(2,I)
      EL=GL(1,ICH)
      CO(IEH)=DLTX/EL                                        cos α
   20 SI(IEH)=DLTY/EL                                        sin α
      ENDIF
      RETURN
      END
```

3.4.3　求混凝土弹性模量的子程序 SUB. QEC

对于截面形状类别号为 1、2 类的钢筋混凝土杆件，由子程序 QEC 确定混凝土的弹性模

量 EC。在 QEC 子程序中，根据所输入的 EAI 数组中的混凝土强度等级 f_{cu}，直接采用赋值语句来确定各种混凝土强度等级的 EC。为了后面配筋计算的需要，在这一子程序中，顺便给出混凝土的轴心抗压强度设计值 f_c 和轴心抗拉强度设计值 f_t。程序中有关变量的意义如下。

EC(20)——存放混凝土的弹性模量；

FC1(20)——存放混凝土的轴心抗压强度设计值；

FT1(20)——存放混凝土的轴心抗拉强度设计值。

相应的程序段如下。

```
      SUBROUTINE QEC                               求混凝土弹性模量Ec、轴
      REAL*8 EAI(3,20),EC(20)                      心抗压强度和轴心抗拉强度
      COMMON/NMT/NMT/EAI/EAI/EC/EC,FC1(20),        设计值fc、ft
     #FT1(20)
      DO 100 IM=1,NMT                              对材料组数循环
      IR=IDINT(EAI(3,IM))
      IC=IR/5-2
      GO TO (10,20,30,40,50,60,70,80)IC
   10 EC(IM)=2.2D7                                 C15 混凝土 Ec
      FC1(IM)=7200.                                fc
      FT1(IM)=910.                                 ft
      GO TO 100
   20 EC(IM)=2.55D7                                C20 混凝土 Ec
      FC1(IM)=9600.                                fc
      FT1(IM)=1100.                                ft
      GO TO 100
   30 EC(IM)=2.8D7                                 C25 混凝土 Ec
      FC1(IM)=11.9E+03                             fc
      FT1(IM)=1.27E+03                             ft
      GO TO 100
   40 EC(IM)=3.0D7                                 C30 混凝土 Ec
      FC1(IM)=14.3E+03                             fc
      FT2(IM)=1.43E+03                             ft
      GO TO 100
   50 EC(IM)=3.15D7                                C35 混凝土 Ec
      FC1(IM)=16.7E+03                             fc
      FT1(IM)=1.57E+03                             ft
      GO TO 100
   60 EC(IM)=3.25D+07                              C40 混凝土 Ec
      FC1(IM)=19.1E+03                             fc
      FT1(IM)=1.71E+03                             ft
```

```
      GO TO 100
70    EC(IM)=3.35D+07                              C45 混凝土 Ec
      FC1(IM)=21.1E+03                             fc
      FT1(IM)=1.80E+03                             ft
      GO TO 100
80    EC(IM)=3.45D+07                              C50 混凝土 Ec
      FC1(IM)=23.1E+03                             fc
      FT1(IM)=1.89E+03                             ft
      RETURN
      END
```

3.4.4 分解截面信息子程序 SUB. SECXF

对于 T 形截面或 I 形截面，由于输入截面材料信息 EAI 时采用了压缩存贮形式，即

(1)　　$\text{EAI}(1,\ \text{IMT}) \longrightarrow \dfrac{\otimes\times\times}{B}\cdot\dfrac{\otimes\times\times}{B_1}$

(2)　　$\text{EAI}(2,\ \text{IMT}) \longrightarrow \dfrac{\otimes\times\times}{H}\cdot\dfrac{\otimes\times\times}{H_1}$

(3)　　$\text{EAI}(3,\ \text{IM}) \longrightarrow f_{cu}(\text{N/mm}^2)$

其中 B、B_1、H、H_1分别为翼缘宽度、腹板宽度、截面高度和翼缘厚度，⊗ 为整数部分，××为小数部分。SECXF 子程序的作用就是将 EAI(1, IMT)、EAI(2, IMT)中的 B、B_1、H、H_1分离出来。在形成单刚的 7 个系数和配筋计算时均要用到这一子程序。现将程序列出如下。

```
      SUBROUTINE SECXF(IEA, B, B1, H, H1)          分解 T 形截面和 I 形截面信息
      REAL * 8 EAI(3, 20)
      COMMON/EAI/EAI
      I1=IDINT(EAI(1, IEA))
      B=FLOAT(I1)/100.0                            翼缘宽度 bf
      B1=(SNGL(EAI(1, IEA))-FLOAT(I1)) * 10.0      腹板宽度 b
      I1=IDINT(EAI(2, IEA))
      H=FLOAT(I1)/100.                             截面高度 h
      H1=(SNGL(EAI(2, IEA))-FLOAT(I1)) * 10.0      翼缘厚度 hf
      RETURN
      END
```

3.4.5 计算单刚 7 个系数的子程序 SUB. QXS

由式(3-11)可以看出，整体坐标系下的单刚只有 7 个不同的元素，为了加快运算速度，省去坐标转换时的矩阵乘法，可以先将这 7 个系数计算出来，然后由子程序 STIFDK 形成单元刚度矩阵。QXS 子程序就是用来计算这 7 个系数的，计算结果存放于 XSA(7, NE)中。对于每一个单元，计算这 7 个系数的主要步骤为：

(1)从 GL(3, NE)数组中取出杆长，从 CO(NE)、SI(NE)中取出 $\cos\alpha$ 和 $\sin\alpha$，并计算 $\cos^2\alpha$、$\sin^2\alpha$、$\cos\alpha\sin\alpha$ 备用。

(2)从 MP(2, NE)数组中取出截面形状类别号和截面材料组号，然后据此取出或计算截面的力学特性 E(弹性模量)、A(截面面积)和 I(截面惯性矩)。考虑到现浇钢筋混凝土框架梁的刚度可能要进行修正，故将梁的惯性矩乘以修正系数，该修正系数由 GL(3, NE)数组的第二个分量提供。

(3)按式(3-10)计算整体坐标系下单刚的 7 个系数，计算结果存入 XSA(7, NE)数组。当某一杆为刚性杆时，则将其刚度系数赋予一个很大的数(如 10^{12})。

下面列出计算整体坐标系下单刚的 7 个系数的子程序 QXS。

```
      SUBROUTINE QXS                                      计算各单元单刚的7个系数
      REAL*8 GL(3,100),CO(100),SI(100),EAI(3,20),EC(20)
      REAL*8 XSA(7,100),AL,CX,SX,CC,SS,CS,AE,AF,AI
      REAL*8 BB,HH,BB1,HH1,Y1,Y2,S,S1,S3,S4,QG(20)
      COMMON/KC1/KC1/NL/NL,NZ,NT,NLZ,NE,NJ/GL/GL/EAI/EAI
      COMMON/EJH/JH(2,100),MP(2,100)/SC/CO,SI/QG/QG
      COMMON/EC/EC,FC(20),FT2(20),HB(20)/XSA/XSA
      DO 10 IE=1,NE                                       对各单元循环
      AL=GL(1,IE)                                         杆长
      CX=CO(IE)                                           cos α
      SX=SI(IE)                                           sin α
      CC=CX*CX                                            cos²α
      SS=SX*SX                                            sin²α
      CS=CX*SX                                            cos α. sin α
      IF(IE.LE.NLZ)THEN                                   对于梁、柱单元
      IET=MP(1,IE)                                        取出单元形状类别号
      IEA=MP(2,IE)                                        取出单元材料组号
      IF(IET.EQ.0) THEN                                   单元形状类别属0类时
      AE=EAI(1,IEA)                                       取出弹模 E
      AF=EAI(2,IEA)                                       取出单元截面积 A
      AI=EAI(3,IEA)                                       取出单元惯性矩 I
      ELSE IF(IET.EQ.1) THEN                              IET=1 时为矩形
      AE=EC(IEA)                                          取出弹模 E
      BB=EAI(1,IEA)                                       取出截面宽度 b
      HH=EAI(2,IEA)                                       取出截面高度 h
      AF=BB*HH                                            截面面积 A=b×h
      AI=AF*HH*HH/12.D0                                   单位长度自重
      QG(IEA)=25.0D0*AF                                   对于梁进行刚度修正
      IF(IE.LE.NL)THEN                                    IET=2 时为 T 形或 I 形
```

```
      AI=GL(2,IE) * AI
      ENDIF
      ELSE IF(IET.EQ.2) THEN
      CALL SECXF(IEA,B,B1,H,H1)                      分解截面信息
      BB=DBLE(B)                                     截面翼缘宽度 b_f
      BB1=DBLE(B1)                                   肋宽 b
      HH=DBLE(H)                                     截面高度 h
      HH1=DBLE(H1)                                   翼缘厚度 h_f
      AE=EC(IEA)                                     取出弹模
      IF(IE.LE.NL) THEN                              梁为 T 形截面时
      AF=(BB-BB1) * HH1+BB1 * HH                     截面面积
      QG(IEA)=25.0D0 * AF                            单位长度自重
      Y1=0.5D0 * (BB1 * HH * HH+HH1 * HH1 * (BB-BB1))/AF
      Y2=HH-Y1
      AI=(BB1 * Y2 * * 3+BB * Y1 * * 3-(BB-BB1)      惯性矩 I
    #  * (Y1-HH1) * * 3)/3.D0
      ELSE                                           柱为 I 形截面时
      AF=2.D0 * (BB-BB1) * HH1+BB1 * HH              截面面积
      QG(IEA)=25.0D0 * AF                            单位长度自重
      AI=(BB * HH * * 3-(BB-BB1) *  1) * *           惯性矩 I
    # (HH-2.D0 * HH1) * * 3)/12.D0
      ENDIF
      ENDIF
      IF(KC1.EQ.1) THEN                              KC1=1 时不考虑轴向变形
      S=1.0D12
      ELSE
      S=AE * AF/AL                                   S=EA/l
      ENDIF
      S1=2.D0 * AE * AI/AL                           S1=2EA/l
      S3=3.D0 * S1/AL                                S2=6EA/l^2
      S4=2.D0 * S3/AL                                S3=12EA/l^3
      ELSE IF(NT.GT.0) THEN                          对于刚性杆截面刚度
      S=1.0D12                                       赋予大数 10^12
      S1=.5D12
      S3=3.D0 * S1/AL
      S4=2.D0 * S3/AL
      ENDIF
      XSA(1,IE)=S * CC+S4 * SS
```

```
      XSA(2,IE)=S*SS+S4*CC
      XSA(3,IE)=CS*(S-S4)              单刚的 7 个系数
      XSA(4,IE)=SX*S3                  (参见式(3-10))
      XSA(5,IE)=CX*S3
      XSA(6,IE)=2.D0*S1
      XSA(7,IE)=S1
   10 CONTINUE
      RETURN
      END
```

3.4.6 形成单元刚度矩阵的子程序 SUB. STIFDK

在程序中,单元刚度矩阵$[\boldsymbol{k}]^e$用数组 DK(6,6)表示。根据已求出的单元刚度系数,在组合总刚的子程序 ASEMZK 中,按单元循环,从 XSA(7,NE)数组中取出单元的 7 个系数送入 XS(7)数组,然后由 STIFDK 子程序按式(3-11)将这 7 个系数送入 DK 下三角的相应位置,经矩阵转置即得所求的单元刚度矩阵。注意此时的单元刚度矩阵已是整体坐标系下的单元刚度矩阵。程序如下。

```
      SUBROUTINE STIFDK                       形成单元刚度矩阵
      DOUBLE PRECISION DK(6,6),XS(7)
      COMMON/DK/DK,XS
      DK(1,1)=XS(1)                           将 XS 中的 7 个系数
      DK(4,1)=-XS(1)                          按式(3-11)送入
      DK(4,4)=XS(1)                           DK 的下三角
      DK(2,2)=XS(2)
      DK(5,2)=-XS(2)
      DK(5,5)=XS(2)
      DK(2,1)=XS(3)
      DK(5,1)=-XS(3)
      DK(4,2)=-XS(3)
      DK(5,4)=XS(3)
      DK(3,1)=-XS(4)
      DK(6,1)=-XS(4)
      DK(4,3)=XS(4)
      DK(6,4)=XS(4)
      DK(3,2)=XS(5)
      DK(6,2)=XS(5)
      DK(5,3)=-XS(5)
      DK(6,5)=-XS(5)
      DK(3,3)=XS(6)
```

```
      DK(6,6)=XS(6)
      DK(6,3)=XS(7)
      CALL JZZ(DK,6)                              转置得到上三角
      RETURN
      END
```

[例 3-3]　试求如图 3-7 所示结构的单元刚度矩阵。设两杆的杆长和截面尺寸相同，$l=5\text{m}$，$b\times h=0.5\times1.0=0.5\text{m}^2$，$I=\dfrac{bh^2}{12}=\dfrac{1}{24}\text{m}^4$，$E=3\times10^7\text{kN/m}^2$。

解　(1)计算单刚的 7 个系数。

首先计算出单元的有关参数

$$S=\frac{EA}{l}=300\times10^4,\ S_1=\frac{2EI}{l}=50\times10^4,\ S_2=2S_1=100\times10^4$$

$$S_3=\frac{6EI}{l^2}=30\times10^4,\ S_4=\frac{12EI}{l^3}=12\times10^4$$

单元①：单元①为横梁，故 $\alpha=0°$，$\cos\alpha=1$，$\sin\alpha=0$，$CC=\cos^2\alpha=1$，$SS=\sin^2\alpha=0$，$CS=\cos\alpha\sin\alpha=0$

于是单元①的 7 个系数为：

①$S*CC+S_4*SS=300\times10^4$

②$S*SS+S_4*CC=12\times10^4$

③$(S-S_4)*CS=0$

④$S_3*SX=0$

⑤$S_3*CX=30\times10^4$

⑥$2*S_1=100\times10^4$

⑦$S_1=50*10^4$

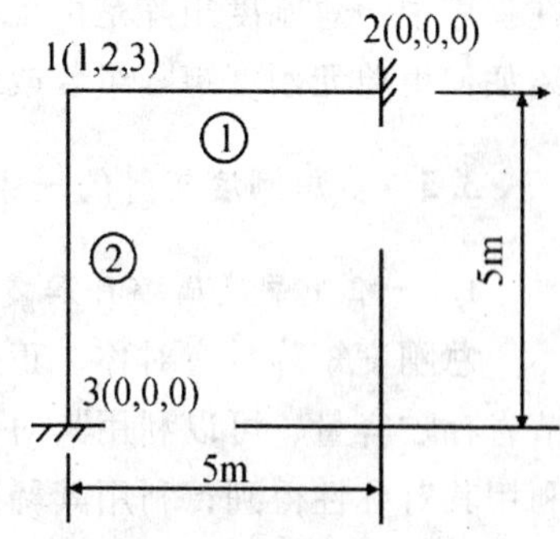

图 3-7　框架结构有限元计算简图

单元②：$\alpha=-90°$，$\cos\alpha=0$，$\sin\alpha=-1$

$CC=\cos^2\alpha=0$，$SS=\sin^2\alpha=1$，$CS=0$

单元②的 7 个系数为：

①$S*CC+S_4*SS=12*10^4$

②$S*SS+S_4*CC=300\times10^4$

③$(S-S_4)*CS=0$

④$S_3*SX=-30\times10^4$

⑤$S_3*CX=0$

⑥$2*S_1=100\times10^4$

⑦$S_1=50\times10^4$

(2)形成单元刚度矩阵。

将已求出的各单元的 7 个系数按式(3-11)送入$[\boldsymbol{k}]^e$的下三角的相应位置，然后经矩阵转置即得单元刚度矩阵。

单元①：
$$[\boldsymbol{k}]^{①}=\left[\begin{array}{ccc|ccc}300&0&0&-300&0&0\\0&12&30&0&-12&30\\0&30&100&0&-30&50\\\hline -300&0&0&300&0&0\\0&-12&-30&0&12&-30\\0&30&50&0&-30&100\end{array}\right]\times10^{4} \tag{3-12a}$$

单元②：
$$[\boldsymbol{k}]^{②}=\left[\begin{array}{ccc|ccc}12&0&30&-12&0&30\\0&300&0&0&-300&0\\30&0&100&-30&0&50\\\hline -12&0&-30&12&0&-30\\0&-300&0&0&300&0\\30&0&50&-30&0&100\end{array}\right]\times10^{4} \tag{3-12b}$$

§3.5 结构刚度矩阵的形成

结构刚度矩阵即总刚度矩阵(简称总刚)，在第2章§2.2中已作了详细推导和说明。在程序中，总刚度矩阵是由单元刚度矩阵按“对号入座”的方法叠加而成的。本节重点介绍如何由单元刚度矩阵组装成结构总刚度矩阵。

3.5.1 总刚度矩阵的一维压缩存贮方法及主对角元位置数组KAD(NN)的形成

1. 一维变带度压缩存贮方法

总刚度矩阵具有对称、正定、稀疏和非零元素呈带状分布的特点。实际计算中，为了节省存贮容量，可以利用其对称性，只存总刚度矩阵的下三角部分，上三角的元素则可以利用其对称性得到；利用其稀疏性及非零元素呈带状分布的规律，可以不存带宽以外的零元素，从而大大节省存贮容量。

总刚度矩阵的存贮方式，有满存方法、等带宽存贮方法、变带宽存贮方法等，为了节省存贮容量，本节仅介绍变带宽只存总刚度矩阵下三角的一维压缩存贮方法。

在第2章中已经述及，所谓带宽，是指总刚度矩阵每一行中最左非零元素到该行主对角线元素之间(包括这些元素自身)的元素个数，称为半带宽，简称带宽。所谓变带宽一维压缩存贮，就是只存总刚度矩阵每一行中最左非零元素到该行主对角线元素之间(包括这些元素自身)的元素，不存带宽以外的零元素。因为带宽以外的零元素在解方程时不起作用。但应注意的是，带宽以内的零元素必须存入。具体实现时，将每一行半带宽中的元素从第一行开始依次连接起来，就得到一个一维的数组，亦即每行的存贮方法是从列号最小的非零元素存起，直到主元素为止；后一行的第一个非零元素紧接在前一行元素的后面排列。例如，式(3-13)所示的某一结构的总刚度矩阵，每行的半带宽分别为1、2、3、2、1、4，引入一个一维数组ZK{ME}(这里ME为总刚一维压缩存贮时总刚元素的总个数)，则式(3-13)采用一维压缩存贮时见式(3-14)。式(3-14)的上方列出了总刚元素在一维数组ZK(ME)中的序号，其中圆圈内数值为总刚主对角线元素在一维数组ZK{ME}中的位置

(即序号)。

$$[\boldsymbol{K}] = \begin{array}{r} 1 \\ 2 \\ 3 \\ 2 \\ 1 \\ 4 \end{array}\begin{bmatrix} 4.5 & & & & & \\ 0.2 & 5.3 & & & \text{对称} & \\ -1.3 & 0 & 10.2 & & & \\ 0 & 0 & 5.12 & 8.4 & & \\ 0 & 0 & 0 & 0 & 0.6 & \\ 0 & 0 & -1.7 & 0 & 0 & 3.1 \end{bmatrix} \tag{3-13}$$

元素序号①　2　③　4　5　⑥　7　⑧　⑨　10　11　12　⑬

$$ZK(13) = [4.5,\ 0.2,\ 5.3,\ -1.3,\ 0,\ 10.2,\ 5.1,\ 8.4,\ 0.6,\ -1.7,\ 0\ 0\ 3.1]^{\mathrm{T}} \tag{3-14}$$

由于二维总刚每一行的半带宽是不同的，故将上述一维存贮方式称为变带宽一维压缩存贮方法。采用这种方法可以节省许多内存。对于本例，满存需要 36 个存贮单元，变带宽存贮只需 13 个存贮单元。

2. 主对角元位置数组 KAD(NN)的形成

把总刚度矩阵用一维数组来存贮，只是为了节省内存，并不说明总刚度矩阵是一维数组，总刚度矩阵永远是一个二维数组。这样带来的一个问题是怎样把二维总刚度矩阵的元素放到一维数组中去，以及在解方程时又如何从一维数组中取出所需的元素？这就需要建立二维数组与一维数组之间的对应关系。解决这个问题的关键是确定二维总刚度矩阵[$\boldsymbol{K}$]的主对角元素在一维组数{ZK}中的序号。

为此，这里引进一个总刚度矩阵的主元位置数组 KAD(NN)，用来存放总刚度矩阵[$\boldsymbol{K}$]中每一行主对角元在一维存贮数组{ZK}中的序号。其中 NN 为节点位移未知量的总数，亦即平衡方程的个数。此外，KAD(NN)还同时指出了总刚[$\boldsymbol{K}$]按一维数组存贮时的元素的总个数，即一维存贮数组{ZK}容量的大小。若令 ME＝KAD(NN)，则可以设定一个一维数组 ZK(ME)来存放总刚的全部系数。

对于式(3-13)所示的总刚度矩阵，采用一维压缩存贮时(参看式(3-14))，其主对角元位置数组 KAD 为

方程号　1　2　3　4　5　6

$$KAD(6) = [1,\ 3,\ 6,\ 8,\ 9,\ 13]^{\mathrm{T}} \tag{3-15}$$

式(3-15)中的元素即为式(3-13)所示总刚[$\boldsymbol{K}$]主对角元在一维存贮数组{ZK}中的序号，参看式(3-13)及式(3-14)。令 ME＝KAD(6)＝13，即对于式(3-13)所示的总刚度矩阵，共有 13 个元素需要存贮，即一维数组{ZK}需开辟 13 个内存来存放式(3-13)所示的总刚度矩阵[$\boldsymbol{K}$]的元素。

有了 KAD 数组，即可按下式建立二维总刚[$\boldsymbol{K}$]与一维数组{ZK}之间的对应关系，亦即确定二维总刚[$\boldsymbol{K}$]中的元素 $\boldsymbol{K}_{ij}$在一维数组{ZK}中的位置

$$IJ = KAD(I) - I + J \tag{3-16}$$

式中　I、J 分别为总刚元素 K_{ij}的行号及列号。对于式(3-13)所示总刚[$\boldsymbol{K}$]，若需找 K_{43}，

这里 I=4，J=3，而由式(3-15)知，KAD(4)=8，则由式(3-16)可得

$$IJ=8-4+3=7$$

{ZK}中第 7 个元素为 5.1(参看式(3-14))，可见这正是要找的总刚元素 K_{43}。其余类推。因此，只要有了 KAD 数组，利用式(3-16)，就可以找到二维总刚[$\boldsymbol{K}$]中任一行和任一列的元素与一维数组{ZK}中的元素的对应关系。

那么，如何形成 KAD 数组呢，由式(3-13)及式(3-14)不难得出

$$\left.\begin{array}{lll} & \text{KAD}(1)=\text{I} & \\ & \text{KAD}(\text{I})=\text{KAD}(\text{I}-1)+\text{I 行半带宽} & (\text{I}=2,\ \cdots,\ \text{NN}) \\ \text{或} & \text{KAD}(\text{I})=\text{KAD}(\text{I}-1)+(\text{I 行半带宽中副元素的个数}+1) & (\text{I}=2,\ \cdots,\ \text{NN}) \end{array}\right\} \quad (3\text{-}17)$$

由上式可知，如果知道每一行的半带宽或每一行副元素的个数，就可以很方便地利用上式，从第一行到第 NN 行，逐一求得 KAD 数组中的每一个元素。因此，确定主对角元位置数组 KAD 的关键，是确定每行的半带宽或每行副元素的个数。下面就来讨论每一行副元素个数的确定方法。

对于如图 3-6 所示结构，共有 14 个节点位移未知量，亦即需要建立 14 个平衡方程来求解，即 NN=14，相应的总刚度矩阵[$\boldsymbol{K}$]为 14 阶方阵，见式(3-18a)。

现把上述矩阵[$\boldsymbol{K}$]中各元素按一维压缩存贮时在一维存贮数组{ZK}中的位置示于式(3-18b)中，其中圆圈内的编号就是[$\boldsymbol{K}$]中元素在一维数组{ZK}中的序号。总刚主对角元在一维数组{ZK}中的序号用主对角元位置数组 KAD 来存贮，也一并示于式(3-18b)每一行的右边。

$$\begin{array}{r} \text{方程号} \\ \\ \\ \\ \\ \\ \\ [\boldsymbol{K}]= \\ \\ \\ \\ \\ \\ \\ \\ \end{array}
\begin{array}{r} \\ 1 \\ 2 \\ 3 \\ 4 \\ 5 \\ 6 \\ 7 \\ 8 \\ 9 \\ 10 \\ 11 \\ 12 \\ 13 \\ 14 \end{array}
\begin{array}{cccccccccccccc} 1 & 2 & 3 & 4 & 5 & 6 & 7 & 8 & 9 & 10 & 11 & 12 & 13 & 14 \\
K_{11} & & & & & & & & & & & & & \\
K_{21} & K_{22} & & & & & & & & & & & & \\
K_{31} & K_{32} & K_{33} & & & & & & \text{对} & & & & & \\
K_{41} & K_{42} & K_{43} & K_{44} & & & & & & & & & & \\
K_{51} & K_{52} & K_{53} & K_{54} & K_{55} & & & & & & & \text{称} & & \\
K_{61} & K_{62} & K_{63} & K_{64} & K_{65} & K_{66} & & & & & & & & \\
K_{71} & K_{72} & K_{73} & 0 & 0 & 0 & K_{77} & & & & & & & \\
K_{81} & K_{82} & K_{83} & 0 & 0 & 0 & K_{87} & K_{88} & & & & & & \\
K_{91} & K_{92} & K_{93} & 0 & 0 & 0 & K_{97} & K_{98} & K_{99} & & & & & \\
 & & & K_{10,4} & K_{10,5} & K_{10,6} & K_{10,7} & K_{10,8} & 0 & K_{10,10} & & & & \\
 & & & K_{11,4} & K_{11,5} & K_{11,6} & K_{11,7} & K_{11,8} & 0 & K_{11,10} & K_{11,11} & & & \\
 & & & K_{12,4} & K_{12,5} & K_{12,6} & 0 & 0 & 0 & K_{12,10} & K_{12,11} & K_{12,12} & & \\
 & & & & & & K_{13,7} & K_{13,8} & 0 & K_{13,10} & K_{13,11} & 0 & K_{13,13} & \\
 & & & & & & K_{14,7} & K_{14,8} & 0 & K_{14,10} & K_{14,11} & 0 & K_{14,13} & K_{14,14}
\end{array}$$

(3-18a)

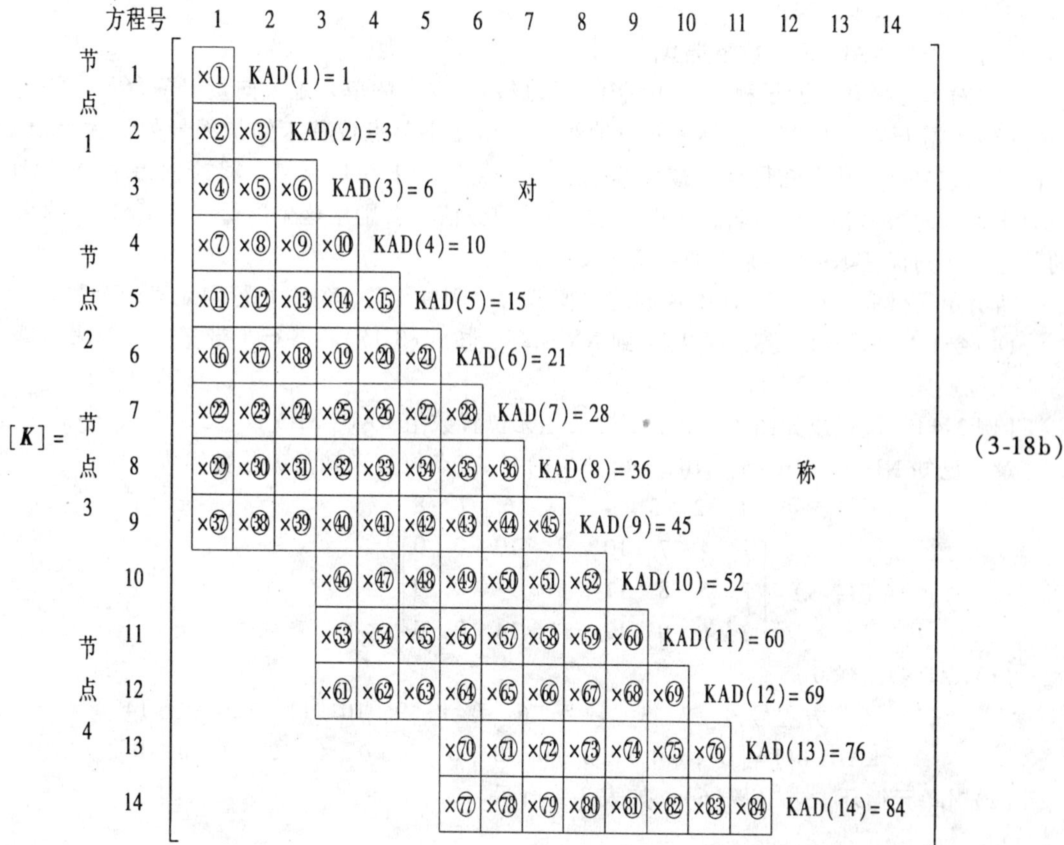

(3-18b)

由式(3-18)可以看出，[$\boldsymbol{K}$]中每行副元素的个数及每行副元素中最小的列号为：

方程号(行号)：1，2，3，4，5，6，7，8，9，10，11，12，13，14

副元个数：　0，1，2，3，4，5，6，7，8，6，7，8，6，7

最小列号：　1，1，1，1，1，1，1，1，4，4，4，7，7

每行副元素最小的列号，实际上是在有限元分析中，对某一节点力的大小能产生影响的所有节点位移中编号最小的那个位移号。例如第 2 个力的平衡方程，对其有影响(或称有贡献)的位移号有：

1，2，3，4，5，6，7，8，9

又如第 12 个力的平衡方程，对其有影响的位移号有：

4，5，6，10，11，12

前者 1～9 为与位移 2 相邻的所有位移号，而后者为与位移 12 相邻的所有位移号，其中最小的位移号分别为 1 和 4(参看图 3-6 或式(3-19))。显然，若找出了这个最小的列号，就不难得到每行副元素的个数。这可以利用每行的行号与其最小列号相减而得到，这个差值就是总刚度矩阵中每行非零元列号的最大差值。由于单元定位向量 IEW(6)中存放的是单元两端节点的节点位移未知量编号，因此，总刚度矩阵中每行非零元列号的最大差值可以通过计算 IEW(6)中非零节点位移未知量编号的最大差值得到。在程序中实现时，形成 KAD 的具体步骤如下：

(1)首先将 KAD(NN)数组送 0；

(2)对单元循环，调子程序 SUB. QIEW 形成每个单元的单元定位向量 IEW(6)；

(3)根据 IEW 中的节点位移未知量编号，找出非零节点位移未知量编号的最大差值。差值是用该节点位移未知量编号减去其他非零节点位移未知量编号，将这一差值与 KAD 中原来存放的数值相比较，若比 KAD 中相应项的数值大，则用这个差值代替 KAD 中原来的数值，否则保留 KAD 中原来的数值不变。

所有单元做完以后，KAD 中存放的数值即为总刚度矩阵[$\boldsymbol{K}$]中每行副元素的个数。

(4)令 KAD(1)= 1，然后从 I=2 到 NN 循环，按式(3-17)将各行半带宽累加起来，即得主元位置数组 KAD(NN)。

[例 3-4] 试形成如图 3-6 所示结构的主元位置数组 KAD(NN)。

解 已知 NJ=8，NR=6，NRC=4，NN=14，节点位移未知量编号数组为

$$
\begin{array}{c} \text{节点号} \quad 1 \quad 2 \quad 3 \quad 4 \quad 5 \quad 6 \quad 7 \quad 8 \\ JW(3,\ 8)=\begin{bmatrix} 1 & 4 & 7 & 10 & 7 & 10 & 0 & 0 \\ 2 & 5 & 8 & 11 & 8 & 11 & 0 & 0 \\ 3 & 6 & 9 & 12 & 13 & 14 & 0 & 0 \end{bmatrix} \end{array}
$$

(1)KAD 数组送 0

$$
\begin{array}{c} \text{方程号} \quad 1 \quad 2 \quad 3 \quad 4 \quad 5 \quad 6 \quad 7 \quad 8 \quad 9 \quad 10 \quad 11 \quad 12 \quad 13 \quad 14 \\ KAD(14)=[0,0,0,0,0,0,0,0,0,0,0,0,0,0]^{T} \end{array}
$$

(2)对单元循环，求 IEW(6)，如表 3-4 所示。

表 3-4 **图 3-6 所示结构的单元定位向量 IEW(6)**

单元号	节点号	IEW(6)					
		1	2	3	4	5	6
①	1，2	1	2	3	4	5	6
②	5，6	7	8	13	10	11	14
③	7，1	0	0	0	1	2	3
④	8，2	0	0	0	4	5	6
⑤	1，3	1	2	3	7	8	9
⑥	2，4	4	5	6	10	11	12

(3)根据各单元的 IEW(6)，计算非零节点位移未知量编号的差值，并与 KAD 中原来存放的数值相比较，若差值大于 KAD 中的相应值，即将该差值代替 KAD 中原来的数值，否则不代替。下面按单元循环，逐一计算 IEW(6)中非零节点位移未知量编号的差值。

单元①：I=1 ~6 循环，J=1 ~6 循环，计算非零节点位移未知量编号的差值，并与 KAD 中原来存放的数值相比较，若比 KAD 中相应项的数值大，则用这个差值代替 KAD 中原来的数值，否则不代替。单元①作完以后，KAD 数组变为

方程号　1　2　3　4　5　6　7　8　9　10　11　12　13　14

KAD(14)=[0，1，2，3，4，5，0，0，0，0，0，0，0，0]^{T}

同理，对单元②的 IEW(6)进行循环，KAD 变为

方程号　1　2　3　4　5　6　7　8　9　10　11　12　13　14

KAD(14)=[0，1，2，3，4，5，0，1，0，3，4，0，6，7]^{T}

对单元③～④的 IEW(6)循环，因 IEW(6)中的差值小于 KAD 原来的值，故 KAD 不变。

对单元⑤的 IEW(6)循环，KAD 变为

方程号　1　2　3　4　5　6　7　8　9　10　11　12　13　14

KAD(14)=[0，1，2，3，4，5，6，7，8，3，4，0，6，7]^{T}

对单元⑥的 IEW(6)循环，KAD 变为

方程号　1　2　3　4　5　6　7　8　9　10　11　12　13　14

KAD(14)=[0，1，2，3，4，5，6，7，8，6，7，8，6，7]^{T}

至此，所有单元已做完，上式 KAD 中所存数值即为如图 3-6 所示结构总刚度矩阵[$\boldsymbol{K}$]中每行副元素的个数(参看式(3-18))。

(4)按式(3-17)将各行半带宽累加起来，即得主元位置。对于本例，KAD 数组经过运算后变为

方程号　1　2　3　4　5　6　7　8　9　10　11　12　13　14

KAD(14)=[1，3，6，10，15，21，28，36，45，52，60，69，76，84]^{T}

比较式(3-18)中的主元序号，上式 KAD(I)(I=1，2，…，14)中的元素正好是主元在一维存贮数组{ZK}中的位置编号，其中 ME=KAD(NN)=KAD(14)=84，同时指出了总刚[$\boldsymbol{K}$]按一维存贮时数组{ZK}的元素的总个数，即{ZK}容量的大小，因此，可以设定一个一维数组 ZK(84)来存放总刚[$\boldsymbol{K}$]的元素。由此还可以看出，采用一维变带宽压缩存贮，可以节省许多内存。对于本例，满存需要 14×14=196 个内存，变带度一维压缩存贮只需 84 个内存即可。

3. *形成 KAD(NN)的程序段*

在 FSAP 程序中，形成 KAD(NN)的程序段是放在形成节点位移未知量编号的子程序 SUB. FJWKD 中一起完成的，这里为了讲述方便，仅列出形成 KAD(NN)的程序段。

```
      CALL ZERO3(KAD, NN)                  KAD 送 0
      DO 40 IE=1, NE                       对单元循环
      CALL QIEW(IE)                        求杆端位移编号
      DO 50 J=1, 6                         对行循环
      N1=IEW(J)
      IF(N1. EQ. 0) GOTO 50                N1=0 时转走
      DO 60 K=1, 6                         对列循环
      N2=IEW(K)
      IF(N2. EQ. 0) GOTO 60                N1=0 时转走
      N3=N1-N2                             副元素个数
      IF(N3. GT. KAD(N1)) KAD(N1)=N3       N3 送入 KAD
```

```
60    CONTINUE
50    CONTINUE
40    CONTINUE
      KAD(1)=1                                        按式(3-7)累加
      DO 70 I=2, NN                                   即得主元位置
70    KAD(I)=KAD(I)+KAD(I-1)+1
      ME=KAD(NN)                                      ME为一维存贮总刚
      IF(KC6.EQ.100) THEN                             元素的总数
      WRITE(9, 920)
      WRITE(9, 930)(I, KAD(I), I=1, NN)               输出KAD
      ENDIF
      WRITE(9, 940)NN, ME                             输出和显示ME
      WRITE(*, 940)NN, ME
      IF(ME.GT.4000) THEN
      WRITE(9, 950)
      WRITE(*, 950)
      STOP
      ENDIF
      RETURN
920   FORMAT(//5X,'KAD ARRAY')
930   FORMAT(1X, 20I5)
940   FORMAT(//10X,'TOTAL NUMBER OF EQUATIONS  : NN=', I5, //10X,
     #TOTAL NUMBER OF ZK ELEMENTS: ME=', I5)
950   FORMAT(//1X,'ZK IS OVERFLOW')
      END
```

3.5.2 组合总刚

1. *方法要点*

组合总刚时，是对单元进行循环，求出每一单元的单刚，然后按“对号入座”的方法，将单刚元素叠加到总刚度矩阵[$\boldsymbol{K}$]的相应位置。

单元刚度矩阵在FSAP程序中用数组DK(6, 6)表示，该矩阵的行、列号(即单刚元素k_{ij}本身的下标)分别用I、J表示(I=1～6，J=1～6)。对于所有的单元，单刚元素k_{ij}本身的下标都是相同的，其行号I=1～6，列号J=1～6，这种下标一般称为局部码。单刚元素对应于总刚的行、列号则由单元定位向量IEW(6)确定，其行号L=IEW(I)，列号K=IEW(J)(I=1～6，J=1～6)，这种下标一般称为总体码。组合总刚的子程序就是利用单元定位向量IEW(6)，找出局部码与总体码的对应关系，然后利用下式(由于程序实现时总刚的行、列号分别用L=IEW(I)，K=IEW(J)表示，故二维总刚[$\boldsymbol{K}$]与一维数组{ZK}的对应关系式(3-16)需改写为式(3-19))，确定二维总刚[$\boldsymbol{K}$]与一维数组{ZK}的对应关系，即确定单刚元素在一维存贮数组{ZK}中的位置

$$IJ=KAD(L)-L+K \tag{3-19}$$

接着再将单刚元素叠加到一维存贮数组{ZK}的相应位置

$$ZK(IJ)=ZK(IJ)+DK(I, J)$$

2. 基本步骤

组合总刚的基本步骤如下：

(1)首先将总刚的一维存贮数组 ZK(ME)清零(这里 ME=KAD(NN)为一维存贮数组{ZK}中总刚元素的总个数)，为叠加作准备。

(2)对单元循环，从 XSA(7, NE)中取出各单元的 7 个系数存放在 XS(7)中，然后调用子程序 SUB. STIFDK 形成单元刚度矩阵 DK(6, 6)。

(3)调子程序 SUB. QIEW(IE)，形成单元定位向量 IEW(6)。

(4)“对号”，即对单元定位向量 IEW(6)中的 6 个分量进行循环，确定单刚元素的下标(局部码)与总刚元素的下标(总体码)的对应关系：I=1 ~6(单刚行号)，L=IEW(I)(总刚行号)，II=KAD(L)(主对角元位置)；J=1 ~6(单刚列号)，K=IEW(J)(总刚列号)。接着利用式(3-19)确定单刚元素在一维存贮数组{ZK}中的位置。

(5)“入座”，即根据 L、K 及式(3-19)，将单刚元素依次叠加到一维存贮数组{ZK}中的相应位置。由于总刚度矩阵只存下三角，所以只需把单刚中属于总刚度矩阵的下三角的那些元素送入总刚，单刚中属于总刚上三角的元素则不送入。这就要求在程序中安排条件语句来判断该元素的行号 L 是否大于或等于列号 K？如果是，则该元素必定属于总刚的下三角。此外，对于节点位移未知量编号为零的元素也应当排除在外。因为节点位移未知量编号为零时对应的是支座，那里的位移是已知零位移，不需要建立方程式进行求解，该元素在总刚中没有位置。因此，在程序中安排了下列条件语句：

IF(L. GE. K. AND. K. NE. 0)THEN　　(3-20)

符合上述两个条件(行号≥列号且列号≠0)的元素才送入总刚，否则不送入。单刚元素送入总刚的程序语句为：

$$\begin{aligned} &IJ=KAD(L)-L+K \\ &ZK(IJ)=ZK(IJ)+DK(I, J)(\text{“入座”}) \end{aligned} \tag{3-21}$$

程序执行时，对于每一个单元的单刚中的 36 个元素(I=1 ~6，J=1 ~6)都要一一进行判别，确定其是否该送入总刚。所有的单元做完以后，结构的总刚度矩阵[$\boldsymbol{K}$]即已形成，[$\boldsymbol{K}$]中下三角半带宽以内的元素均已存放在一维数组{ZK}中。

从上述组集总刚度矩阵的过程来看，只要有了主元位置数组 KAD{NN}，并借助单元定位向量 IEW(6)，由式(3-19)就可以准确地将单刚元素叠加到总刚的相应位置。

3. 组合总刚的子程序 SUB. ASEMZK

```
      SUBROUTINE  ASEMZK                              组合总刚 ZK(ME)
      DOUBLE  PRECISION  DK(6, 6), XS(7),
     #XSA(7, 100), ZK(4000)
      COMMON/NL/NL, NZ, NT, NLZ, NE, NJ/
     #KC2/KC2, KC3, KC4, KC5, KC6
      COMMON/JWA/JW(3, 100), KAD(300),
     #IEW(6)/NN/NN, ME
```

```
      COMMON/DK/DK, XS/ZK/ZK/XSA/XSA
      CALL ZERO1(ZK, ME)                                  对 ZK 送 0
      DO 10 IE=1, NE                                      对单元循环
      DO 20 I=1, 7                                        从 XSA 中取出单刚
      XS(I)=XSA(I, IE)                                    的 7 个系数
 20   CONTINUE
      CALL STIFDK                                         形成单元刚度矩阵
      IF(KC6. EQ. 100)THEN                                输出第 IE 单元刚度
      WRITE(9, 900)IE                                     矩阵
      WRITE(9, 910)((DK(I, J), J=1, 6), I=1, 6)
      ENDIF
      CALL QIEW(IE)                                       形成 IEW
      DO 30 I=1, 6                                        对单元的行进行循环
      L=IEW(I)                                            取出行号 L
      IF(L. EQ. 0)GO TO 30
      II=KAD(L)                                           主元位置
      DO 40 J=1, 6                                        对单刚的列循环
      K=IEW(J)
      IF(L. GE. K. AND. K. NE. 0)THEN                     L≥K 且 K≠0 时
      IJ=II-L+K                                           元素在一维中的
      ZK(IJ)=ZK(IJ)+DK(I, J)                              地址叠加
      ENDIF
 40   CONTINUE
 30   CONTINUE
 10   CONTINUE
      IF(KC6. EQ. 100)THEN
      WRITE(9, 920)(ZK(I), I=1, ME)                       打印 ZK
      ENDIF
      RETURN
 900  FORMAT(//10X,'ELEMENT STIFFNESS
     #MATRIX NO: =', I3)
 910  FORMAT(6(1X, D20.8))
 920  FORMAT(//1X,'* * * STRUCTURAL STIFFNESS
     #MATRIX_ _ _ ZK * * *', //(6(1X, D20.8)))
      END
```

[例 3-5] 试利用 ASEMZK 子程序形成如图 3-7 所示结构的总刚度矩阵。

解 已知 NJ=3，NE=2，NR=6

(1)形成节点位移未知量编号 JW(3，3)

$$\text{节点号}\quad 1\quad 2\quad 3$$

$$JW(3,3)=\begin{bmatrix}1 & 0 & 0\\ 2 & 0 & 0\\ 3 & 0 & 0\end{bmatrix}$$

(2)形成单元定位向量 IEW(6)

由 JW 可知，本例 NN=3，只需建立 3 个平衡方程即可。由 JW 可得单元定位向量如下

$$IEW(6)^{①}=[1,\ 2,\ 3,\ 0,\ 0,\ 0]^{T}$$

$$IEW(6)^{②}=[0,\ 0,\ 0,\ 1,\ 2,\ 3]^{T}$$

(3)形成主元位置数组 KAD(3)

对单元循环，由 IEW(6)确定主元位置数组

$$\text{方程号}\quad 1\quad 2\quad 3$$

$$KAD(3)=[0,\ 0,\ 0]^{T}$$

由单元①的 IEW 得

$$\text{方程号}\quad 1\quad 2\quad 3$$

$$KAD(3)=[0,\ 1,\ 2]^{T}$$

由单元②的 IEW，KAD 中元素不变。利用式(3-17)得主元位置数组 KAD 为

$$\text{方程号}\quad 1\quad 2\quad 3$$

$$KAD(3)=[1,\ 3,\ 6]^{T}$$

(4)形成单刚

如图 3-7 所示结构的单刚在前面 § 3.4 中已形成，参看式(3-12a)及式(3-12b)。

(5)组合总刚

组合总刚前，先对一维存贮数组{ZK}清零

$$ZK(6)=[0,\ 0,\ 0,\ 0,\ 0,\ 0]^{T}$$

由单元定位向量 IEW，可得单刚元素的下标对应于总刚元素的行、列号如表 3-5 所示。

表 3-5　图 3-7 所示结构单刚元素的下标与总刚元素行列号的对应关系

L=IEW(I) \ K=IEW(J)			②	0	0	0	1	2	3
			①	1	2	3	0	0	0
②	①	I \ J		1	2	3	4	5	6
0	1	1		k_{11}	k_{12}	k_{13}	k_{14}	k_{15}	k_{16}
0	2	2		k_{21}	k_{22}	k_{23}	k_{24}	k_{25}	k_{26}
0	3	3		k_{31}	k_{32}	k_{33}	k_{34}	k_{35}	k_{36}
1	0	4		k_{41}	k_{42}	k_{43}	k_{44}	k_{45}	k_{46}
2	0	5		k_{51}	k_{52}	k_{53}	k_{54}	k_{55}	k_{56}
3	0	6		k_{61}	k_{62}	k_{63}	k_{64}	k_{65}	k_{66}

组合总刚时，分别对每一单元单刚的 36 个元素进行循环。

单元①：分别对单刚的行号和列号循环，I=1～6，J=1～6。当 I=1 时，L=IEW(1)=1，II=KAD(1)=1，接着进入 J 循环，当 J=1 时，K=IEW(1)=1，此时 L=K 且 K≠0，符合式(3-20)的条件，要送入总刚。由式(3-19)确定 DK(I, J)=DK(1, 1)在一维存贮数组{ZK}中的位置为

$$IJ=KAD(L)-L+K=1-1+1=1$$

故由式(3-21)得

$$ZK(1)=ZK(1)+DK(1,\ 1)=0+300\times10^4=300\times10^4$$

同理有

$$ZK(2)=ZK(2)+DK(2,\ 1)=0+0=0$$
$$ZK(3)=ZK(3)+DK(2,\ 2)=0+12\times10^4=12\times10^4$$
$$ZK(4)=ZK(4)+DK(3,\ 1)=0+0=0$$
$$ZK(5)=ZK(5)+DK(3,\ 2)=0+30\times10^4=30\times10^4$$
$$ZK(6)=ZK(6)+DK(3,\ 3)=0+100\times10^4=100\times10^4$$

单元①单刚中的其他元素均不符合式(3-20)的条件(有的属于总刚的上三角，有的位于节点位移未知量编号为 0 的行或列)，故均不送入总刚。

单元②：采用与单元①同样的步骤，可得要组合到总刚的元素为

$$ZK(1)=ZK(1)+DK(4,\ 4)=300\times10^4+12\times10^4=312\times10^4$$
$$ZK(2)=ZK(2)+DK(5,\ 4)=0+0=0$$
$$ZK(3)=ZK(3)+DK(5,\ 5)=12\times10^4+300\times10^4=312\times10^4$$
$$ZK(4)=ZK(4)+DK(6,\ 4)=0-30\times10^4=-30\times10^4$$
$$ZK(5)=ZK(5)+DK(6,\ 5)=30\times10^4+0=30\times10^4$$
$$ZK(6)=ZK(6)+DK(6,\ 6)=100\times10^4+100\times10^4=200\times10^4$$

单刚②的其余元素均不送入总刚。由于两个单元均已做完，{ZK}中数值即为如图 3-7 所示结构的总刚度矩阵，即

$$ZK(6)=[312,\ 0,\ 312,\ -30,\ 30,\ 200]^{T}\times10^4 \tag{3-22a}$$

将上式还原为二维总刚的形式，有

$$[\boldsymbol{K}]=\begin{bmatrix}312 & \text{对} & \\ 0 & 312 & \text{称} \\ -30 & 30 & 200\end{bmatrix}\times10^4 \tag{3-22b}$$

§3.6 组装整体荷载列向量

整体荷载列向量即方程$[\boldsymbol{K}]\{\boldsymbol{\Delta}\}=\{\boldsymbol{F}\}$的右端项$\{\boldsymbol{F}\}$，亦称自由项。该自由项是由直接作用在节点上的荷载和作用在单元上的荷载按静力等效原则移置而来的等效节点荷载所组成。在 FSAP 程序中，为了简化数据的填写，将直接作用在节点上的荷载亦作为单元荷载来处理，即把节点荷载看做是作用在与该节点相交的任意一个单元上的单元荷载，而把该节点荷载距杆件 i 端的距离按节点荷载作用点位置的不同填为 0 或杆长 l 即可。

在有限单元法中，等效节点荷载一般是利用形函数来计算的。但对于杆系结构，可以

直接利用固端反力来求等效节点荷载，因为在梁单元情况下，等效节点荷载就等于负的固端反力，即

$$\{\boldsymbol{F}\}^{e} = -\{\boldsymbol{F}_{g}\}^{e} = -[\boldsymbol{T}]^{e}\{\bar{\boldsymbol{F}}_{g}\}^{e} \tag{3-23}$$

式中：$\{\boldsymbol{F}\}^{e}$——整体坐标系下单元的等效节点荷载；

$\{\boldsymbol{F}_{g}\}^{e}$——整体坐标系下单元的固端反力；

$\{\bar{\boldsymbol{F}}_{g}\}^{e}$——局部坐标系下单元的固端反力；

$\{\boldsymbol{T}\}^{e}$——单元的坐标转换阵，见式(2-17)。

一般荷载作用下的固端反力(即载常数)在结构计算手册中均可以查到。FSAP 程序中所考虑的 6 种荷载类型的固端反力详见表 3-2。针对 6 种不同的荷载类型，专门编写了一个子程序 GNVM 来计算这 6 种荷载类型作用下的固端反力。

求出等效节点荷载并转换成整体坐标系中的量以后，就可以按照单元定位向量 IEW(6)来组装整体荷载列向量。由于单元等效节点荷载$\{\boldsymbol{F}\}^{e}$的分量个数与单元定位向量 IEW(6)的元素个数相同，所以每个等效节点荷载分量对应地在 IEW(6)数组中有一个节点位移未知量编号，因而就可以将$\{\boldsymbol{F}\}^{e}$中的等效节点力分量正确地叠加到整体荷载列向量中。

形成整体荷载列向量的程序段由三个子程序所构成，第一个子程序 GRAVTF 专门用来求自重产生的固端反力；第二个子程序 GNVM 专门用来求外加荷载作用下的固端反力；第三个子程序 LOADF 用来组装整体荷载列向量。下面分别介绍这三个子程序。由于在形成整体荷载列向量时要用到坐标转换阵，故将求坐标转换阵的子程序 COTRA 在这里也一并予以说明。

3.6.1　求坐标转换阵的子程序 SUB. COTRA

在 FSAP 程序中，坐标转换阵$[\boldsymbol{T}]$用数组 CA(6, 6)表示。由于各单元的 $\cos\alpha$ 、$\sin\alpha$ 在§3.4 所介绍的子程序 SUB. QALF 中已形成，并存入了 CO(NE)、SI(NE)数组中。故求坐标转换阵的子程序的任务就是从 CO、SI 数组中取出所需的 $\cos\alpha$ 和 $\sin\alpha$ ，然后按式(2-17)赋值给 CA 数组即可。程序如下。

```
      SUBROUTINE COTRA(IE)                        求坐标转换阵 CA
      REAL*8 CO(100), SI(100), CA(6, 6), C, S
      COMMON/SC/CO, SI/CTA/CA
      CALL ZERO2(CA, 6, 6)                        CA 送 0
      C=CO(IE)                                    取出 cosθ
      S=SI(IE)                                    取出 sinθ
      CA(1, 1)=C                                  按式(2-17)赋值
      CA(2, 2)=C
      CA(4, 4)=C
      CA(5, 5)=C
      CA(1, 2)=-S
      CA(4, 5)=-S
```

```
      CA(2, 1)=S
      CA(5, 4)=S
      CA(3, 3)=1.D0
      CA(6, 6)=1.D0
      RETURN
      END
```

3.6.2 求自重产生的固端力的子程序 SUB. GRAVTF

当控制参数 NGR>0 时表示由计算机计算自重，子程序 GRAVTF 就是专门用来计算自重作用下的固端反力的。

单位长度上的杆件自重已在子程序 QXS 求单刚的 7 个系数时顺便计算出来了，并存放在 QG(NMT)数组中，这里直接从 QG 数组中取出单位长度上的自重，再乘以杆件长度，即得该杆件的重力，然后求出其固端反力，并存入 FNVM(6, NE)数组中，计算公式为：

$$\begin{Bmatrix} \bar{N}_{gi} \\ \bar{V}_{gi} \\ \bar{M}_{gi} \\ \bar{N}_{gj} \\ \bar{V}_{gj} \\ \bar{M}_{gj} \end{Bmatrix} = \begin{Bmatrix} -Q\sin\alpha \\ -Q\cos\alpha \\ -Ql\dfrac{\cos\alpha}{6} \\ -Q\sin\alpha \\ -Q\cos\alpha \\ Ql\dfrac{\cos\alpha}{6} \end{Bmatrix} \tag{3-24}$$

式中：$Q=\frac{1}{2}ql$，q 为单元单位长度的重力，α 为单元轴线与整体坐标轴 x 轴的夹角。程序如下。

```
      SUBROUTINE GRAVTF                              计算自重产生的固端力
      REAL*8 CO(100), SI(100), GL(3, 100),
     #QG(20), FNVM(6, 100)
      REAL*8 C, S, G, Q
      COMMON/NL/NL, NZ, NT, NLZ, NE, NJ/
     #EJH/JH(2, 100), MP(2, 100)/GL/GL
      COMMON/SC/CO, SI/QG/QG/FNVM/FNVM/G/G
      DO 10 IE=1, NLZ                                对梁、柱循环
      C=CO(IE)                                       取出 cosθ
      S=SI(IE)                                       取出 sinθ
      G=GL(1, IE)                                    取出杆长
      IEA=MP(2, IE)                                  取出截面材料组号
      Q=0.5D0*QG(IEA)*G                              单元总重
      FNVM(1, IE)=-Q*S                               自重产生固端力
```

```
      FNVM(4, IE)=-Q*S                      送入 FNVM 数组
      FNVM(2, IE)=-Q*C
      FNVM(5, IE)=-Q*C
      Q=Q*G*C/6.D0
      FNVM(3, IE)=-Q
      FNVM(6, IE)=Q
10    CONTINUE
      RETURN
      END
```

3.6.3　求固端反力的子程序 SUB. GNVM

子程序 GNVM 是专门用来求固端反力(即载常数)的，在 GNVM 中只准备了 6 种荷载类型的载常数。事实上还可以准备更多的载常数，只要增加相应的程序段即可。

GNVM 中所考虑的 6 种荷载类型和相应的载常数的计算公式详见表 3-2。在调用 GNVM 之前，需提供下列信息：

IEH=NEPH(1, IEP)——荷载作用杆号；

IPH=NEPH(2, IEP)——荷载类型号，IPH=1~6；

P=PQ(1, IEP)——荷载值；

A=PQ(2, IEP)——荷载距杆件 i 端的距离或分布长度；

G=GL(1, IEH)——杆长。

这些信息由组装整体荷载列向量的子程序 LOADF 事先从上述数组中取出，然后调用 GNVM 求出固端反力。上述式中的 IEP 表示第 I 个荷载。程序如下。

```
      SUBROUTINEGNVM(IPH)                        求外加荷载作用下的
      REAL*8 PQ(2, 400), FM(6), P, A, X, G       固端反力
      REAL*8 A1, B1, A2, B2, S
      COMMON/JEP/NEP(30), NEPX(30),
     #NEPH(2, 400)/PQ/PQ
      COMMON/EJH/JH(2, 100), MP(2, 100)
     #/FM/FM/G/G/PAX/P, A, X
      A1=A/G                                     计算 a/l
      B1=1.D0-A1                                 计算 1-a/l
      A2=A1*A1                                   计算 (a/l)^2
      B2=B1*B1                                   计算 (1-a/l)^2
      CALL ZERO1(FM, 6)                          FM 送 0
      GO TO (10, 20, 30, 40, 50, 60) IPH         转向荷载类型 IPH
10    S=0.5D0*P*A                                IPH=1，均布荷载
```

```
      FM(2)=-S*(2.D0-A2-A2+A1*A2)
      FM(5)=-(P*A+FM(2))
      S=S*A/6.D0
      FM(3)=-S*(6.D0-8.D0*A1+3.D0*A2)
      FM(6)=S*A1*(4.D0-3.D0*A1)
      RETURN
   20 FM(2)=-P*B2*(1.D0+A1+A1)                IPH=2, 集中荷载
      FM(3)=-P*A*B2
      FM(5)=-(P+FM(2))
      FM(6)=P*A2*(G-A)
      RETURN
   30 FM(2)=6.D0*P*A1*B1/G                    IPH=3, 力偶
      FM(5)=-FM(2)
      FM(3)=P*B1*(A1+A1-B1)
      FM(6)=P*A1*(B1+B1-A1)
      RETURN
   40 FM(1)=P*A1*(G-0.5D0*A)                  IPH=4, 均布轴力
      FM(4)=0.5D0*P*A1*A
      RETURN
   50 FM(1)=P*B1                              IPH=5, 集中轴力
      FM(4)=P*A1
      RETURN
   60 S=P*A                                   IPH=6, 三角形分布荷载
      FM(2)=-0.25D0*S*(2.D0-3.D0*A2+1.6D0*A2*A1)
      FM(5)=-(0.5D0*S+FM(2))
      S=S*A
      FM(3)=-S*(2.D0-3.D0*A1+1.2D0*A2)/6.D0
      FM(6)=0.25D0*S*A1*(1.D0-0.8D0*A1)
      RETURN
      END
```

3.6.4 组装整体荷载列向量的子程序 SUB. LOADF

```
      SUBROUTINE LOADF(IP)                               组装整体荷载
      REAL*8 FG(6), PQ(2, 400), SX(2, 30), G, P, A, X列向量 FF
      REAL*8FNVM(6, 100), FM(6), CA(6, 6),
     #FF(300), D1(30)
      REAL*8 SM(300), GL(3, 100), D2(30)
      DIMENSION MH1(100), MH2(100)
      COMMON/NL/NL, NZ, NT, NLZ, NE, NJ
```

```
     #/KC2/KC2, KC3, KC4, KC5, KC6
      COMMON/JEP/NEP(30), NEPX(30), NEPH(2, 400)
     #/PQ/PQ/G/G/PAX/P, A, X/JWHG/JWHG(3, 100)
      COMMON/JWA/JW(3, 100), KAD(300),
     #IEW(6)/NN/NN, ME/SM/SM
      COMMON/SX/SX/FNVM/FNVM/FM/FM
     #/CTA/CA/FF/FF/D1/D1, D2/GL/GL
      COMMON/NEQ/NEQ, KE, MJ
      IF(NEP(IP).GT.0) THEN                           NEP(IP)每组荷载个数
      IF(IP.EQ.1) THEN                                IP=0，恒载
      IB=1                                            确定每组荷载个数
      ELSE                                            循环的初值 IB
      IB=NEPX(IP-1)+1                                 及终值 IC
      ENDIF
      IC=NEPX(IP)
      IF(IP.EQ.1) THEN
      DO 20 IEP=IB, IC                                对荷载个数循环
      IEH=NEPH(1, IEP)                                荷载作用杆号
      IPH=NEPH(2, IEP)                                荷载类型号 1～6
      P=PQ(1, IEP)                                    荷载值
      A=PQ(2, IEP)                                    荷载距 i 端距离
      G=GL(1, IEH)                                    杆长
      CALLGNVM(IPH)                                   求固端力
      IF(IPH.EQ.1.OR.IPH.EQ.4.OR.IPH.EQ.6)THEN        当为分布荷载时
      DO 5 I1=1, 6                                    将固端力{FM}叠加
 5    FNVM(I1, IEH)=FNVM(I1, IEH)+FM(I1)              到 FNVM 数组
      ELSE IF(A.EQ.0.D0.OR.A.EQ.G)THEN                当为节点荷载时
      CALL COTRA(IEH)                                 求坐标转换阵 CA
      CALL XYZ(0, 6, 6, CA, FM, FG)                   变换到整体坐标
      SX(1, IP)=SX(1, IP)-FG(1)-FG(4)                 累加水平荷载
      CALL QIEW(IEH)                                  求杆端位移编号 IEW
      DO 15 I1=1, 6
      JWH=IEW(I1)                                     取出杆端位移号 JWH
      IF(JWH.GT.0)FF(JWH)=FF(JWH)-FG(I1)              JWH≠0 时叠加
 15   CONTINUE
      ELSE                                            当为集中荷载时
      DO 10 I1=1, 6                                   将固端力{FM}叠加
 10   FNVM(I1, IEH)=FNVM(I1, IEH)+FM(I1)              到 FNVM 中
      ENDIF                                           恒载固端力已求出
```

```
 20   CONTINUE
      IF(KC2. EQ. 20) THEN
      WRITE(9, 900)IP
      CALL PRN('----')
      WRITE(9, 910)(IE, (FNVM(I1, IE),                打印恒载固端力
     #I1=1, 6), IE=1, NLZ)
      CALL PRN('----')
      ENDIF
      DO 40 IE=1, NLZ                                 对梁、柱单元循环
      DO 50 I1=1, 6                                   从 FNVM 中取出
 50   FM(I1)=FNVM(I1, IE)                             固端力
      CALL COTRA(IE)                                  求坐标转换阵 CA
      CALL XYZ(0, 6, 6, CA, FM, FG)                   将 FM 转换到整体坐标
      SX(1, IP)=SX(1, IP)-FG(1)-FG(4)                 累加水平荷载
      CALL QIEW(IE)                                   求杆端位移编号
      DO 60 I1=1, 6
      JWH=IEW(I1)                                     取出杆端位移编号
      IF(JWH. GT. 0) FF(JWH)=FF(JWH)-FG(I1)           JWH≠0 时叠加
 60   CONTINUE
 40   CONTINUE                                        恒载自由项已形成
      IF(NEQ. GT. 6)THEN                              NEQ>6 考虑地震作用
      DO 45 J=1, NJ                                   JWHG 处理铰节点处
      JW1=JW(1, J)                                    多编的一个节点号
      JW2=JW(2, J)
      JW4=JWHG(2, J)
      IF(JW2. GT. 0. AND. JW4. GT. 0)THEN
      SM(JW2)=SM(JW2)+D1(IP) *                        计算各节点质量
     #DABS(FF(JW2))/9.81D0
      SM(JW1)=SM(JW2)                                 存入 SM 数组
      ENDIF
 45   CONTINUE
      ENDIF
      IF(KC6. EQ. 100) THEN
      WRITE(9, 920)IP
      CALL PRN('----')
      WRITE(9, 930) (FF(I), I=1, NN)                  打印自由项 FF
      CALL PRN('----')
      ENDIF
      ELSE
```

```
      DO 70 IEP=IB, IC                                    对活载循环
      IEH=NEPH(1, IEP)                                    荷载作用单元号
      IPH=NEPH(2, IEP)                                    荷载类别号
      P=PQ(1, IEP)                                        荷载值
      A=PQ(2, IEP)                                        荷载距 i 端距离
      G=GL(1, IEH)                                        杆长
      CALL GNVM(IPH)                                      求固端力
      IF(IPH.EQ.1.OR.IPH.EQ.4.OR.IPH.EQ.6)THEN            当为分布荷载时
      DO 61 I1=1, 6                                       将固端力{FM}叠加
 61   FNVM(I1, IEH)=FNVM(I1, IEH)+FM(I1)                  到 FNVM 中
      ELSE IF(A.EQ.0.D0.OR.A.EQ.G)THEN                    当为节点荷载时
      CALL COTRA(IEH)                                     求坐标转换阵 CA
      CALL XYZ(0, 6, 6, CA, FM, FG)                       变换到整体坐标
      SX(1, IP)=SX(1, IP)-FG(1)-FG(4)                     累加水平荷载
      CALL QIEW(IEH)                                      求杆端位移编号 IEW
      DO 65 I1=1, 6
      JWH=IEW(I1)
      IF(JWH.GT.0)FF(JWH)=FF(JWH)-FG(I1)                  JWH≠0 时叠加
 65   CONTINUE
      ELSE                                                当为集中荷载时
      DO 67 I1=1, 6                                       将固端力{FM}叠加
 67   FNVM(I1, IEH)=FNVM(I1, IEH)+FM(I1)                  到 FNVM 中
      ENDIF
 70   CONTINUE
      DO 95 IE=1, NLZ                                     对梁、柱单元循环
      DO 85 I1=1, 6
 85   FM(I1)=FNVM(I1, IE)                                 取出固端力
      CALL COTRA(IE)                                      求坐标转换阵 CA
      CALL XYZ(0, 6, 6, CA, FM, FG)                       变换到整体坐标
      SX(1, IP)=SX(1, IP)-FG(1)-FG(4)                     累加水平荷载
      CALL QIEW(IE)                                       求杆端位移编号 IEW
      DO 90 I1=1, 6
      JWH=IEW(I1)                                         取出杆端位移编号
      IF(JWH.GT.0) FF(JWH)=FF(JWH)-FG(I1)                 JWH≠0 时叠加
 90   CONTINUE
 95   CONTINUE                                            第 IP 组活载自由项
      IF(NEQ.GT.6)THEN                                    已求出
      DO 97 J=1, NJ
      JW1=JW(1, J)
```

```
      JW2=JW(2, J)
      JW4=JWHG(2, J)
      IF(JW2.GT.0.AND.JW4.GT.0)THEN
      SM(JW2)=SM(JW2)+D1(IP) *
    # DABS(FF(JW2))/9.81D0
      SM(JW1)=SM(JW2)
      ENDIF
 97   CONTINUE
      ENDIF
      IF(KC2.EQ.20) THEN
      NH1=0
      NH2=1
      DO 100 IEP=IB, IC
      IEH=NEPH(1, IEP)
      NH1=NH1+1
      MH1(NH1)=IEH
100   CONTINUE
      MH2(1)=MH1(1)
      DO 110 IH=2, NH1
      IF(MH1(IH).NE.MH1(IH-1)) THEN
      NH2=NH2+1
      MH2(NH2)=MH1(IH)
      ENDIF
110   CONTINUE
      WRITE(9, 900)IP
      CALL PRN('----')
      WRITE(9, 910) (MH2(I), (FNVM(J, MH2(I)), J=1, 6), I=1, NH2)
      CALL PRN('----')
      ENDIF
      IF(KC6.EQ.100)THEN
      WRITE(9, 920)IP
      WRITE(9, 930) (FF(I), I=1, NN)
      ENDIF
      ENDIF
      ENDIF
      RETURN
900   FORMAT(//1X,'IP=', I4, 20X,'* * * * *  FIXED ROD END ',
    # FORCES----FNVM  * * * * *'//1X,'ELEMENT', 15X,'NI'
    # , 15X,'VI', 15X,'MI', 15X,'NJ', 15X,'VJ', 15X,'MJ')
```

打印第IP组活载固端力

```
910 FORMAT(1X,'IE=', I4, 5X, 6F17.5)
920 FORMAT(//1X,'IP=', I4, 20X,'* * * * *  FF  * * * * *')
930 FORMAT(1X, 12F10.4)
    END
```

1. 数组说明

在 LOADF 子程序中，主要数组的意义说明如下：

FF(NN)——整体荷载列向量{**F**}；

FNVM(6, NE)——存放单元在局部坐标系下的固端反力；

FM(6)——单元局部坐标系下的固端反力；

FG(6)——单元整体坐标系下的固端反力；

CA(6, 6)——坐标转换阵[**T**]；

SX(2, NHZ)——校核水平剪力平衡与否的数组，其中 SX(1, NHZ)及 SX(2, NHZ)分别用来存放每一组荷载的水平荷载之和及结构柱底的水平剪力之和。

2. 基本步骤

在主程序中对荷载组数循环，对于每一组荷载，调用子程序 LOADF 之前，FF、FNVM 等数组均需先清零。在 LOADF 中，组装整体荷载列向量{**F**}的基本步骤如下：

(1)首先确定每一组荷载的荷载个数循环变量的初值 IB 和终值 IC。由于各组荷载的累加数存放在 NEXP(NHZ)数组中，故对于第一组荷载，IB=1，否则 IB=NEPX(IP-1)+1，这里 IP 为荷载组号循环变量，IP=1～NHZ；而 IC=NEPX(IP)。

(2)对 IP 组的荷载个数循环，对每一个荷载调用子程序 GNVM 求局部坐标系下的固端反力，其结果存放在 FM(6)中。

(3)判断该荷载是节点荷载还是单元荷载？如果是单元荷载，求出第 IP 组某一荷载作用下的固端反力后，并不马上叠加到 FF 中去，而是先按荷载作用杆号将固端力叠加到固端力数组 FNVM(6, NE)中去，待第 IP 组的荷载个数全部做完以后，再来组装整体荷载列向量，其步骤如下：

①对单元循环，IE=1～NLZ(这里 NLZ=NL+NZ 为梁、柱总数)；

②从 FNVM(6, NE)中取出单元 IE 的固端反力存入 FM(6)中；

③调用子程序 COTRA(IE)求单元 IE 的坐标转换阵 CA(6, 6)；

④调用矩阵乘法子程序 XYZ，将 FM(6)转换到整体坐标系，其计算式为{FG}=[CA]{FM}；

⑤将水平荷载分量累加到 SX(1, IP)中去，供校核柱底水平剪力平衡与否之用；

⑥调用 QIEW 子程序求单元定位向量 IEW(6)；

⑦I1=1～6 循环，令 JWH=IEW(I1)，如果 JWH>0，则将 FG(I1)叠加到 FF 中去，其计算式为 FF(JWH)=FF(JWH)-FG(I1)；如果 JWH=0，相应的 FG 中的分量则不叠加到 FF 中去。

如果是节点荷载，求得该节点荷载的固端力 FM(6)后组装整体荷载列向量的步骤如下：

①调用 COTRA 子程序求坐标转换阵 CA(6, 6);

②调用矩阵乘法子程序 XYZ, 将 FM(6)转换到整体坐标系, 结果存放在 FG(6)中, 其计算式为{FG}=[CA]{FM};

③将水平荷载分量叠加到 SX(1, IP)中去, 供校核水平剪力平衡与否之用;

④调用子程序 QIEW, 求单元定位向量 IEW(6);

⑤I1=1~6 循环, JWH=IEW(I1), 如果 JWH>0, 则将 FG(I1)叠加到 FF 中去, 其计算式为 FF(JWH)=FF(JWH)-FG(I1); 如果 JWH=0, 相应的 FG 中的分量则不叠加到 FF 中去。

(4)当抗震设防烈度 NEQ 大于6 度时, 需进行抗震计算。为了直接利用已形成的荷载列向量的计算结果, 将节点质量在这里也一并求出, 计算结果存放在节点质量数组 SM(NN)中。其基本步骤如下:

①当 NEQ>6 度时, 对节点循环, J=1~NJ;

②取出 J 节点 x 向和 y 向的位移未知量编号, JW1=JW(1, J), JW2=JW(2, J)。对于铰节点, 为了处理铰节点处多编的一个节点号, 使节点质量作用于主节点上, 故还需取出 JWHG(2, NJ)中所存数值。(注: JWHG(2, NJ)中所存数值为: 对于约束节点和从节点, 其值为0, 否则为1), JW4=JWHG(2, J)。如果 JW2 和 JW4 均大于0, 则将 FF 中 y 方向的荷载分量转换成节点质量, 并存放在 SM 数组中 JW2 对应的位置, 其计算式为

SM(JW2)=SM(JW2)+D1(IP) * DABS(FF(JW2))/9.81D0

接着将 SM 数组中 JW2 对应的节点质量送入 SM 数组 JW1 对应的位置。

当结构的整体荷载列向量$\{\boldsymbol{F}\}$形成以后, 结构的整体平衡方程$[\boldsymbol{K}]\{\boldsymbol{\Delta}\}=\{\boldsymbol{F}\}$即已形成, 余下的工作就是求解线性代数方程组, 求得节点位移$\{\boldsymbol{\Delta}\}$。

[例 3-6] 设图 3-7 所示结构承受的荷载如图 3-8 所示, 试求整体荷载列向量。

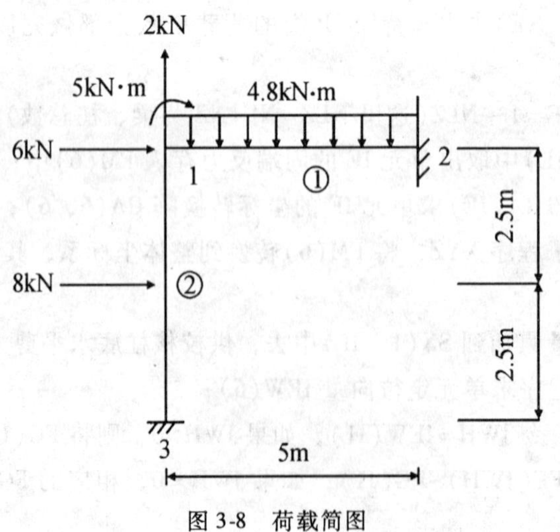

图 3-8 荷载简图

解 本例 NJ=3, NE=2, NR=6, NN=3, 节点位移未知量编号数组为

$$\begin{array}{c} \text{节点号} \quad 1 \quad 2 \quad 3 \\ JW(3,\ 3)=\begin{bmatrix} 1 & 0 & 0 \\ 2 & 0 & 0 \\ 3 & 0 & 0 \end{bmatrix} \end{array}$$

单元定位向量为

$$IEW(6)^{①}=[1\quad 2\quad 3\quad 0\quad 0\quad 0]^{T}$$

$$IEW(6)^{②}=[0\quad 0\quad 0\quad 1\quad 2\quad 3]^{T}$$

单元坐标转换阵为

单元①：$\alpha=0°$，$\cos\alpha=1$，$\sin\alpha=0$

$$[\boldsymbol{T}]^{①}=\begin{bmatrix} 1 & 0 & 0 & & & \\ 0 & 1 & 0 & & \bigcirc & \\ 0 & 0 & 1 & & & \\ & & & 1 & 0 & 0 \\ & \bigcirc & & 0 & 1 & 0 \\ & & & 0 & 0 & 1 \end{bmatrix}$$

单元②：$\alpha=-90°$，$\cos\alpha=0$，$\sin\alpha=-1$

$$[\boldsymbol{T}]^{②}=\begin{bmatrix} 0 & 1 & 0 & & & \\ -1 & 0 & 0 & & \bigcirc & \\ 0 & 0 & 1 & & & \\ & & & 0 & 1 & 0 \\ & \bigcirc & & -1 & 0 & 0 \\ & & & 0 & 0 & 1 \end{bmatrix}$$

在 FSAP 程序中，用 FF(NN)存放整体荷载列向量，FM(6)、FG(6)分别存放单元局部坐标系及整体坐标系下的固端反力。

(1)求局部坐标系下的固端反力。

节点荷载下的固端反力(FSAP 程序为简化数据输入，将节点荷载作为单元荷载来处理，本例假定节点荷载作用在单元①的 i 端)

$$\{FM\}_{1}^{①}=[-6,\ 2,\ -5,\ 0,\ 0,\ 0]^{T}$$

单元荷载下的固端反力：

单元①

$$\{FM\}^{①}=[0,\ -12,\ -10,\ 0,\ -12,\ 10]^{T}$$

单元②

$$\{FM\}^{②}=[0,\ -4,\ -5,\ 0,\ -4,\ 5]^{T}$$

(2)求整体坐标系下的等效节点力。

节点荷载产生

$$\text{节点位移未知量编号} \quad 1 \quad 2 \quad 3 \quad 0 \quad 0 \quad 0$$

$$\{FM\}_{1}^{①}=-[T]^{①}\{FM\}_{1}^{①}=[6,\ -2,\ 5,\ 0,\ 0,\ 0]^{T}$$

单元荷载产生

节点位移未知量编号 1 2 3 0 0 0

$\{FM\}^{①}=-[T]^{①}\{FM\}^{①}=[0,\ 12,\ 10,\ 0,\ 12,\ -10]^{T}$

节点位移未知量编号 0 0 0 1 2 3

$\{FM\}^{②}=-[T]^{②}\{FM\}^{②}=[4,\ 0,\ 5,\ 4,\ 0,\ -5]^{T}$

(3)按单元定位向量 IEW，将有关的等效节点力分量叠加到{FF}中去

方程号 1 2 3

$\{FF\}=[6+0+4,\ -2+12+0,\ 5+10-5]$

即

方程号 1 2 3

$\{FF\}=[10,\ 10,\ 10]^{T}$

上式即为图 3-8 所示结构的整体荷载列向量。

§3.7 解方程程序设计

3.7.1 改进平方根法解方程的主要步骤和计算公式

有限单元法建立的结构整体平衡方程$[\boldsymbol{K}]\{\boldsymbol{\Delta}\}=\{\boldsymbol{F}\}$中的总刚度矩阵$[\boldsymbol{K}]$，是一对称、正定矩阵，故可以用改进平方根法进行求解。

1. 分解总刚$[\boldsymbol{K}]$

结构的整体平衡方程为

$$[\boldsymbol{K}]\{\boldsymbol{\Delta}\}=\{\boldsymbol{F}\} \tag{3-25}$$

采用改进平方根法解方程时，总刚可以按下式进行分解：

$$[\boldsymbol{K}]=[\boldsymbol{L}][\boldsymbol{D}][\boldsymbol{L}]^{T} \tag{3-26}$$

式中

$$[\boldsymbol{L}]=\begin{bmatrix} 1 & & & \\ L_{21} & 1 & \bigcirc & \\ \vdots & \vdots & \ddots & \\ L_{n1} & L_{n2} & \cdots & L_{nn} \end{bmatrix} \tag{3-27}$$

$$[\boldsymbol{D}]=\begin{bmatrix} d_{11} & & & \\ & d_{22} & \bigcirc & \\ & & \ddots & \\ & \bigcirc & & d_{nn} \end{bmatrix} \tag{3-28}$$

将式(3-26)右边的三个矩阵乘开以后，得分解式为

$$\left.\begin{aligned} L_{ij}&=\begin{cases}0 & i<j\\ \left(K_{ij}-\sum\limits_{k=1}^{j-1}L_{ik}L_{ik}d_{kk}\right)/d_{jj} & i>j\end{cases}\\ d_{ii}&=K_{ii}-\sum_{k=1}^{i-1}L_{ik}^{2}d_{kk} \qquad i=j\end{aligned}\right\} \tag{3-29}$$

从上述分解式可以看出以下一些性质：

(1)矩阵[**L**]、[**K**]具有同样的半带宽，即如果有 $K_{i,1}=K_{i,2}=\cdots=K_{i,m_i-1}=0$，则必有 $L_{i,1}=L_{i,2}=\cdots=L_{i,m_i-1}=0$，这里 m_i 为[**K**]中 i 行非零元的最小列号。因此，当[**K**]采用一维变带宽压缩存贮时，[**K**]的主元位置数组 KAD 也是[**L**]的主元位置数组。

(2)当由 K_{ij}、K_{ii} 计算出 L_{ij}、d_{ii} 后，以后的运算就不再需要 K_{ij}、K_{ii} 了，也就是说，在求得 L_{ij}、d_{ii} 后，K_{ij}、K_{ii} 就没有必要再保留。因此，求得的 L_{ij}、d_{ii} 可以放在 K_{ij}、K_{ii} 原来的位置上，亦即[**L**]、[**D**]与[**K**]可以共用同一内存。

令 $m_{ij}=\max(m_i,\ m_j)$，这里 m_i 及 m_j 分别为[**K**]中 i 行及 j 行非零元的最小列号，m_{ij} 为 m_i、m_j 中较大的一个。由性质(1)可知，L_{ik}、L_{jk} 只是从 k 分别等于 m_i 及 m_j 开始才不是零元素，所以，当 $k<m_i$ 或 $k<m_j$ 时，必有 $L_{ik}=0$ 或 $L_{jk}=0$，则式(3-29)中的累加项亦为0，可以不必计算。因此，求和时 k 从 m_i 及 m_j 中较大的一个开始即可，故式(3-29)可以改写为

$$\begin{cases} L_{ij}=\begin{cases} 0 & i>j \\ \dfrac{1}{d_{jj}}\left(K_{ij}-\displaystyle\sum_{k=m_{ij}}^{j-1}L_{ik}L_{ik}d_{kk}\right) & i>j \end{cases} \\ d_{ii}=K_{ii}-\displaystyle\sum_{k=m_i}^{i-1}L_{ik}^2 d_{kk} & i=j \end{cases} \tag{3-30}$$

这样，分解总刚[**K**]时，求和号中就不会出现矩阵[**L**]中半带宽以外的零元素。

此外，还应注意到，若 $i=j$，则式(3-30)中第二个公式的分子与第三个公式的右边完全相同，因而程序实现时可以将这两部分的计算合并在一个循环语句中。

下面讨论如何确定 m_i 及 m_j。从 KAD 数组知道，[**K**]中 i 行主对角元 k_{ii} 在一维存贮时的序号为 KAD(i)，$i-1$ 行主对角元 $k_{i-1,\ i-1}$ 的序号为 KAD(i-1)，所以[**K**]中 i 行半带宽为 KAD(i)-KAD(i-1)($i\geqslant2$)。因此，[**K**]中 i 行第一个非零元的列号是

$$\left.\begin{aligned} &m_i=i-\mathrm{KAD}(i)+\mathrm{KAD}(i-1)+1 \\ \text{同理}\quad &m_j=j-\mathrm{KAD}(j)+\mathrm{KAD}(j-1)+1 \\ \text{并取}\quad &m_{ij}=\max(m_i,\ m_j) \end{aligned}\right\} \tag{3-31}$$

这里 m_{ij} 为 m_i、m_j 中的较大值。

2. 分解荷载列向量{**F**}

在求得[**L**]和[**D**]后，方程(3-25)可以写成

$$[\boldsymbol{L}][\boldsymbol{D}][\boldsymbol{L}]^{\mathrm{T}}\{\boldsymbol{\Delta}\}=\{\boldsymbol{F}\} \tag{3-32}$$

若令

$$\{\boldsymbol{Y}\}=[\boldsymbol{L}]^{\mathrm{T}}\{\boldsymbol{\Delta}\} \tag{3-33}$$

则式(3-32)可以改写成

$$[\boldsymbol{L}][\boldsymbol{D}]\{\boldsymbol{Y}\}=\{\boldsymbol{F}\} \tag{3-34}$$

式(3-34)中左端乘开后的矩阵的上三角元素为零，其分解公式可以写成

$$y_i=\frac{1}{d_{ii}}\left(F_i-\sum_{j=m_i}^{i-1}L_{ij}^2 y_j d_{jj}\right) \tag{3-35}$$

上式即为荷载列向量{**F**}的分解公式。与总刚[**K**]的分解一样，当利用式(3-35)求得

γ_i 后，F_i 就不会再被调用。因此，为了节省内存，可以将求得的 γ_i 就放在 F_i 原来的位置上。

3. 回代求解 $\{\boldsymbol{\Delta}\}$

前面将$[\boldsymbol{L}]$、$\{\boldsymbol{Y}\}$均已求出，最后通过解方程(3-33)，即可求得位移$\{\boldsymbol{\Delta}\}$。由于式(3-33)中的$[\boldsymbol{L}]^{\mathrm{T}}$为一上三角阵，因此求解$\{\boldsymbol{\Delta}\}$时只需从第 n 行开始回代即可，其计算式为

$$\delta_i = \gamma_i - \sum_{j=m_i}^{i-1} L_{ij}\delta_j \ (i = n,\ n-1,\ \cdots,\ 1) \tag{3-36}$$

求得 δ_i 后，γ_i 就不需要再保留，故可以将位移 δ_i 存放于 γ_i 的内存处，也就是将最后求得的位移存放于荷载列向量$\{\boldsymbol{F}\}$处。由此可见，改进平方根法在求解过程中不需要增加任何新的内存，这也是该方法在有限元分析中得到普遍应用的原因。

现将改进平方根法解方程的步骤归纳如下：

(1)用式(3-30)分解总刚$[\boldsymbol{K}]$，计算$[\boldsymbol{L}]$、$[\boldsymbol{D}]$中各元素而确定矩阵$[\boldsymbol{L}]$、$[\boldsymbol{D}]$；

(2)用式(3-35)分解荷载列向量$\{\boldsymbol{F}\}$，计算$\{\boldsymbol{Y}\}$中各元素而确定$\{\boldsymbol{Y}\}$；

(3)用式(3-36)回代求解$\{\boldsymbol{\Delta}\}$。

3.7.2 解方程的子程序

解方程的程序段由两个子程序所构成，第一个子程序 SUB. FNJZK 完成对总刚的分解，第二个子程序 SUB. WEDA 完成荷载列向量的分解及回代工作。这样做的好处是，对于求解同一结构在多组不同的荷载作用下的内力时，总刚只需分解一次，而对各组不同的荷载，仅需对相应的荷载列向量进行分解及回代即可。现将两个子程序分别列出如下。

1. 分解总刚的子程序 SUB. FNJZK

```
      SUBROUTINE  FNJZK                                  分解总刚 ZK
      REAL * 8  ZK(4000)
      COMMON/JWA/JW(3, 100), KAD(300), IEW(6)
      COMMON/NN/NN, ME/ZK/ZK
      DO 10  I=2, NN                                     从第二行到 NN 行分解
      MI=I-KAD(I)+KAD(I-1)+1                             第 I 行第一个非零元素列号
      IG=KAD(I)-I
      DO 20  J=MI, I
      IF(J.EQ.1)THEN
      MJ=1
      ELSE
      MJ=J-KAD(J)+KAD(J-1)+1
      ENDIF
      JG=KAD(J)-J
      IGJ=IG+J                                            Lij在 ZK 中的位置
      MIJ=MI
```

```
      IF(MI.LT.MJ)MIJ=MJ                              确定 MI，MJ 中的较大者
      IF(J-1.LT.MIJ)GO TO 35
      DO 30 K=MIJ, J-1
      IGK=IG+K                                        L_ik在 ZK 中的位置
      JGK=JG+K                                        L_jk在 ZK 中的位置
      KDK=KAD(K)
30    ZK(IGJ)=ZK(IGJ)-ZK(IGK)*ZK(JGK)*ZK(KDK)        计算 L_ij的分子
      IF(I.EQ.J) GO TO 10                             或 d_ij(i≥j)
      KDJ=KAD(J)
      ZK(IGJ)=ZK(IGJ)/ZK(KDJ)                         完成 L_ij的运算
      CONTINUE
      CONTINUE
      RETURN
      END
```

2. 回代求解子程序 SUB. WEDA

```
      SUBROUTINE WEDA                                 回代求解{Δ}
      DOUBLE PRECISION ZK(4000), FF(300)
      COMMON/JWA/JW(3, 100), KAD(300),
     #IEW(6)/NN/NN, ME/ZK/ZK/FF/FF
      FF(1)=FF(1)/ZK(1)                               分解自由项
      DO 40 I=2, NN                                   I 从 2 到 NN 循环
      MI=I-KAD(I)+KAD(I-1)+1
      IG=KAD(I)-I                                     [ZK]I 行第一个
      KDI=KAD(I)                                      非零元素列号
      DO 50 J=MI, I-1
      IGJ=IG+J                                        L_ij在 ZK 中位置
      KDJ=KAD(J)
50    FF(I)=FF(I)-ZK(IGJ)*ZK(KDJ)*FF(J)              计算式(3-35)的分子
      FF(I)=FF(I)/ZK(KDI)                             分解自由项完成
40    CONTINUE                                        回代
      DO 60 I=NN, 2, -1
      MI=I-KAD(I)+KAD(I-1)+1                          [ZK]I 行第一个
      IG=KAD(I)-I                                     非零元素列号
      DO 70 J=MI, I-1
      IGJ=IG+J                                        L_ij在 ZK 中位置
70    FF(J)=FF(J)-ZK(IGJ)*FF(I)                      参看式(3-36)
60    CONTINUE
      RETURN
```

```
      END
```

3.7.3 输出位移的子程序 SUB. OUTDIS

解方程求得位移后，可以通过调用 SUB. OUTDIS 子程序输出位移。由于位移是按节点位移未知量编号的顺序存放在{FF}数组中的，为了使输出的位移与节点号一一对应，程序中另设了一个数组 UVW(3, NJ)，根据节点位移未知量编号数组 JW 从 FF 中取出各节点的位移值存入 UVW 数组，然后按节点顺序，依次输出 UVW 中各节点的位移值。输出形式为：

NODE	U(M)	V(M)	W(RAD)
1	×	×	×
⋮	⋮	⋮	⋮
NJ	×	×	×

表头中的 NODE 为节点号，U、V、W 分别为该节点的水平位移、竖向位移和转角，U、V 的单位为 m，W 的单位为弧度。程序如下。

```
      SUBROUTINE OUTDIS(IP)                        输出位移
      REAL*8 FF(300), UVW(3, 50)                   IP 为荷载组号
      COMMON/NL/NL, NZ, NT, NLZ, NE, NJ
      COMMON/JWA/JW(3, 100), KAD(300), IEW(6)/FF/FF
      DO 10 I=1, NJ
      DO 20 J=1, 3
      JWH=JW(J, I)
      IF(JWH.EQ.0)THEN
      UVW(J, I)=0.
      ELSE
      UVW(J, I)=FF(JWH)
      ENDIF
   20 CONTINUE
   10 CONTINUE
      IF(IP.LT.100)THEN
      WRITE(9, 900)IP
      ELSE
      WRITE(9, 905)
      ENDIF
      CALL PRN('----')
```

```
      WRITE(9, 910)(I, (UVW(J, I), J=1, 3), I=1, NJ)
      CALL PRN('----')
      RETURN
900   FORMAT(//1X,'IP=', I4, 20X,'* * * * * NODE DISPLACEMENTS
     # * * * * *'//, 2(1X,' NODE', 4X,'U', 9X,'(M)', 4X,'V',
     # 9X,'(M)', 4X,'W', 7X,'(RAD)', 8X))
905   FORMAT(2(1X,
     # NODE', 4X,'U', 9X,'(M)', 4X,'V', 9X,'(M)', 4X,'W', 7X,'(RAD)', 8X))
910   FORMAT(2(1X, I5, 3D17.8, 8X))
      END
```

[例 3-7]　试利用 FNJZK 和 WEDA 子程序求解如图 3-8 所示结构的整体平衡方程组的 $\{\boldsymbol{\Delta}\}$。

解　已知图 3-8 所示结构的 NN=3，主对角元位置数组为

$$\text{方程号} \quad 1 \quad 2 \quad 3$$

$$KAD(3)=[1 \quad 3 \quad 6]^{T}$$

总刚度矩阵一维存贮数组为

$$ZK(6)=[312,\ 0,\ 312,\ -30,\ 30,\ 200]^{T}\times 10^{4}$$

整体荷载列向量为

$$FF(3)=[10,\ 10,\ 10]^{T}$$

(1)分解总刚，如表 3-6 所示。

表 3-6　　**分解总刚[$\boldsymbol{K}$]时各量变化表**

I	MI	IG	J	MJ	JG	IG+J	MIJ	K	IG+K	JG+K	KAD(K)	KAD(J)	L_{ij} 或 d_{ii}
2	1	1	1	1	0	2	1	不做	—	—	—	1	0
			2	1	1	3	1	1	2	2	1	3	312×10^{4}
3	1	3	1	1	0	4	1	不做	—	—	—	1	-0.0961538
			2	1	1	5	1	1	4	2	1	3	0.0961538
			3	1	3	6	1	1	4	4	1	6	197.1153846×10^{4}
								2	5	5	3	6	194.23077×10^{4}

由此得[$\boldsymbol{L}$]、[$\boldsymbol{D}$]矩阵分别为

$$[\boldsymbol{L}]=\begin{bmatrix}1 & & \\ 0 & 1 & \\ -0.0961538 & 0.0961538 & 1\end{bmatrix},\quad [\boldsymbol{D}]=\begin{bmatrix}312 & & \\ & 312 & \\ & & 194.23077\end{bmatrix}\times 10^{4}$$

(2)分解荷载列向量$\{\boldsymbol{F}\}$，如表 3-7 所示。

表 3-7 分解荷载列向量{$\boldsymbol{F}$}时各量变化表

I	MI	IG	J	IG+J	KAD(J)	KAD(I)	y_i 的分子	y_i
2	1	1	1	2	1	3	10	3.20153×10^{-6}
3	1	3	1	4	1	6	10.961538	
			2	5	3	6	10	5.1485×10^{-6}

y_i结果仍存入{FF}中，即{FF}=$[3.20513,\ 3.20153,\ 5.1485]^{\mathrm{T}}\times10^{-6}$。

(3)回代求解{$\boldsymbol{\Delta}$}，如表 3-8 所示。

表 3-8 回代求解{$\boldsymbol{\Delta}$}时各量变化表

I	MI	IG	J	IG+J	FF(J)= FF(J)-ZK(IG+J) * FF(I)
3	1	3	1	4	3.7002×10^{-6}
			2	5	2.7101×10^{-6}
2	1	1	1	2	3.7002×10^{-6}

由此得到最后解

$$FF(3)=[3.7002,\ 2.7101,\ 5.1485]^{\mathrm{T}}\times10^{-6}。$$

§3.8 杆端力和指定截面内力计算

3.8.1 杆端力计算

1. 计算公式与计算步骤

各单元最终的杆端力可以按下列公式计算：

$$\{\boldsymbol{F}\}^e=\{\bar{\boldsymbol{F}}_g\}^e+\{\bar{\boldsymbol{F}}_f\}^e \tag{3-37}$$

$$\{\bar{\boldsymbol{F}}_f\}^e=[\bar{\boldsymbol{k}}]^e\{\bar{\boldsymbol{\delta}}\}^e=\{\bar{\boldsymbol{k}}\}^e\{\boldsymbol{T}\}^{\mathrm{T}}\{\boldsymbol{\delta}\}^e \tag{3-38}$$

或

$$\{\bar{\boldsymbol{F}}_f\}^e=[\boldsymbol{T}]^{\mathrm{T}}\{\boldsymbol{F}\}^e=[\boldsymbol{T}]^{\mathrm{T}}[\boldsymbol{k}]^e\{\boldsymbol{\delta}\}^e \tag{3-39}$$

式中：$\{\bar{\boldsymbol{F}}_g\}^e$——单元在固定状态局部坐标系下的杆端力；

$\{\bar{\boldsymbol{F}}_f\}^e$——单元在放松状态局部坐标系下的杆端力。

放松状态下的杆端力计算，既可以用式(3-38)，亦可以用式(3-39)。由于在 FSAP 程序中已存放了整体坐标系下的单元刚度矩阵的 7 个系数，故采用式(3-39)计算放松状态下的杆端力较为方便。

程序实现时，计算杆端力的主要步骤如下：

(1)对单元循环，IE=1～NE；

(2)调 QIEW(IE)子程序求单元定位向量 IEW(6)；

(3)从 XSA(7, NE)中取出单元 IE 的 7 个系数，调 STIFDK 子程序形成单刚$[\boldsymbol{k}]^e$，存放在数组 DK(6, 6)中；

(4)由 IEW(6)从 FF 数组中取出单元 IE 的杆端位移，存放在数组 FM(6)中；

(5)调矩阵乘法子程序 XYZ 求放松状态下的杆端力：{FG} = [DK]{FM}；

(6)从 CO、SI 数组中取出单元的方向余弦，然后将整体坐标系下的杆端力 FG(6)转换到局部坐标系，其结果存放在 FM(6)中；

(7)由于单元的固端力已存放在数组 FNVM(6, NE)中，因此，这里只需将已求得的放松状态局部坐标系下的杆端力 FM(6)叠加到 FNVM(6, NE)中，即得最终的杆端力；

(8)对底层柱底的水平剪力求和，计算结果存放在 SX(2, NHZ)中，以便与每组荷载的水平荷载之和 SX(1, NHZ)相比较，校核水平剪力平衡与否；

(9)最后将 FNVM(6, NE)存放在 ANVM(6, NE, NHZ)数组中，以便集中打印。

2. 计算杆端力的子程序 SUB. QDL(IP)

```
      SUBROUTINE QDL(IP)                          计算杆端力
      REAL*8 XS(7), XSA(7, 100),
     # DK(6, 6), FM(6), FG(6), FF(300)
      REAL*8 CO(100), SI(100),
     # FNVM(6, 100), SX(2, 30), C, S, ANVM(6, 100, 30)
      COMMON/NL/NL, NZ, NT, NLZ, NE, NJ
     #/SC/CO, SI/SX/SX/ANVM/ANVM/XSA/XSA
      COMMON/JWA/JW(3, 100), KAD(300),
     #IEW(6)/DK/DK, XS
      COMMON/FM/FM/FF/FF/FNVM/FNVM
      DO 10 IE=1, NE                              对单元循环
      CALL QIEW(IE)                               求杆端位移编号
      DO 20 I=1, 7                                从 XSA 中取出单刚的
   20 XS(I)=XSA(I, IE)                            7 个系数
      CALL STIFDK                                 形成单刚
      DO 30 I=1, 6
      IF(IEW(I).EQ.0)THEN
      FM(I)=0.D0
      ELSE
      FM(I)=FF(IEW(I))                            从 FF 中取出 IE 单元的
      ENDIF                                       杆端位移
   30 CONTINUE                                    按式(3-39)计算位移
      CALL XYZ(0, 6, 6, DK, FM, FG)               引起的杆端力
      C=CO(IE)
      S=SI(IE)
      FM(1)=FG(1)*C+FG(2)*S                       转换到局部坐标系
      FM(2)=-FG(1)*S+FG(2)*C
```

```
      FM(3)=FG(3)
      FM(4)=FG(4)*C+FG(5)*S
      FM(5)=-FG(4)*S+FG(5)*C
      FM(6)=FG(6)
      DO 40 I=1, 6                                      与固端力叠加
   40 FNVM(I, IE)=FNVM(I, IE)+FM(I)                     参见式(3-37)
      IF(IEW(1).EQ.0) SX(2, IP)=SX(2, IP)
     #-FNVM(1, IE)*C+FNVM(2, IE)*S                      计算柱底水平剪力
      IF(IEW(4).EQ.0) SX(2, IP)=SX(2, IP)
     #-FNVM(4, IE)*C+FNVM(5, IE)*S
      DO 50 I=1, 6
   50 ANVM(I, IE, IP)=FNVM(I, IE)                       杆端力存入 ANVM
   10 CONTINUE
      RETURN
      END
```

3. 输出杆端力的子程序 SUB. OUTDL

```
      SUBROUTINE OUTDL                                  输出杆端力
      DOUBLE PRECISION ANQM(6, 100, 30)
      COMMON/NL/NL, NZ, NT, NLZ, NE, NJ/NHZ/
     #NHZ, NGR, NCR, NWD/ANQM/ANQM
      WRITE(9, 900)
      CALL PRN('----')
      I1=NHZ-1
      I2=NHZ-2
      DO 800 IP=1, NHZ                                  对各组荷载循环
      IF(IP.EQ.1)THEN
      WRITE(9, 901)IP                                   打印荷载组号及
      ELSE IF(IP.GT.1.AND.IP.LE.I2)THEN                 标题栏
      WRITE(9, 902)IP
      ELSE IF(IP.EQ.I1.AND.NWD.GT.0)THEN
      WRITE(9, 903)IP
      ELSE IF(IP.EQ.NHZ.AND.NWD.GT.0)THEN
      WRITE(9, 904)IP
      ELSE
      WRITE(9, 902)IP
      ENDIF
      WRITE(9, 910)
      CALL PRN('----')
      DO 810 IE=1, NE
```

```
      IF(IE.LE.NL)THEN
      WRITE(9, 920)IE, (ANQM(I, IE, IP), I=1, 6)  打印各单元杆端力
      ELSE IF(IE.GT.NL.AND.IE.LE.NLZ)THEN
      WRITE(9, 930)IE, (ANQM(I, IE, IP), I=1, 6)
      ELSE
      WRITE(9, 940)IE, (ANQM(I, IE, IP), I=1, 6)
      ENDIF
810   CONTINUE
      CALL PRN('----')
800   CONTINUE
      RETURN
900   FORMAT(//28X,'* * * * * ROD END FORCES---NQM * * * * *'//)
901   FORMAT(//28X,'* * *  IP =', I3, 5X,'DEAD LOAD   * * *'//)
902   FORMAT(//28X,'* * *  IP =', I3, 5X,'LIVE LOAD   * * *'//)
903   FORMAT(//28X,'* * *  IP =', I3, 5X,'LEFT WIND   * * *'//)
904   FORMAT(//28X,'* * *  IP =', I3, 5X,'RIGHT WIND   * * *'//)
910   FORMAT(1X,'ELEMENTS', 11X,'NI', 15X,'VI',
     #15X,'MI', 15X,'NJ', 15X,'VJ', 15X,'MJ')
920   FORMAT(1X,'BEAM=', I3, 6F17.5)
930   FORMAT(1X,'COLM=', I3, 6F17.5)
940   FORMAT(1X,'STIF=', I3, 6F17.5)
      END
```

3.8.2　指定截面内力计算

1. 计算原理与步骤

杆端力求出以后，为了荷载组合时求弯矩包络图的需要，还需求出杆件指定截面的内力。在 FSAP 程序中，将梁分为 6 段，7 个截面；柱分为 1 段，2 个截面。用 FB(3，NHZ)数组存放每组荷载下指定截面的内力。由于各单元的杆端力均已求得，故可以用截面法，分别求出外荷载及杆端力在指定截面产生的内力，两者叠加即得指定截面内力，如图 3-9 所示。程序实现时，主要计算步骤如下。

(1)在主程序中，对单元 IE 循环，IE=1～NLZ；接着对单元的截面循环，I1=1～IT+1，这里 IT=6(梁)或 IT=1(柱)。计算截面距单元 i 端的距离，$x=l$ *(I1-1)/IT。

(2)对荷载组数循环，IP=1～NHZ。当 IP=1(恒载)且 NGR>0 时，计算自重在 I1 截面产生的内力，并存入 FB(3，1)中。

(3)对第 IP 组荷载的个数循环，IEP=IB～IC，其中，当 IP=1 时 IB=1，否则 IB=NEPX(IP-1)+1；IC=NEPX(IP)。

(4)取出荷载作用杆号 IEH 和荷载类型号 IPH：

$$IEH=NEPH(1,\ IEP)$$
$$IPH=NEPH(2,\ IEP)$$

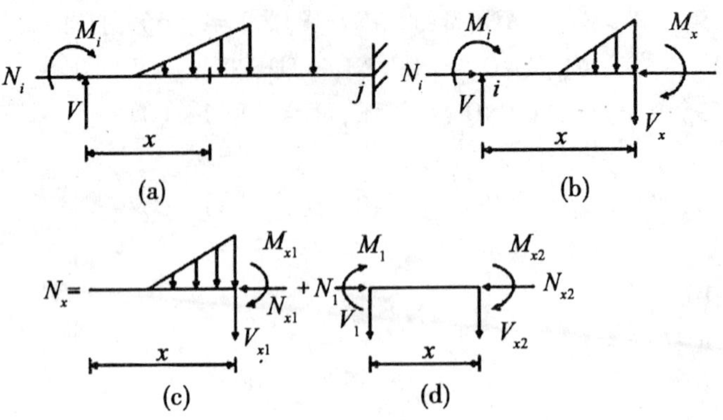

图 3-9 指定截面内力计算图式

如果 IEH=IE，说明该荷载正好是作用在要求计算指定截面内力的第 IE 个单元上，此时，接着取出荷载值 P 和荷载分布长度或荷载作用点距 i 端的距离 A

$$P=PQ(1,\ IEP)$$
$$A=PQ(2,\ IEP)$$

然后判断该荷载是否为节点荷载，如果是节点荷载，则转取下一个荷载，否则调子程序 QLZFX 计算非节点荷载在 I1 截面产生的内力 FX(3)，并叠加到 FB(3，IP)数组中去。

(5)从杆端力数组 ANVM(6，NE，NHZ)中取出单元 IE 在第 IP 组荷载作用下 i 端的杆端力，存放于 F3(3)中，接着计算杆端力 F3(3)在 I1 截面产生的内力，并叠加到 FB(3，IP)数组中去。

(6)IE 单元 I1 截面的所有荷载组数循环完毕后，FB(3，NHZ)中所存数值即为 I1 截面在各组荷载作用下的内力。

计算指定截面内力的程序段由两个子程序所构成，其中 QLZFX 子程序用来计算外荷载在 I1 截面(距 i 端为 $x=l*(I1-1)/IT$)产生的内力，其结果存放在 FX(3)中；QLZFB 子程序用来计算单元自重在 I1 截面产生的内力和杆端力在 I1 截面产生的内力，并与外荷载在 I1 截面产生的内力相叠加，其结果存放在数组 FB(3，NHZ)中。

2. 计算外荷载在指定截面产生的内力的子程序 SUB. QLZFX

```
      SUBROUTINE QLZFX(IPH)                          计算荷载在 I1 截面产生的
      REAL*8 PQ(2, 400), FX(3), P, A, X, Q           内力 FX(IPH 为荷载类型号)
      COMMON/IT/IT/FX/FX/PQ/PQ/PAX/P, A, X
      COMMON/JEP/NEP(30), NEPX(30), NEPH(2, 400)
      CALL ZERO1(FX, 3)                              FX 送 0
      GO TO (10, 20, 30, 40, 50, 60) IPH             转荷载类型
10    IF(X.LE.A) THEN                                IP=1，均布荷载
      Q=P*X
      FX(1)=-0.5D0*Q*X
      FX(2)=-Q
```

```
      ELSE
      Q=P*A
      FX(1)=-Q*(X-0.5D0*A)
      FX(2)=-Q
      ENDIF
      RETURN
20    IF(X.LE.A) THEN                          IP=2，集中荷载
      ELSE
      FX(1)=-P*(X-A)
      FX(2)=-P
      ENDIF
      RETURN
30    IF(X.LE.A) THEN                          IP=3，力偶
      ELSE
      FX(1)=P
      ENDIF
      RETURN
40    IF(X.LE.A) THEN                          IP=4，均布轴力
      FX(3)=-P*X
      ELSE
      FX(3)=-P*A
      ENDIF
      RETURN
50    IF(X.LE.A) THEN                          IP=5，集中轴力
      ELSE
      FX(3)=-P
      ENDIF
      RETURN
60    IF(X.LE.A) THEN                          IP=6，三角形分布荷载
      FX(1)=-P*X**3/(6.D0*A)
      FX(2)=-0.5D0*P*X**2/A
      ELSE
      FX(1)=-0.5D0*P*A*(X-2.D0*A/3.D0)
      FX(2)=-0.5D0*P*A
      ENDIF
      RETURN
      END
```

3. 计算指定截面内力的子程序 SUB. QLZFB

```
      SUBROUTINE QLZFB(IE, I1)                 求 I1 截面内力
```

```
      REAL*8 F3(3), GL(3, 100), QG(20), PQ(2, 400)
      REAL*8 CO(100), SI(100), C, S, P, A, X, G
      REAL*8 FB(3, 30), ANQM(6, 100, 30), FX(3), Q
      COMMON/NHZ/NHZ, NGR, NCR, NWD/EJH/
     #JH(2, 100), MP(2, 100)/QG/QG
      COMMON/JEP/NEP(30), NEPX(30),
     #NEPH(2, 400)/PQ/PQ/GL/GL/FB/FB
      COMMON/ANQM/ANQM/IT/IT/FX/FX/
     #SC/CO, SI/G/G/PAX/P, A, X
      G=GL(1, IE)                              杆长
      I4=I1-1
      XI1=FLOAT(I4)
      XIT=FLOAT(IT)
      X=G*DBLE(XI1)/DBLE(XIT)                  I1 截面距 i 端距离
      DO 100 IP=1, NHZ                         对荷载组数循环
      IF(IP.EQ.1.AND.NGR.GT.0) THEN            对于恒载且 NGR>0 时
      IEA=MP(2, IE)                            计算自重在 I1 截面
      Q=QG(IEA)*X                              产生的内力
      C=CO(IE)
      S=SI(IE)
      FB(1, 1)=-0.5D0*Q*X*C
      FB(2, 1)=-Q*C
      FB(3, 1)=Q*S
      ENDIF
      IF(NEP(IP).GT.0) THEN                    计算荷载在 I1 截面
      IF(IP.EQ.1) THEN                         产生的内力
      IB=1
      ELSE
      IB=NEPX(IP-1)+1
      ENDIF
      IC=NEPX(IP)
      DO 110 IEP=IB, IC                        对 IP 组荷载个数循环
      IEH=NEPH(1, IEP)                         荷载作用杆号
      IPH=NEPH(2, IEP)                         荷载作用类别号
      IF(IEH.EQ.IE) THEN                       IEH=IE 时
      A=PQ(2, IEP)                             荷载距 i 端的距离
      IF(IPH.EQ.1.OR.IPH.EQ.                   当为分布荷载时
     #4.OR.IPH.EQ.6)THEN
      P=PQ(1, IEP)                             取出荷载值
```

```
      CALL QLZFX(IPH)                              计算荷载在 I1 截面
      DO 120 L1=1, 3                               产生内力 FX
120   FB(L1, IP)=FB(L1, IP)+FX(L1)                 将 FX 叠加到 FB 中
      ELSE IF(A.EQ.0.D0.OR.A.EQ.G)THEN             当为节点荷载时不做
      ELSE                                         当为集中荷载时
      P=PQ(1, IEP)                                 取出荷载值
      CALL QLZFX(IPH)                              计算荷载在 I1 截面
      DO 125 L1=1, 3                               产生内力 FX
125   FB(L1, IP)=FB(L1, IP)+FX(L1)                 将 FX 叠加到 FB 中
      ENDIF
      ENDIF
110   CONTINUE
      ENDIF                                        第 IP 组荷载循环完
      DO 130 L1=1, 3
130   F3(L1)=ANVM(L1, IE, IP)                      从 ANVM 中取出杆端力 F3
      FB(1, IP)=FB(1, IP)+F3(3)-F3(2)*X            将杆端力在 I1 截面产生
      FB(2, IP)=FB(2, IP)-F3(2)                    的内力叠加到 FB 中
      FB(3, IP)=FB(3, IP)+F3(1)
100   CONTINUE
      RETURN
      END
```

[例 3-8]　试求如图 3-8 所示结构的杆端力和指定截面内力。

由于本例只有一组恒载，故 HNZ=1。节点位移已在例 3-7 中求得：

$$\{FF\}=[3.7002,\ 2.7101,\ 5.1485]^{T}\times10^{-6}$$

解　1. 计算杆端力

(1)从{FF}中取出杆端位移。

由单元定位向量，从 FF 中取出单元①、②的杆端位移(注：当节点位移未知量编号为 0 时，对应的是支座处的已知零位移)，存放在 FM(6)中，即

$$FM(6)^{①}=[3.7002,\ 2.7101,\ 5.1485,\ 0,\ 0,\ 0\ ]^{T}\times10^{-6}$$

$$FM(6)^{②}=[\ 0,\ 0,\ 0,\ 3.7002,\ 2.7101,\ 5.1485]^{T}\times10^{-6}$$

(2)计算放松状态下的杆端力。

由式(3-39)得

$$\{FG\}^{①}=[DK]^{①}\{FM\}^{①}=\begin{Bmatrix}11.1006\\1.8698\\5.9615\\-11.1006\\-1.8698\\3.3873\end{Bmatrix}$$

$$\{FG\}^{②}=[DK]^{②}\{FM\}^{②}=\begin{Bmatrix}1.1005\\-8.1303\\1.4642\\-1.1005\\8.1303\\4.0384\end{Bmatrix}$$

(3)将$\{FG\}^e$转换到局部坐标系，其结果存放在$\{FM\}^e$中。

单元①：

FM(1)= FG(1) * cos α +FG(2) * sin α =11.1006

FM(2)= -FG(1) * sin α +FG(2) * cos α =1.8698

FM(3)= FG(3)= 5.9615

FM(4)= FG(4) * cos α +FG(5) * sin α =-11.1006

FM(5)= -FG(4) * sin α +FG(5) * cos α =-1.8698

FM(6)= FG(6)= 3.3873

单元②：

FM(1)= FG(1) * cos α +FG(2) * sin α =8.1303

FM(2)= -FG(1) * sin α +FG(2) * cos α =1.1005

FM(3)= FG(3)= 1.4642

FM(4)= FG(4) * cos α +FG(5) * sin α =-8.1303

FM(5)= -FG(4) * sin α +FG(5) * cos α =-1.1005

FM(6)= FG(6)= 4.0384。

(4)求最终的杆端力

将 FM(6)叠加到固端力数组 FNVM(6, NE)中去，即得最终杆端力。由例 3-6 可知，单元荷载作用下固端反力为

单元　①　②

$$FNVM(6,\ 2)=\begin{bmatrix}0 & 0\\-12 & -4\\-10 & -5\\0 & 0\\-12 & -4\\10 & 5\end{bmatrix}$$

将放松状态下的杆端力 FM 叠加到 FNVM 中，即得最终的杆端力为

单元　①　②

$$FNVM(6,\ 2)=\begin{bmatrix}11.1006 & 8.1303\\-10.1302 & -2.8995\\-4.0385 & -3.5358\\-11.1006 & -8.1303\\-13.8698 & -5.1005\\13.3873 & 9.0384\end{bmatrix}$$

2. 计算指定截面内力(内力正负号已改为习惯用法)

以单元①为例，计算跨中截面的内力，I1 = 4，该截面距 i 端距离为

$$x = l * (I1 - 1)/IT = 5 * 3/6 = 2.5\text{m}$$

(1)计算外荷载在 I1 截面产生的内力。

单元①作用有一个均布荷载 $q = 4.8\text{kN/m}$，由 QLZFX 子程序计算该荷载在 I1 截面产生的内力，得

$$FX(3) = \begin{Bmatrix} -\frac{1}{2}qx^2 \\ -qx \\ 0 \end{Bmatrix} = \begin{Bmatrix} -15 \\ -12 \\ 0 \end{Bmatrix} \begin{matrix} M \\ V \\ N \end{matrix}$$

计算结果存放在 FB(3, 1)中。

(2)计算杆端力在 I1 截面产生的内力。

从杆端力数组 ANVM 中取出 i 端的杆端力存放于 F3(3)中

$$F3(3) = \begin{Bmatrix} 11.1006 \\ -10.1302 \\ -4.0385 \end{Bmatrix}$$

接着计算杆端力在 I1 截面产生的内力，并叠加到 FB(3, 1)数组中去

FB(1, 1) = FB(1, 1) + F3(3) − F3(2) * x = 6.287kN · m(弯矩 M)

FB(2, 1) = FB(2, 1) − F3(2) = −1.8698kN(剪力 V)

FB(3, 1) = FB(3, 1) + F3(1) = 11.1006(轴力 N)。

§3.9　动力分析程序设计

这里所讲的动力分析，单指地震对建筑物的影响。动力分析的目的是为抗震设计提供依据，动力分析主要包括下述三个方面的内容：

(1)特征值和特征向量及自振周期的计算；

(2)水平地震作用计算；

(3)地震作用效应(内力、位移)计算。

本节着重介绍上述三个问题的程序设计。至于地震组合及截面抗震验算则留待第 4 章、第 5 章介绍。

3.9.1　多质点系在地震作用下的振动方程

1. 作用在质点上的力

框架结构的动力计算问题，可以简化为一个多自由度悬臂弹性杆系统，在各层楼盖处作用有集中质量 m_1，m_2，……，m_n，当发生地震时，由于地面位移引起整个体系发生振动，如图 3-10 所示。其中 $x_g(t)$ 表示地面水平位移，$x_i(t)$ 表示由于结构振动所引起的质点 i 相对于基础的水平位移。于是，作用于质点 i 的力，计有：

弹性恢复力

$$S_i = -(K_{i1}x_1 + K_{i2}x_2 + \cdots + K_{in}x_n) = -\sum_{j=1}^{n} K_{ij}x_j$$

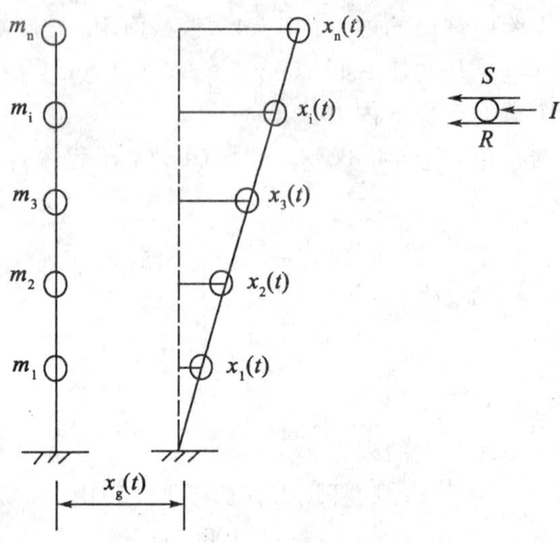

图 3-10　地震作用下多质点系的振动

阻尼力

$$R_i = -(C_{i1}\dot{x}_i + C_{i2}\dot{x}_2 + \cdots + C_{in}\dot{x}_n) = -\sum_{j=1}^{n} C_{ij}\dot{x}_j$$

惯性力

$$I_i = -m_i(\ddot{x}_g + \ddot{x}_i)$$

式中：K_{ij} ——多质点系的 j 质点发生单位相对侧移而其余质点保持不动时，在 i 质点处引起的弹性反力，亦即侧移刚度系数；

C_{ij} ——多质点系的 j 质点产生单位相对速度而其他各点均保持不动，由于结构阻尼在 i 质点处引起的反力；

x_i、$\dot{x}_i$、$\ddot{x}_i$ ——质点 i 的相对位移、相对速度和相对加速度。

2. 振动方程

根据达朗贝尔原理，地震作用下的线弹性结构多质点系，质点 i 的振动微分方程为

$$m_i\ddot{x}_i(t) + \sum_{j=1}^{n} C_{ij}\dot{x}_j(t) + \sum_{j=1}^{n} K_{ij}x_j(t) = -m_i\ddot{x}_g(t)\,(i=1,\ 2,\ \cdots,\ n) \tag{3-40}$$

上式就是多质点弹性体系在地震作用下的振动微分方程组。其矩阵形式为

$$[\boldsymbol{M}]\{\ddot{\boldsymbol{x}}\}+[\boldsymbol{C}]\{\dot{\boldsymbol{x}}\}+[\boldsymbol{K}]\{\boldsymbol{x}\}=-[\boldsymbol{M}]\{\boldsymbol{I}\}\ddot{\boldsymbol{x}}_g \tag{3-41}$$

式中：$[\boldsymbol{M}]$——节点质量矩阵(对角方阵)，其中元素 m_i 为第 i 质点的质量；

$[\boldsymbol{K}]$——结构刚度矩阵，即总刚；

$[\boldsymbol{C}]$——阻尼矩阵；

$\{\boldsymbol{x}\}$、$\{\dot{\boldsymbol{x}}\}$、$\{\ddot{\boldsymbol{x}}\}$——分别为质点的相对位移、相对速度、相对加速度列向量；

$\{\boldsymbol{I}\}$——n 阶单位列向量；

$\ddot{\boldsymbol{x}}_g$ ——地面运动加速度。

3. 自振频率、振型及自振周期的计算

欲求结构的自振频率、振型及自振周期，必须先建立结构在自由振动情况下的振动方程。略去式(3-41)中的阻尼矩阵和荷载向量，即得无阻尼多质点系的自由振动方程

$$[\boldsymbol{M}]\{\ddot{\boldsymbol{x}}\}+[\boldsymbol{K}]\{\boldsymbol{x}\}=\boldsymbol{0} \tag{3-42}$$

假定体系的各质点作同频率、同相位的简谐振动，则上式的解可以写为

$$\begin{cases} x_i(t)=X_i\sin(\omega t+\varphi) \\ \ddot{x}_i(t)=-\omega^2X_i\sin(\omega t+\varphi) \quad (i=1,\ 2,\ \cdots,\ n) \end{cases} \tag{a}$$

其矩阵形式为

$$\begin{cases} \{\boldsymbol{x}\}=\{\boldsymbol{X}\}\sin(\omega t+\varphi) \\ \{\ddot{\boldsymbol{x}}\}=-\omega^2\{\boldsymbol{X}\}\sin(\omega t+\varphi) \end{cases} \tag{b}$$

将式(b)代入式(3-42)得

$$\left([\boldsymbol{K}]-\omega^2[\boldsymbol{M}]\right)\{\boldsymbol{X}\}=\boldsymbol{0} \tag{3-43}$$

式中：ω ——自振频率；

$\{\boldsymbol{X}\}$——振型向量。

在数学中，式(3-43)称为广义特征值问题。该式是一个关于未知向量$\{\boldsymbol{X}\}$的齐次线性代数方程组。该方程组有一个恒为零的解$\{\boldsymbol{X}\}=\{\boldsymbol{0}\}$，表示结构永远处于静止状态而不发生振动，这组解并不是所需要的解，所需要的解是自由振动发生的非零解。根据线性代数的理论，齐次方程(3-43)有非零解的充分必要条件是其系数行列式为零，即

$$\left|[\boldsymbol{K}]-\omega^2[\boldsymbol{M}]\right|=0 \tag{3-44}$$

式(3-44)是关于ω^2的高次代数方程，通常称为多自由度无阻尼自由振动的频率方程，该方程的次数与$[\boldsymbol{K}]$、$[\boldsymbol{M}]$的阶数相等，也就是等于结构的自由度数 n。因此，这个方程有 n 个根 ω_1^2、ω_2^2、…、ω_n^2，对应于 n 个 ω_i^2，方程(3-44)有 n 个线性无关的解$\{\boldsymbol{X}_i\}$。ω_i^2 与$\{\boldsymbol{X}_i\}$分别称为式(3-44)的特征值和特征向量(两者合称特征对)。在振动分析中，ω_i^2 与$\{\boldsymbol{X}_i\}$就是结构的第 i 阶频率和振型。ω_i 的最小值 ω_1 称为基本频率(第一频率)，相应的振型称为基本振型(第一振型)，以下按数值由小到大为第二频率 ω_2、第三频率 ω_3，……，第 n 频率 ω_n，相应的振型$\{\boldsymbol{X}_2\}$、$\{\boldsymbol{X}_3\}$，……，$\{\boldsymbol{X}_n\}$，分别称为第二、第三、……，第 n 振型。

对式(3-44)前乘以$[\boldsymbol{K}]^{-1}$或$[\boldsymbol{M}]^{-1}$，都可以得到

$$[\boldsymbol{A}]\{\boldsymbol{X}\}=\lambda\{\boldsymbol{X}\}$$

上式为一般标准特征值问题，但 λ 和矩阵$[\boldsymbol{A}]$的涵义不同。

当式(3-44)前乘以$[\boldsymbol{K}]^{-1}$时　　$\lambda=\dfrac{1}{\omega^2}$，$[\boldsymbol{A}]=[\boldsymbol{K}]^{-1}[\boldsymbol{M}]$

当式(3-44)前乘以$[\boldsymbol{M}]^{-1}$时　　$\lambda=\omega^2$，$[\boldsymbol{A}]=[\boldsymbol{M}]^{-1}[\boldsymbol{K}]$

由此可知结构的自由振动分析归结为求解矩阵特征值问题。求解矩阵特征值的方法很多，其中应用较为广泛的有逆迭代法和子空间迭代法。当式(3-44)按前乘以$[\boldsymbol{K}]^{-1}$进行迭代时称为逆幂迭代或简称为逆迭代；当式(3-44)按前乘以$[\boldsymbol{M}]^{-1}$进行迭代时称为幂迭代。逆迭代法适用于求解几个低频特征对，由于程序编制简单，因而得到了广泛应用。子空间迭代法是目前公认的求解特征对的一种有效方法。考虑到逆迭代法也是子空间迭代法的基

础，故本节只介绍逆迭代法求解特征对的方法及相应的子程序。

在进行矩阵迭代时，需要用到以下一些性质，这里简要介绍如下。

(1)振型的正交性。

多质点弹性体系作自由振动时，因为各振型对应的频率均不相等，任意两个不同的振型之间存在着正交性。其物理意义是：体系按某一振型振动时其动能和位能不会转移到别的振型上去，即某一振型的振动不会引起其他振型的振动。振型正交性的数学表达式为

$$\begin{cases}\{\boldsymbol{X}_i\}^{\mathrm{T}}[\boldsymbol{M}]\{\boldsymbol{X}_j\}=\boldsymbol{0} & (i\neq j)\\ \{\boldsymbol{X}_i\}^{\mathrm{T}}[\boldsymbol{K}]\{\boldsymbol{X}_j\}=\boldsymbol{0} & (i\neq j)\end{cases}\tag{3-45}$$

(2)振型向量的规范化。

为了运算方便起见，且为了迭代时能够收敛到正确解，迭代过程中需对振型向量进行规范化处理。常用方法有：

①规定第一个元素为1；

②规定最大元素为1；

③规定振型向量满足下列条件

$$\begin{cases}\{\boldsymbol{X}_i\}^{\mathrm{T}}[\boldsymbol{M}]\{\boldsymbol{X}_i\}=1\\ \{\boldsymbol{X}_i\}^{\mathrm{T}}[\boldsymbol{K}]\{\boldsymbol{X}_i\}=\omega_i^2\end{cases}\tag{3-46}$$

这时对振型向量的各个元素应除以 $\sqrt{\{\boldsymbol{X}_i\}^{\mathrm{T}}[\boldsymbol{M}]\{\boldsymbol{X}_i\}}$ 。在 FSAP 程序中计算自振频率和振型向量时采用了方法③。

(3)逆迭代法中作滤频计算时，可以利用振型的正交性确定待定系数。

由于任一质点的振动可以看成是各振型的简谐振动叠加而成的复合振动，因此，任一质点的振型向量均可以写成各振型的线性组合，即

$$\{\boldsymbol{X}\}=a_1\{\boldsymbol{X}_1\}+a_2\{\boldsymbol{X}_2\}+\cdots a_n\{\boldsymbol{X}_n\}=\sum_{j=1}^{n}a_j\{\boldsymbol{X}_j\}\tag{3-47a}$$

两边同乘 $\{\boldsymbol{X}_i\}^{\mathrm{T}}[\boldsymbol{M}]$ 得

$$\{\boldsymbol{X}_i\}^{\mathrm{T}}[\boldsymbol{M}]\{\boldsymbol{X}\}=\sum_{j=1}^{n}a_j[X_i]^{\mathrm{T}}[\boldsymbol{M}]\{\boldsymbol{X}_j\}$$

上式右边展开后，除第 $j=i$ 项外，其余各项均为零，故

$$a_i=\frac{\{\boldsymbol{X}_i\}^{\mathrm{T}}[\boldsymbol{M}]\{\boldsymbol{X}\}}{\{\boldsymbol{X}_i\}^{\mathrm{T}}[\boldsymbol{M}]\{\boldsymbol{X}_i\}}\tag{3-47b}$$

4. 水平地震作用计算——振型分解反应谱法

前面讲述了多自由度体系自由振动齐次微分方程的求解问题。下面讲述多自由度体系发生地震时非齐次微分方程(3-41)的求解问题，即解决多自由度体系的地震反应——水平地震作用的计算问题。多自由度体系的地震作用计算，通常采用振型分解反应谱法。振型分解反应谱法是以单自由度体系反应谱理论为基础，采用振型分解原理解决多自由度体系地震反应的计算方法。由于该方法较全面地考虑了结构的动力特性，除了特别不规则和不均匀的结构外，都能给出令人满意的结果，而且计算过程并不太复杂，因而成为当前计算较复杂结构地震反应的常用方法。

振型分解反应谱法的计算原理是，对于离散为多质点系的弹性结构，利用振型分解原

理，将多自由度体系的地震反应，转化为 n 个独立的等效单自由度体系最大地震反应的组合。其方法是，在多质点系的动力反应分析中，采用体系自由振动的各个振型来表示体系各质点的位移。具体地说，对多质点系中质点 i 的位移 $x_i(t)$ 采取以振型在质点 i 处的幅值 X_{ji} 为基底的广义坐标 $q_i(t)$ 来描述，即

$$x_i(t) = \sum_{j=1}^{n} q_j(t) X_{ji} \tag{3-48}$$

由于这些振型构成了 n 个独立的位移模式，利用振型的正交特性，使以几何坐标描述的多自由度体系振动方程组中相互耦联的方程式解耦而各自独立，即分解为 n 个独立的广义单自由度体系的振动方程，从而可以直接利用单自由度体系的地震反应谱，分别计算出相应于各个振型的位移或加速度反应。然后，按照一定的遇合法则，进行振型地震反应的遇合，求得多质点系的地震总反应。

大多数情况下，各个振型反应在总地震反应中所占的份额，总是以频率最低(即周期最长)的几个振型为最大，高振型的贡献随着振型阶数的增高而迅速减小，因而无论体系的自由度有多大，进行地震反应分析时，仅需考虑前少数几个振型(一般取前 3 ~ 5 个振型)，即能得到十分良好的近似，从而进一步减少了计算工作量。

将式(3-48)代入式(3-40)，并利用振型的正交特性，就得到 n 个独立的二阶微分方程

$$\ddot{q}_j + 2\zeta_j\omega_j\dot{q}_j + \omega_j^2 q_j = -\gamma_j \ddot{x}_g \quad (j = 1,\ 2,\ \cdots,\ n) \tag{3-49}$$

$$\gamma_j = \frac{\sum_{i=1}^{n} m_i X_{ji}}{\sum_{i=1}^{n} m_i X_{ji}^2} = \frac{\sum_{i=1}^{n} G_i X_{ji}}{\sum_{i=1}^{n} G_i X_{ji}^2} \tag{3-50}$$

式中：γ_j 称为振型参与系数，γ_j 满足下式

$$\sum_{j=1}^{n} \gamma_j X_{ji} = 1 \tag{3-51}$$

由式(3-49)可以看出，按式(3-48)进行坐标变换以后，就将原来的微分方程组(3-40)分解成 n 个独立的微分方程了，每一个方程中仅含有一个未知量 $q_j(t)$ 。

由结构动力学可知，单质点系在地震作用下的振动微分方程及其解为

$$\ddot{x} + 2\zeta\omega\dot{x} + \omega^2 x = -\ddot{x}_g \tag{3-52}$$

$$x(t) = -\frac{1}{\omega}\int_0^t \ddot{x}_g(t) e^{-\zeta\omega(t-\tau)} \sin\omega(t-\tau) d\tau \tag{3-53}$$

比较式(3-49)与式(3-52)可以看出，式(3-49)与单质点系在地震作用下的振动微分方程基本相同，不同点仅在于方式(3-52)的 ζ 换为 ζ_j ，ω 换为 ω_j ，同时等号右边多了一个 γ_j 。所以，式(3-49)的解，可以比照式(3-52)的解(3-53)写出

$$q_j(t) = \gamma_j\delta_j(t) = -\frac{\gamma_j}{\omega_j}\int_0^t \ddot{x}_g(t) e^{-\zeta_j\omega_j(t-\tau)} \sin\omega_j(t-\tau) d\tau \tag{3-54}$$

比较式(3-54)与式(3-53)可见，$\delta_j(t)$ 相当于阻尼比为 ζ_j 、自振频率为 ω_j 的单质点系在地震作用下的位移。这个单质点系通常称为与振型 j 相应的振子。

求得各振型的广义坐标 $q_j(t)$ $(j = 1,\ 2,\ \cdots,\ n)$ 后，就可以按式(3-48)求得质点 i 以

原坐标表示的位移表达式

$$x_i(t)=\sum_{j=1}^{n}\gamma_j\delta_j(t)X_{ji}\quad(i=1,\ 2,\ \cdots,\ n)\tag{3-55}$$

多质点系在地震作用下，在质点 i 上引起的地震作用等于质点 i 上的惯性力，根据牛顿第二定律，其值为

$$F_i(t)=-m_i[\ddot{x}_g(t)+\ddot{x}_i(t)]\tag{3-56}$$

根据式(3-51)和式(3-55)，得

$$\ddot{x}_i(t)=\sum_{j=1}^{n}\gamma_j\ddot{\delta}_j(t)X_{ji}$$

$$\ddot{x}_g(t)=\ddot{x}_g(t)\sum_{j=1}^{n}\gamma_jX_{ji}$$

故有

$$F_i(t)=-m_i\sum_{j=1}^{n}\gamma_jX_{ji}[\ddot{x}_g(t)+\ddot{\delta}_j(t)]\tag{3-57}$$

抗震设计中所关心的是地震反应的最大值，故 i 质点上 j 振型地震作用的绝对最大值可以写成

$$F_{ji}=|m_i\gamma_jX_{ji}[\ddot{x}_g(t)+\ddot{\delta}_j(t)]|_{\max}$$

令 $\alpha_j=\dfrac{|\ddot{x}_g(t)+\ddot{\delta}_j(t)|_{\max}}{g}$，上式则变为

$$F_{ji}=\alpha_j\gamma_jX_{ji}G_i\quad(i=1,\ 2,\ \cdots,\ n,\quad j=1,\ 2,\ \cdots,\ m)\tag{3-58}$$

式中：α_j——相应于结构第 j 振型的自振周期 T_j 的地震影响系数，可以按《建筑抗震设计规范》(GB 50011—2010)确定。

式(3-58)即为 i 质点 j 振型水平地震作用的计算公式。由式(3-58)可以看出，要求水平地震作用 F_{ji}，关键是确定 α_j 及 X_{ji}，而要确定 α_j，首先必须确定 T_j；而要确定 T_j，只要确定 ω_j 即可，因为 $T_j=\dfrac{2\pi}{\omega_j}$；至于 X_{ji}，前面在自由振动分析中求 ω_j 的同时也就确定了 X_{ji}。

3.9.2 自振频率和振型向量的计算

前已述及，结构的自振频率和振型向量的计算，归结为求解矩阵的特征值和特征向量问题。由式(3-44)可知，这类计算是一个关于 ω^2 的 n 次代数方程，需用逆迭代法进行求解。这里介绍逆迭代法求解特征值和特征向量的具体步骤。

1. 求第一阶振型的特征值 ω_1 和特征向量 $\{\boldsymbol{X}_1\}$

为了便于迭代，式(3-44)可以写为

$$[\boldsymbol{K}]\frac{1}{\omega_1^2}\{\boldsymbol{X}_1\}=[\boldsymbol{M}]\{\boldsymbol{X}_1\}\tag{3-59}$$

设初始迭代向量为单位列阵 $\{\boldsymbol{X}_1\}^0$，这里上角标表示迭代次数，如 $\{\boldsymbol{X}_1\}^{(k-1)}$ 表示第 $k-1$ 步迭代向量，则式(3-59)可以写成

$$[\boldsymbol{K}]\frac{1}{\omega_1^2}\{\boldsymbol{X}_1\}^{(k)}=[\boldsymbol{M}]\{\boldsymbol{X}_1\}^{(k-1)}\tag{3-60}$$

若以 $\{\boldsymbol{Z}_1\}^{(k)}$ 表示 $\dfrac{1}{\omega_1^2}\{\boldsymbol{X}_1\}^{(k)}$，上式可以写成

$$[\boldsymbol{K}]\{\boldsymbol{Z}_1\}^{(k)}=[\boldsymbol{M}]\{\boldsymbol{X}_1\}^{(k-1)} \tag{3-61}$$

只要 $(\{\boldsymbol{X}_1\}^{(0)})^{\mathrm{T}}[\boldsymbol{M}]\{\boldsymbol{X}_1\}\neq 0$，则当 $k\to\infty$ 时，$\{\boldsymbol{Z}_1\}^{(k)}\to\{\boldsymbol{X}_1\}$。在迭代过程中，对 $\{\boldsymbol{Z}_1\}^{(k)}$ 应进行规范化处理

$$\{\boldsymbol{X}_1\}=\frac{\{\boldsymbol{Z}_1\}^{(k)}}{[(\{\boldsymbol{Z}_1\}^{(k)})^{\mathrm{T}}[\boldsymbol{M}]\{\boldsymbol{Z}_1\}^{(k)}]^{\frac{1}{2}}} \tag{3-62}$$

在程序中实现时，按下述迭代格式则更为方便一些。设 $\{\boldsymbol{Y}_1\}^{(0)}=[\boldsymbol{M}][\boldsymbol{X}_1]^{(0)}$，并已迭代 $k-1$ 步，计算 $\{\boldsymbol{Y}_1\}^{(k-1)}=[\boldsymbol{M}][\boldsymbol{X}_1]^{(k-1)}$，则第 k 步迭代应作下列计算：

(1)由 $[\boldsymbol{K}]\{\boldsymbol{Z}_1\}^{(k)}=\{\boldsymbol{Y}_1\}^{(k-1)}$ 求得 $\{\boldsymbol{Z}_1\}^{(k)}=[\boldsymbol{K}]^{-1}\{\boldsymbol{Y}_1\}^{(k-1)}$。

由于$[\boldsymbol{K}]$在静力分析时已进行了三角分解，所以在求 $\{\boldsymbol{Z}_1\}^{(k)}$ 时只需调用回代子程序就能完成运算。

(2)计算 $\{\bar{\boldsymbol{Y}}_1\}^{(k)}=[\boldsymbol{M}]\{\boldsymbol{Z}_1\}^{(k)}$。

(3)求瑞雷商(即 ω_1^2 的近似值)

$$\rho_1^{(k)}=\frac{(\{\boldsymbol{Z}_1\}^{(k)})^{\mathrm{T}}\{\boldsymbol{Y}_1\}^{(k-1)}}{(\{\boldsymbol{Z}_1\}^{(k)})^{\mathrm{T}}\{\bar{\boldsymbol{Y}}_1\}^{(k)}}。$$

(4)将 $\{\bar{\boldsymbol{Y}}_1\}^{(k)}$ 进行规范化处理

$$\{\boldsymbol{Y}_1\}^{(k)}=\frac{\{\bar{\boldsymbol{Y}}_1\}^{(k)}}{[(\{\boldsymbol{Z}_1\}^{(k)})^{\mathrm{T}}\{\bar{\boldsymbol{Y}}_1\}^{(k)}]^{\frac{1}{2}}}。$$

(5)判断迭代误差

$$\frac{\rho_1^{(k)}-\rho_1^{(k-1)}}{\rho_1^{(k)}}\leqslant\varepsilon \quad (\varepsilon \text{ 常取 } 10^{-6} \text{ 或 } 10^{-4})。$$

若不满足 ε，则重复(1)～(5)步，继续迭代；否则第 k 步迭代结果即为所求，即

$$\begin{cases}\omega_1^2\approx\rho_1^{(k)}\\ \{\boldsymbol{X}_1\}\approx\dfrac{\{\boldsymbol{Z}_1\}^{(k)}}{[(\{\boldsymbol{Z}_1\}^{(k)})^{\mathrm{T}}\{\bar{\boldsymbol{Y}}_1\}^{(k)}]^{\frac{1}{2}}}\end{cases} \tag{3-63}$$

2. 求高阶振型的特征值 ω_j 和特征向量 $\{\boldsymbol{X}_j\}$

设已求出前 $j-1$ 阶振型的 ω_{j-1} 和 $\{\boldsymbol{X}_{j-1}\}$，要求第 j 阶振型的 ω_j 和 $\{\boldsymbol{X}_j\}$，则迭代过程中需把迭代向量中的前 $j-1$ 阶振型的成分滤除掉，因而迭代的结果将收敛于第 j 阶振型[4]，这就是滤频法名称的由来。

设任一振型向量$\{\boldsymbol{X}\}$按式(3-47a)展开

$$\{\boldsymbol{X}\}=\sum_{j=1}^{n}a_j\{\boldsymbol{X}_j\}$$

式中待定系数 a_1、a_2、…、a_n可以按式(3-47b)来确定，即

$$a_i=\frac{\{\boldsymbol{X}_i\}^{\mathrm{T}}[\boldsymbol{M}]\{\boldsymbol{X}\}}{[\bar{\boldsymbol{M}}_i]}$$

式中：$[\bar{\boldsymbol{M}}_i]$——广义质量，$[\bar{\boldsymbol{M}}_i]=\{\boldsymbol{X}_i\}^{\mathrm{T}}[\boldsymbol{M}]\{\boldsymbol{X}_i\}$。

如果从$\{X\}$中滤去第一振型的成分，则余下振型向量为

$$\{X_2\} = \{X\} - a_1\{X_1\} = \{X\} - \{X_1\}\frac{\{X_1\}^{\mathrm{T}}[M]\{X\}}{[\bar{M}_1]}$$

$$= \left(\{I\} - \frac{\{X_1\}\ \{X_1\}^{\mathrm{T}}[M]}{[\bar{M}_1]}\right)\{X\}$$

于是$\{X_2\}$应满足式(3-43)

$$[K]\{X_2\} = \omega_2^2[M]\{X_2\}$$

在采用逆迭代的情况下

$$\frac{1}{\omega_2^2}\{X_2\} = [K]^{-1}[M]\{X_2\}$$

将$\{X_2\}$代入上式右端，然后按照逆迭代的步骤进行计算，得

$$\frac{1}{\omega_2^2}\{X_2\} = \left([K]^{-1}[M] - \frac{[K]^{-1}[M]\{X_1\}\ \{X_1\}^{\mathrm{T}}[M]}{[\bar{M}_1]}\right)\{X\}$$

$$= \left([K]^{-1}[M] - \frac{\{X_1\}\ \{X_1\}^{\mathrm{T}}[M]}{\omega_1^2[\bar{M}_1]}\right)\{X\} = ([K]^{-1}[M])_2\{X\}$$

式中$([K]^{-1}[M])_2$称为二阶滤频矩阵。显然，把前面已求得的$j-1$个振型都滤除掉，则迭代的结果就得到第j阶振型，这时的第j阶滤频矩阵为

$$([K]^{-1}[M])_j = [K]^{-1}[M] - \sum_{i=1}^{j-1}\frac{\{X_i\}\{X_i\}^{\mathrm{T}}[M]}{\omega_i^2[\bar{M}_i]} \tag{3-64}$$

于是可以逐次修改滤频矩阵，逐个求出高阶振型。当求出所有的自振频率和振型向量后，滤频矩阵就趋近于零矩阵。

根据上述原理，采用滤频法求解时首先是要确定滤频矩阵，这样做要求较大的存贮量和较多的运算时间，所以上述方法仅适用于较简单的问题。为了节约存贮量且仍然能够利用三角分解后的刚度矩阵，在FSAP程序中，改用在每一步迭代的同时过滤各低频振型的影响。现简介如下。

采用滤频法求第j个特征对时，应先求出与前面$j-1$个振型有关的常数γ_i，即

$$\gamma_i = \frac{1}{\omega_i^2[\bar{M}_i]} = \frac{1}{\omega_i^2\{X_i\}^{\mathrm{T}}[M]\{X_i\}} \quad (i \leqslant j-1) \tag{3-65}$$

然后在第k步迭代时计算各振型的滤频系数$\beta_i^{(k-1)}$，即

$$\beta_i^{(k-1)} = \gamma_i\{X_i\}^{\mathrm{T}}[M][X_j]^{(k-1)} \tag{3-66}$$

于是可以按下式进行第k步迭代

$$\{X_j\}^{(k)} = [K]^{-1}[M]\{X_j\}^{(k-1)} - \sum_{i=1}^{j-1}\beta_i^{(k-1)}\{X_i\} \tag{3-67}$$

由上式可以看出，$\sum\limits_{i=1}^{j-1}\beta_i^{(k-1)}\{X_i\}$就是在迭代过程中低阶振型的过滤量。当$k\to\infty$时，$\{X_j^{(k)}\}\to\{X_j\}$，由正交性条件知道，这时

$$\beta_i^{(k-1)} = \gamma_i\ \{X_i\}^{\mathrm{T}}[M]\ \{X_j\}^{(k-1)} \to \mathbf{0}$$

所以 β_i 也表示迭代过程中各振型向量满足正交性的程度，表示计算结果的精度。

综上所述，按照滤频法求高阶振型特征对的主要步骤如下。

设已求得前 j-1 个振型的特征值 ω_{j-1} 和特征向量 $\{X_{j-1}\}$，现要求 ω_j、$\{X_j\}(j>1)$。

(1)计算前 j-1 个振型的振型常数 γ_i

$$\gamma_i=\frac{1}{\omega_i^2\{X_i\}^{\mathrm{T}}[M]\{X_i\}}\quad(i\leqslant j-1)。$$

(2)设 $\{Y_j\}^{(0)}=[M]\{X_j\}^{(0)}$，$\{X_j\}^{(0)}$ 也取为单位列阵。假定已迭代 k-1 步，计算 $\{Y_j\}^{(k-1)}=[M]\{X_j\}^{(k-1)}$，则第 k 步迭代时应作下列计算：

①计算滤频系数 $\beta_i^{(k-1)}=\gamma_i\{X_i\}^{\mathrm{T}}[M]\{Z_j\}^{(k-1)}\quad(i\leqslant j-1)$。

②由 $[K]\{Z_j\}^{(k)}=\{Y_j\}^{(k-1)}$ 求得 $\{Z_j\}^{(k)}=[K]^{-1}\{Y_j\}^{(k-1)}$。

③滤频计算 $\{Z_j\}^{(k)}=\{Z_j\}^{(k)}-\sum_{i=1}^{j-1}\beta_i^{(k-1)}\{X_i\}$。

④计算 $\{\bar{Y}_j\}^{(k)}=[M][Z_j]^{(k)}$。

⑤计算瑞雷商 $\rho_j^{(k)}=\dfrac{\left(\{Z_j\}^{(k)}\right)^{\mathrm{T}}\{Y_j\}^{(k-1)}}{\left(\{Z_j\}^{(k)}\right)^{\mathrm{T}}\{\bar{Y}_j\}^{(k)}}$。

⑥规范化处理 $\{Y_j\}^{(k)}=\dfrac{\{\bar{Y}_j\}^{(k)}}{[(\{Z_j\}^{(k)})^{\mathrm{T}}\{\bar{Y}_j\}^{(k)}]^{\frac{1}{2}}}$，以便作为下一步的迭代向量。

⑦判断迭代误差 $\dfrac{|\rho_j^{(k)}-\rho_j^{(k-1)}|}{\rho_j^{(k)}}\leqslant\varepsilon$。

(3)若不满足 ε，则重复①～⑦步，继续迭代，否则

$$\begin{cases}\omega_j^2\approx\rho_j^{(k)}\\[2mm]\{X_j\}\approx\dfrac{\{Z_j\}^{(k)}}{[(\{Z_j\}^{(k)})^{\mathrm{T}}\{\bar{Y}_j\}^{(k)}]^{\frac{1}{2}}}\end{cases}\tag{3-68}$$

3.9.3 计算自振频率、自振周期及振型向量的子程序 SUB. EUT

1. 计算步骤

根据前述自振频率和振型向量的计算方法以及有关计算公式，在子程序 SUB. EUT 中，具体的求解步骤简介如下。

(1)首先输出节点质量数组 SM(NN)，SM 数组在子程序 SUB. LOADF 中计算整体荷载列向量时已形成。

(2)对振型个数循环，J=1～MJ，这里 MJ 为需要计算的振型个数。

(3)赋初值，J1=J-1，NITER=0，W1=0.0，EPS=10^{-6}，U(J，I)=1.0(I=1～NN)。这里 NITER 用来记录迭代次数；W1 为工作变量，为后面计算迭代误差用；EPS 为迭代精度控制参数 ε；U(J，I)用来存放振型向量。各振型的初始迭代向量通常取为单位列阵，故将 1 赋值给 U(J，I)。

(4)形成初始迭代向量 $\{Y_j\}^{(0)}=[M]\{X_j\}^{(0)}$，程序中的表达式为 FF(I)=SM(I) *

U(J, I)(I=1 ~ NN)。

(5)进入迭代过程，NITER=NITER+1，用来记录迭代次数。

(6)将 FF(NN)存入 FF1(NN)中备用。

(7)如果 J=1，对于第一振型不必滤频，直接转向标号为 45 的语句调用回代求解的子程序；否则 L=1 ~ J1 循环，按迭代过程中的步骤①计算滤频系数 $\beta_L^{(k-1)}$ ，这里 k 为迭代步数 NITER，L 为循环变量。计算结果存入 BT(L)中。

(8)将 $\{\boldsymbol{Y}_j\}^{(k-1)}$ (即{FF})作为右端项，按式 $[\boldsymbol{K}]\{\boldsymbol{Z}_j\}^{(k)}=\{\boldsymbol{Y}_j\}^{(k-1)}$ 调用回代求解的子程序 SUB. WEDA，解出向量 $\{\boldsymbol{Z}_j\}^{(k)}$ 。计算结果存入{FF}中。

(9)将{FF}存入 U(J, I)中备用。

(10)当 J=1 时，对于第一振型不必滤频，否则按迭代过程中的步骤③进行滤频计算，具体由循环语句来实现，滤频后的计算结果仍存入{FF}中。

(11)计算 $\{\bar{\boldsymbol{Y}}_j\}^{(k)}=[\boldsymbol{M}]\{\boldsymbol{Z}_j\}^{(k)}$ ，程序中用循环语句来实现，计算结果存放于 FK(NN)，FK(I)= SM(I) * FF(I)(I=1 ~ NN)中。

(12)计算瑞雷商 $\rho_j^{(k)}$ ，具体由循环语句来实现。首先赋初值 ST=0. D0，RJ=0. D0，接着 I=1 ~ NN 循环，分别计算步骤⑤的分子及分母：

$$\text{ST}=\text{ST}+\text{FF(I)}*\text{FF1(I)}\quad（即计算（\{\boldsymbol{Z}_j\}^{(k)})^{\mathrm{T}}\{\boldsymbol{Y}_j\}^{(k-1)}）$$

$$\text{RJ}=\text{RJ}+\text{FF(I)}*\text{FK(I)}\quad（即计算（\{\boldsymbol{Z}_j\}^{(k)})^{\mathrm{T}}\{\bar{\boldsymbol{Y}}_j)^{(k)}）$$

然后计算 $\rho_j^{(k)}$ ，程序中用 $W2$ 表示，即

$$W2=\frac{\text{ST}}{\text{RJ}}$$

最后将 $\frac{1}{\sqrt{\text{RJ}}}\left(即\frac{1}{[(\{\boldsymbol{Z}_j\}^{(k)})^{\mathrm{T}}\{\bar{\boldsymbol{Y}}_j\}^{(k)}]^{\frac{1}{2}}}\right)$送入 ST，备用。

(13)将迭代向量规范化，即按步骤⑥计算 $\{\boldsymbol{Y}_j\}^{(k)}$ ，以便作为下一步的迭代向量。$\{\boldsymbol{Y}_j\}^{(k)}$ 的计算结果存入{FF}数组中，即 FF(I)= FK(I) * ST；同时按式(3-68)求出第 j 阶振型向量第 k 步迭代的近似值 $\{\boldsymbol{X}_j\}^{(k)}$，计算结果存入 U(J, I)数组中。

(14)判断迭代误差。EP=｜$W2-W1$｜，然后将 $W2$ 送入 $W1$，计算 EP/$W2$，结果仍存入 EP。如果 EP>EPS，则进入下一轮的迭代，否则第(12)步求得的 $W2$ 就是所求的固有频率 ω_j^2 ，第(13)步求得的 $\{\boldsymbol{X}_j\}^{(k)}$ 就是所求的第 j 阶振型向量。

(15)按式(3-65)计算振型常数 γ_i ，计算结果存入 R(J)中。

(16)计算第 J 振型的自振频率 ω_j 和自振周期 T_j：

$$W(\text{J})=\sqrt{W2}$$

$$T(\text{J})=6.283185308\text{D0}/W(\text{J})$$

(17)将节点质量乘以重力加速度 $g=9.81$ 还原为重力荷载，计算结果仍存入 SM 数组中，以便后面计算水平地震作用时直接引用。

(18)输出自振频率 W(J)、自振周期 T(J)及振型向量 U(J, I)，I=1 ~ NN，J=1 ~ MJ。

2. 计算自振频率和自振周期及振型向量的子程序 SUB. EUT

```
      SUBROUTINE EUT                                  计算特征值及周期
      REAL*8 SM(300), U(5, 300), FF(300),
     #FF1(300), BT(5), R(5)
      REAL*8 FK(300), RJ, ST, EPS, EP, W1, W2, W(5), T(5)
      REAL*8 TDP, TG, ALFM
      COMMON/NN/NN, ME/NEQ/NEQ, KE,
     #MJ/FF/FF/SM/SM/U/U/T5/T
      COMMON/KC2/KC2, KC3, KC4,
     #KC5, KC6/TDP/TDP, TG, ALFM
      WRITE(9, 900)
      CALL PRN('----')
      WRITE(9, 901)(SM(I), I=1, NN)                   打印节点质量矩阵
      EPS=1.0D-06                                     迭代容许误差
      DO 10 J=1, MJ                                   对各振型循环
      J1=J-1
      NITER=0                                         赋初值
      W1=0.D0
      DO 20 I=1, NN                                   取单位阵为初始迭代向量
20    U(J, I)=1.D0                                    形成初始迭代向量
      DO 30 I=1, NN
30    FF(I)=SM(I)*U(J, I)
1     NITER=NITER+1                                   记录迭代次数
      IF(NITER.EQ.20)EPS=1.0D-05                      控制迭代
      IF(NITER.GE.40)THEN
      WRITE(9, 903)NITER
      STOP
      ENDIF
      DO 40 I=1, NN
40    FF1(I)=FF(I)                                    存贮 FF 于 FF1 中备用
      IF(J.EQ.1)GO TO 45                              第一振型不必滤频
      DO50 L=1, J1                                    否则，按式(3-66)计算
      RJ=0.D0                                         滤频系数 β_i^(k-1)，结果
      DO 60 I=1, NN                                   存入 BT(L)中
60    RJ=RJ+U(L, I)*FF(I)
50    BT(L)=R(L)*RJ
      IF(KC6.EQ.100)WRITE(9, 905)BT(J1)
45    CALL WEDA                                       调回代子程序求 Z_j^(k)
      DO 55 I=1, NN
```

```
55    U(J, I)=FF(I)                                  将解得结果 FF 存入 U(J, I)
      IF(J.EQ.1)GO TO 65
      DO 70 I=1, NN                                  第一振型不必滤频
      ST=0.D0                                        否则，按式(3-67)进行滤频计
      DO 80 L=1, J1                                  算
80    ST=ST+BT(L)*U(L, I)
70    FF(I)=FF(I)-ST
65    DO 90 I=1, NN
90    FK(I)=SM(I)*FF(I)                              计算 $Y_j^{(k)}$，并存入 FK 中，
      ST=0.D0                                        ST，RJ 工作单元
      RJ=0.D0
      DO 100 I=1, NN
      ST=ST+FF(I)*FF1(I)                             计算瑞雷商 $\rho_j^{(k)}$ 的分子、分母
100   RJ=RJ+FF(I)*FK(I)
      W2=ST/RJ                                       计算 $\rho_j^{(k)}$，存入 $W_2$(特征值)
      ST=1.D0/DSQRT(RJ)
      DO 110 I=1, NN
      FF(I)=FK(I)*ST                                 迭代向量规范化
110   U(J, I)=U(J, I)*ST                             计算振型向量式(3-68)
      EP=DABS(W2-W1)                                 求实际误差
      W1=W2
      EP=EP/W2
      IF(EP.GT.EPS)GO TO 1                           EP>$\varepsilon$ 时继续迭代
      DO 120 I=1, NN
120   FK(I)=SM(I)*U(J, I)
      RJ=0.D0
      DO 130 I=1, NN                                 按式(3-65)计算振型常数
130   RJ=RJ+FK(I)*U(J, I)                            $\gamma_j$，存入 R(J)
      R(J)=1.D0/(W2*RJ)
      W(J)=DSQRT(W2)                                 J 振型固有频率
      T(J)=6.283185308D0/W(J)                        J 振型周期 T
      IF(KC6.EQ.100)WRITE(9, 910)J, NITER, EP        打印振型号、迭代次数和
10    CONTINUE                                       迭代误差
      DO 140 I=1, NN                                 将节点质量还原为重力荷载
140   SM(I)=9.81D0*SM(I)
      DO 150 J=1, MJ
150   T(J)=T(J)*TDP                                  考虑周期折减
      IF(KC6.EQ.100)THEN
      WRITE(9, 920)
```

```
      CALL PRN('----')                              打印表头
      DO 160 IMJ=1, MJ
      WRITE(9, 925)IMJ
160   WRITE(9, 926)(U(I, IMJ), I=1, NN)  打印振型向量
      ENDIF
      IF(MJ. LE. 3)THEN
      WRITE(9, 930)
      ELSE
      WRITE(9, 931)
      ENDIF
      CALL PRN('----')
      WRITE(9, 935)(W(J), J=1, MJ)          打印固有频率 ω
      IF(MJ. LE. 3)THEN
      WRITE(9, 940)
      ELSE
      WRITE(9, 941)
      ENDIF
      CALL PRN('----')
      WRITE(9, 935)(T(J), J=1, MJ)          打印自振周期 T
      CALL PRN('----')
      RETURN
900   FORMAT(//10X,'* * * * *  RESULTS OF DYNAMIC
     #ANALYSIS  * * * * *'//10X,'* * *  SM ARRAY  * * *'/)
901   FORMAT(1X, 12F10.4)
903   FORMAT(1X,'NITER=', I3, 2X,'NITER IS TOO BIG')
905   FORMAT(//1X,'* * *  BT(J) * * *'//1X, F17.8)
910   FORMAT(/1X,'J=', I3, 3X,'NITER=', I3, 3X,'EPS=', F17.8)
920   FORMAT(//10X,'* * *  MODE SHAPES  * * *')
925   FORMAT(//1X,'MODE SHAPES NO. =', I3//)
926   FORMAT(1X, 6F17.8)
930   FORMAT(//10X,'* * *  BASIC FREQUENCY
     #* * *'//11X,'W1(RAD/SEC)', 6X,
     #W2(RAD/SEC)', 6X,'W3(RAD/SEC)')
931   FORMAT(//10X,'* * *  BASIC FREQUENCY
     #* * *'//14X,'W1(RAD/SEC)', 6X,
     #W2(RAD/SEC)', 6X,'W3(RAD/SEC)', 6X
     #,'W4(RAD/SEC)', 6X,'W5(RAD/SEC'')')
935   FORMAT(5X, 5F17.8)
940   FORMAT(//10X,'* * *  NATURAL PERIODS
```

```
     #* * *'//13X,'T1', 2X,'(SEC)', 8X,
     #T2', 2X,'(SEC)', 8X,'T3', 2X,'(SEC)')
 941 FORMAT(//10X,'* * * NATURAL PERIODS
     #* * *'//13X,'T1', 2X,'(SEC)', 8X,
     #T2', 2X,'(SEC)', 8X,'T3', 2X,'(SEC)'
     #, 8X,'T4', 2X,'(SEC)', 8X,'T5', 2X,'(SEC)')
     END
```

3.9.4 水平地震作用计算

1. 计算公式

水平地震作用按振型分解反应谱法的计算公式(3-58)计算，即

$$F_{ji} = \alpha_j \gamma_j X_{ji} G_i \ (i = 1,\ 2,\ \cdots,\ n,\ j = 1,\ 2,\ \cdots,\ m)$$

$$\gamma_j = \frac{\sum_{i=1}^{n} G_i X_{ji}}{\sum_{i=1}^{n} G_i X_{ji}^2}$$

式中的地震影响系数 α_j 应按《建筑抗震设计规范》(GB 50011—2010)中的规定，根据抗震设防烈度、场地类别、设计地震分组和结构自振周期以及阻尼比确定，如图 3-11 所示。其中水平地震影响系数的最大值应按表 3-9 采用；特征周期应根据场地类别和设计地震分组按表 3-10 采用。周期大于 6.0s 的建筑结构所采用的地震影响系数应专门研究；已编制抗震设防区划的城市，应按批准的设计地震动参数采用相应的地震影响系数。

《建筑抗震设计规范》(GB 50011—2010)中规定，图 3-11 中的地震影响系数曲线的阻尼调整系数和形状参数应按下列规定确定：

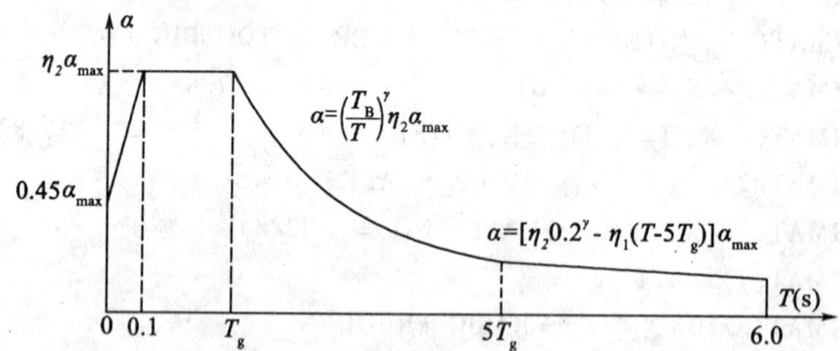

α —地震影响系数；α_{max} —地震影响系数最大值；η_1 —直线下降段的下降斜率调整系数；
γ —衰减指数；T_g —特征周期；η_2 —阻尼调整系数；T—结构自振周期

图 3-11 《建筑抗震设计规范》(GB 50011—2010)地震影响系数曲线

(1)曲线下降段的衰减指数 γ 。

$$\gamma = \begin{cases} 0.9 & \zeta = 0.05 \\ 0.9 + \dfrac{0.05 - \zeta}{0.3 + 6\zeta} & \zeta \neq 0.05 \end{cases} \tag{3-69}$$

(2)直线下降段的下降斜率调整系数 η_1

$$\eta_1 = \begin{cases} 0.02 & \zeta = 0.05 \\ 0.02 + \dfrac{0.05 - \zeta}{4 + 32\zeta} \geqslant 0 & \zeta \neq 0.05 \end{cases} \tag{3-70}$$

(3)阻尼调整系数 η_2

$$\eta_2 = \begin{cases} 1.0 & \zeta = 0.05 \\ 1 + \dfrac{0.05 - \zeta}{0.08 + 1.6\zeta} \geqslant 0.55 & \zeta \neq 0.05 \end{cases} \tag{3-71}$$

表 3-9　《建筑抗震设计规范》(GB 50011—2010)水平地震影响系数最大值

地震影响	6 度	7 度	8 度	9 度
多遇地震	0.04	0.08(0.12)	0.16(0.24)	0.32
罕遇地震	0.28	0.50(0.72)	0.90(1.20)	1.40

注：括号中数值适用于设计基本地震加速度为 0.15g 和 0.30g 的地区。

表 3-10　《建筑抗震设计规范》(GB 50011—2010)特征周期值(s)

设计地震分组	场地类别				
	I_0	I_1	Ⅱ	Ⅲ	Ⅳ
第一组	0.20	0.25	0.35	0.45	0.65
第二组	0.25	0.30	0.40	0.55	0.75
第三组	0.30	0.35	0.45	0.65	0.90

图 3-11 中的地震影响系数曲线可以用公式表示为

$$\alpha = \begin{cases} \left(\dfrac{\eta_2 - 0.45}{0.1}T + 0.45\right)\alpha_{\max} & 0 \leqslant T \leqslant 0.1 \\ \eta_2\alpha_{\max} & 0.1 \leqslant T \leqslant T_g \\ \left(\dfrac{T_g}{T}\right)^{\gamma}\eta_2\alpha_{\max} & T_g \leqslant T \leqslant 5T_g \\ [\eta_2 0.2^{\gamma} - \eta_1(T - 5T_g)]\alpha_{\max} & 5T_g \leqslant T \leqslant 6.0 \end{cases} \tag{3-72}$$

2. 计算程序 SUB. ELOAD

```
      SUBROUTINE ELOAD                                  计算水平地震作用
      REAL*8 T(5), SM(300), U(5, 300), TDP, TG, ALFM, GM1, GM2, ALF
      COMMON/NEQ/NEQ,KE,MJ/SM/SM/U/U/T5/T/NN/NN,ME/TDP/TDP,TG,
     # ALFM
      IF(NEQ.EQ.7)THEN                                  确定地震影响系数
```

```
      ALFM=.08D0                                                的最大值αmax
      ELSE IF(NEQ.EQ.8)THEN
      ALFM=.16D0
      ELSE
      ALFM=.32D0
      ENDIF
      DO 10 J=1, MJ                                             对振型循环
      IF(T(J).LE.0.1D0)THEN                                     按式(3-72)确定J振型
      ALF=(5.5D0*T(J)+.45D0)*ALFM                               的地震影响系数α
      ELSE IF(T(J).GT.0.1D0.AND.T(J).LE.TG)THEN
      ALF=ALFM
      ELSE IF(T(J).GT.TG.AND.T(J).LE.5*TG)THEN
      ALF=(TG/T(J))**.9D0*ALFM
      ELSE IF(T(J).GT.5.0D0*TG.AND.T(J).LE.6.0D0)THEN
      ALF=(0.2**0.9D0-0.02*(T(J)-5*TG))*ALFM
      ENDIF
      GM1=0.D0                                                  GM1、GM2 工作单元
      GM2=0.D0
      DO 20 I=1, NN
      GM1=GM1+SM(I)*U(J, I)                                     计算振型参与系数γj
20    GM2=GM2+SM(I)*U(J, I)**2
      GM1=GM1/GM2
      GM2=ALF*GM1
      DO 30 I=1, NN                                             按式(3-58)计算水平地震作用,
30    U(J, I)=GM2*SM(I)*U(J, I)                                 存入U中
10    CONTINUE
      IF(MJ.LE.3)THEN
      WRITE(9, 900)
      CALL PRN('----')                                          打印表头
      WRITE(9, 910)(I, (U(J, I), J=1, MJ), I=1, NN)打印水平地震作用
      ELSE
      WRITE(9, 920)
      CALL PRN('----')
      WRITE(9, 930)(I, (U(J, I), J=1, MJ), I=1, NN)
      ENDIF
      RETURN
900   FORMAT(10X,'*** EARTHLOAD ***'//2X,'JWH', 14X,'NO.1', 13X,
     #NO.2', 13X,'NO.3')
910   FORMAT(2X, I3, 5X, 3F17.8)
```

```
920  FORMAT(10X,'* * *  EARTHLOAD  * * *'//2X,'JWH', 14X,'NO.1', 13X,
    #NO.2', 13X,'NO.3', 13X,'NO.4', 13X,'NO.5')
930  FORMAT(2X, I3, 5X, 5F17.8)
     END
```

3.9.5　水平地震作用效应计算

1. 计算方法

求得水平地震作用以后，就可以像求解静力问题一样，把地震作用作为结构整体平衡方程组的右端项，通过解方程求得地震作用下的位移(动位移)，进而求得地震作用下的内力(动内力)。由于水平地震作用是相对于振型而言的，因此，地震位移和地震内力也是相对于振型而言的。如果考虑三个振型，则相应地有三组水平地震作用，以及三组相对应的地震位移和地震内力。根据式(3-58)，结构在任一时刻所受的水平地震作用等于结构对应于各振型的水平地震作用之和。但应注意，当某一振型的水平地震作用达到最大值时，其余各振型的水平地震作用不一定也达到最大值，而所计算的水平地震作用均是各振型水平地震作用的最大值。由于各振型的最大反应值一般不会同时出现，因此，如果把各振型的地震位移或地震内力简单地叠加起来，其结果必然偏大。如果利用对应于各振型的最大地震作用效应来求结构的总的地震作用效应，就必须解决各振型的最大反应如何进行组合的问题。国内外相关研究表明，振型组合问题可以借助统计理论来解决。根据随机振动理论，假定地震时的地面运动为平稳随机过程，并假定各振型的反应互不相关，则对于各振型产生的地震作用效应的最大值可以近似地采用“平方和开方”的法则确定，即

$$S=\sqrt{\sum_{j=1}^{m}S_j^2} \tag{3-73}$$

式中：S——结构某处总的地震作用效应(位移或内力)；

S_j——对应于 j 振型该处结构的地震作用效应；

m——组合的振型数。对于框架结构，一般可以取 $m=1\sim3$；当基本自振周期大于 1.5s 或房屋高宽比大于 5 时，振型个数可以适当增加，如取 $m=3\sim5$。

值得指出的是，下面将要给出的计算水平地震作用效应的子程序 SUB. EFORC，只解决了各振型下的地震作用效应计算。至于由式(3-73)计算各振型下的组合动内力或动位移，由于牵涉到内力和位移的正负号问题，故将这部分内容放到地震组合的子程序 SUB. COMEL 中去做，相应的组合动内力或动位移的正负号的确定也放到该节中去说明。

2. 计算程序 SUB. EFORCE

```
     SUBROUTINE  EFORC                                计算地震内力
     REAL*8  FF(300), U(5, 300), XS(7), XSA(7, 100), FM(6), FG(6)
     REAL*8  DK(6, 6), CO(100), SI(100), S, C
     COMMON/FF/FF/JWA/JW(3, 100), KAD(300), IEW(6)/NN/NN, ME/DK/DK, XS
     COMMON/KC2/KC2,  KC3,  KC4,  KC5,  KC6/NEQ/NEQ,  KE,  MJ/SC/CO,  SI/
    XSA/ #XSA
     COMMON/CMJ/CMJ(3, 100, 5)/NL/NL, NZ, NT, NLZ, NE, NJ/U/U
     DO 10 J=1, MJ                                    对振型循环
```

```
      DO 20 I=1, NN                          从U中取出J振型
 20   FF(I)=U(J, I)                          的水平地震荷载
      CALL WEDA                              回代求出地震位移
      IF(KC3.EQ.30)THEN
      WRITE(9, 800)J
      CALL OUTDIS(100)
      ENDIF
      DO 30 IE=1, NE                         对单元循环
      CALL QIEW(IE)                          求杆端位移编号IEW
      DO 40 I=1, 7                           从XSA中取出
 40   XS(I)=XSA(I, IE)                       单刚的7个系数
      CALL STIFDK                            形成单刚
      DO 50 I=1, 6
      IF(IEW(I).EQ.0)THEN
      FM(I)=0.D0
      ELSE
      FM(I)=FF(IEW(I))                       从FF中取出IE单元
      ENDIF                                  的杆端位移
 50   CONTINUE
      CALL XYZ(0, 6, 6, DK, FM, FG)          计算地震作用下的
      C=CO(IE)                               杆端力
      S=SI(IE)
      FM(1)=FG(1)*C+FG(2)*S                  转换到局部坐标系
      FM(2)=-FG(1)*S+FG(2)*C
      FM(3)=FG(3)
      CMJ(1, IE, J)=SNGL(FM(3))              地震内力存入CMJ
      CMJ(2, IE, J)=-SNGL(FM(2))
      CMJ(3, IE, J)=SNGL(FM(1))
 30   CONTINUE
 10   CONTINUE
      IF(KC4.EQ.40)THEN                      振型循环结束
      WRITE(9, 900)
      DO 60 J=1, MJ
      WRITE(9, 905)J
      CALL PRN('----')
      WRITE(9, 910)(IE, (CMJ(J1, IE, J)      打印地震内力
     #, J1=1, 3), IE=1, NE)
 60   CONTINUE
      ENDIF
```

```
      RETURN
800   FORMAT(//10X,' * * * * *  DYANMIC NODE DISPLANCEMENTS(MODE-
     #SHAPES ', NO. ', I1,') * * * * * '//)
      FORMAT(//28X,' * * * * *  DYNAMIC ROD END FORCES  * * * * * ')
905   FORMAT(//1X,' * * *  MODE-SHAPES NO. ', I1,'  * * * '//2(1X,'
     #ELEMENT', 11X, MI', 15X,'QI', 15X,'NI', 8X))
      FORMAT(2(1X,'IE=', I3, 3F17.5, 4X))
      END
```

第4章 荷载组合的程序设计

在结构设计过程中，求出结构的内力仅仅只是完成了结构设计的一小部分内容，更重要的内容是根据我国现行结构设计规范(如《建筑结构荷载规范》(GB 50009—2001)，《混凝土结构设计规范》(GB 50010—2010)，《建筑抗震设计规范》(GB 50011—2010)等规范)的有关规定，考虑有关荷载同时出现的可能性，进行荷载及荷载效应(如内力 M、V、N)的组合，以便求得结构构件的最不利内力，进而对结构构件进行承载力计算(如钢筋混凝土结构构件的配筋计算)和正常使用极限状态的验算(如挠度、裂缝宽度验算等)。本章讲述按我国现行结构设计规范的有关规定，进行荷载组合的程序设计方法和编制技巧，并给出相应的源程序。

§4.1 我国现行结构设计规范关于荷载组合的有关设计规定

我国现行结构设计规范中规定[16]~[18]，建筑结构设计应根据使用过程中在结构上可能同时出现的荷载，按承载能力极限状态和正常使用极限状态分别进行荷载组合，并应取各自的最不利的效应组合值进行结构设计。

4.1.1 非抗震设计承载能力极限状态的有关设计规定

1. 设计表达式

《建筑结构荷载规范》(GB 50009—2001)和《混凝土结构设计规范》(GB 50010—2010)中规定，对于承载能力极限状态，应按作用的基本组合进行设计，其设计表达式为

$$\gamma_0 S \leqslant R \tag{4-1}$$

式中：γ_0——结构重要性系数。对于安全等级为一级的结构构件，不应小于 1.1；对于安全等级为二级的结构构件，不应小于 1.0；对于安全等级为三级的结构构件，不应小于 0.9；

S——承载能力极限状态下荷载组合的效应设计值，根据现行国家标准《建筑结构荷载规范》(GB 50009—2001)中的规定，应按荷载的基本组合进行计算；

R——结构构件的抗力设计值，应按现行国家标准《混凝土结构设计规范》(GB 50010—2010)等规范中的有关规定计算。

2. 荷载组合的效应设计值的计算公式

当设计一般排架和框架结构时，为了应用简便起见，《建筑结构荷载规范》(GB 50009—2001)中允许采用简化的设计表达式：

(1)由可变荷载效应控制的组合

$$S = \gamma_G S_{Gk} + 0.9\sum_{i=1}^{n}\gamma_{Qi}S_{Qik}\text{（第一大类静力组合）} \tag{4-2}$$

$$S = \gamma_G S_{Gk} + \gamma_{Q1}S_{Q1k}\text{（第二大类静力组合）} \tag{4-3}$$

(2)由永久荷载效应控制的组合

$$S = \gamma_G S_{Gk} + \sum_{i=1}^{n}\gamma_{Qi}\Psi_{ci}S_{Qik}\text{（第三大类静力组合）} \tag{4-4}$$

式中：γ_G ——永久荷载的分项系数，当其效应对结构不利时，对于由可变荷载效应控制的组合，应取 1.2；对于由永久荷载效应控制的组合，应取 1.35；

γ_{Qi} ——第 i 个可变荷载的分项系数，其中 γ_{Q1} 为可变荷载 Q_1 的分项系数。可变荷载的分项系数，一般情况下应取 1.4；对于标准值大于 4kN/m^2 的工业房屋楼面结构的活荷载应取 1.3；

S_{GK} ——按永久荷载标准值 G_k 计算的荷载效应值；

S_{Qik} ——按可变荷载标准值 Q_{ik} 计算的荷载效应值，其中 S_{Q1k} 为诸可变荷载效应中起控制作用者；

Ψ_{ci} ——可变荷载 Q_i 的组合值系数，除风荷载取 $\Psi_c = 0.6$ 以外，对于其他可变荷载，一般情况下可以取 $\Psi_c = 0.7$，详细请参阅《建筑结构荷载规范》(GB 50009—2001)；

n——参与组合的可变荷载数。

在应用公式(4-3)时，式中的 S_{Q1k} 为诸可变荷载效应中其设计值为控制其组合为最不利者。当设计者无法明显判断时，可以轮次以各可变荷载效应 S_{Qik} 为 S_{Q1k}，选择其中最不利的荷载组合的效应设计值为设计依据。

与原规范不同，《建筑结构荷载规范》(GB 50009—2001)中增加了由公式(4-4)给出的由永久荷载效应控制的组合设计值，当结构的自重占主要时，考虑这个条件就避免了安全度可能不足之后果。在应用公式(4-4)时，为了减轻计算工作量，《建筑结构荷载规范》(GB 50009—2001)中规定，当考虑以竖向的永久荷载效应控制的组合时，参与组合的可变荷载仅限于竖向荷载，例如雪荷载、吊车竖向荷载等。

4.1.2　抗震设计承载能力极限状态的有关设计规定

1. 设计表达式

《建筑抗震设计规范》(GB 50011—2010)中规定，结构构件的截面抗震验算，应采用下列设计表达式

$$S \leqslant \frac{1}{\gamma_{RE}}R \tag{4-5}$$

式中：S——结构构件内力组合的设计值，包括组合的弯矩、轴向力和剪力设计值等；

R——结构构件承载力设计值；

γ_{RE} ——承载力抗震调整系数，钢筋混凝土结构构件应按表 4-1 采用。

表 4-1 《建筑抗震设计规范》(GB 50011—2010)钢筋混凝土结构构件的承载力抗震调整系数 γ_{RE}

结构构件	受力状态	γ_{RE}
梁	受弯	0.75
轴压比小于 0.15 的柱	偏压	0.75
轴压比不小于 0.15 的柱	偏压	0.80
抗震墙	偏压	0.85
各类构件	受剪、偏拉	0.85

2. 地震组合的效应设计值计算公式

《建筑抗震设计规范》(GB 50011—2010)中规定，结构构件的地震作用效应与其他荷载效应的基本组合应按下式计算：

$$S = \gamma_G S_{GE} + \gamma_{Eh} S_{Ehk} + \gamma_{Ev} S_{Evk} + \Psi_w \gamma_w S_{wk} \text{（第四大类动力组合）} \tag{4-6}$$

式中：γ_G ——重力荷载分项系数，一般情况应采用 1.2；

γ_{Eh}、γ_{Ev} ——分别为水平、竖向地震作用分项系数，应按表 4-2 采用；

γ_w ——风载分项系数，应采用 1.4；

S_{GE} ——重力荷载代表值的效应，有吊车时，尚应包括悬吊物重力标准值的效应；

S_{Ehk} ——水平地震作用标准值的效应，尚应乘以相应的增大系数或调整系数；

S_{Evk} ——竖向地震作用标准值的效应，尚应乘以相应的增大系数或调整系数；

S_{wk} ——风载标准值的效应；

Ψ_w ——风载组合值系数，一般结构取 0.0，风载起控制作用的高层建筑物应采用 0.2。

表 4-2 《建筑抗震设计规范》(GB 50011—2010)地震作用分项系数

地震作用	γ_{Eh}	γ_{Ev}
仅计算水平地震作用	1.3	0.0
仅计算竖向地震作用	0.0	1.3
同时计算水平与竖向地震作用(水平地震为主)	1.3	0.5
同时计算水平与竖向地震作用(竖向地震为主)	0.5	1.3

3. 计算地震作用时重力荷载代表值的组合值系数

《建筑抗震设计规范》(GB 50011—2010)中规定，计算地震作用时，建筑物的重力荷载代表值应取结构及构配件自重标准值和各可变荷载组合值之和。各可变荷载的组合值系数，应按表 4-3 采用。

表 4-3　《建筑抗震设计规范》(GB 50011—2010)计算地震作用时可变荷载的组合值系数

<table>
<tr><th colspan="2">可变荷载种类</th><th>组合值系数</th></tr>
<tr><td colspan="2">雪荷载</td><td>0.5</td></tr>
<tr><td colspan="2">屋面积灰荷载</td><td>0.5</td></tr>
<tr><td colspan="2">屋面活荷载</td><td>不计入</td></tr>
<tr><td colspan="2">按实际情况计算的楼面活荷载</td><td>1.0</td></tr>
<tr><td rowspan="2">按等效均布荷载计算的楼面活荷载</td><td>藏书库、档案库</td><td>0.8</td></tr>
<tr><td>其他民用建筑</td><td>0.5</td></tr>
<tr><td rowspan="2">起重机悬吊物重力</td><td>硬钩吊车</td><td>0.3</td></tr>
<tr><td>软钩吊车</td><td>不计入</td></tr>
</table>

注：硬钩吊车的吊重较大时，组合值系数应按实际情况采用。

4.1.3　地震组合效应设计值的调整

《建筑抗震设计规范》(GB 50011—2010)和《混凝土结构设计规范》(GB 50010—2010)中规定，钢筋混凝土结构的抗震措施，包括地震组合的效应设计值的调整和抗震构造措施，而地震组合的效应设计值的调整和抗震构造措施均与建筑的抗震设防类别及结构抗震等级有关。例如，钢筋混凝土框架结构抗震设计时，当求得地震组合的效应设计值以后，还不能直接进行抗震承载力验算，而应根据结构的抗震等级，按"强柱弱梁"、"强剪弱弯"、"强底层柱底"和"强节点"的设计原则，对地震组合的效应设计值加以调整。因此，钢筋混凝土结构抗震设计时除了应确定建筑的抗震设防类别外，还需确定结构的抗震等级。下面分别予以介绍。

1. 建筑抗震设防类别及地震作用计算标准

《建筑抗震设计规范》(GB 50011—2010)和《混凝土结构设计规范》(GB 50010—2010)中规定，抗震设防的建筑应按现行国家标准《建筑工程抗震设防分类标准》(GB50223—2008)[20]确定其抗震设防类别和相应的抗震设防标准。《建筑工程抗震设防分类标准》(GB50223—2008)中根据建筑使用功能的重要性分为特殊设防类(甲类)、重点设防类(乙类)、标准设防类(丙类)、适度设防类(丁类)四个抗震设防类别。甲类建筑为使用上有特殊设施，涉及国家公共安全的重大建筑工程和地震时可能发生严重次生灾害的建筑；乙类建筑为地震时使用功能不能中断或需尽快恢复的生命线相关建筑，以及地震时可能导致大量人员伤亡等重大灾难后果，需要提高抗震设防标准的建筑；丙类建筑为除甲、乙、丁类以外按标准要求进行设防的建筑；丁类建筑为使用上人员稀少且震损不致产生次生灾害，允许在一定条件下适度降低要求的建筑。

各类建筑的地震作用计算标准为：甲类建筑的地震作用，应按批准的地震安全性评价的结果且高于本地区的抗震设防烈度计算；乙、丙、丁类建筑的地震作用，应按本地区的抗震设防烈度计算。对于划为重点设防类而规模很小的工业建筑，当改用抗震性能较好的材料且符合抗震设计规范对结构体系的要求时，允许按标准设防类设防。

2. 钢筋混凝土结构的抗震等级

《建筑抗震设计规范》(GB 50011—2010)和《混凝土结构设计规范》(GB 50010—2010)中规定，钢筋混凝土结构的抗震等级应根据设防类别、烈度、结构类型和房屋高度，按表4-4确定。

表 4-4 现浇钢筋混凝土房屋的抗震等级

<table>
<tr><th colspan="3" rowspan="2">结构类型</th><th colspan="10">设防烈度</th></tr>
<tr><th colspan="2">6</th><th colspan="3">7</th><th colspan="3">8</th><th colspan="2">9</th></tr>
<tr><td rowspan="3">框架结构</td><td colspan="2">高度(m)</td><td>≤24</td><td>>24</td><td>≤24</td><td colspan="2">>24</td><td>≤24</td><td colspan="2">>24</td><td colspan="2">≤24</td></tr>
<tr><td colspan="2">框 架</td><td>四</td><td>三</td><td>三</td><td colspan="2">二</td><td>二</td><td colspan="2">一</td><td colspan="2">一</td></tr>
<tr><td colspan="2">大跨度框架</td><td colspan="2">三</td><td colspan="3">二</td><td colspan="3">一</td><td colspan="2">一</td></tr>
<tr><td rowspan="3">框架-抗震墙结构</td><td colspan="2">高度(m)</td><td>≤60</td><td>>60</td><td>≤24</td><td>25~60</td><td>>60</td><td>≤24</td><td>25~60</td><td>>60</td><td>≤24</td><td>25~50</td></tr>
<tr><td colspan="2">框 架</td><td>四</td><td>三</td><td>四</td><td>三</td><td>二</td><td>三</td><td>二</td><td>一</td><td>二</td><td>一</td></tr>
<tr><td colspan="2">抗震墙</td><td colspan="2">三</td><td>三</td><td colspan="2">二</td><td>二</td><td colspan="2">一</td><td colspan="2">一</td></tr>
<tr><td rowspan="2">抗震墙结构</td><td colspan="2">高度(m)</td><td>≤80</td><td>>80</td><td>≤24</td><td>25~80</td><td>>80</td><td>≤24</td><td>25~80</td><td>>80</td><td>≤24</td><td>25~60</td></tr>
<tr><td colspan="2">剪力墙</td><td>四</td><td>三</td><td>四</td><td>三</td><td>二</td><td>三</td><td>二</td><td>一</td><td>二</td><td>一</td></tr>
<tr><td rowspan="4">部分框支抗震墙结构</td><td colspan="2">高度(m)</td><td>≤80</td><td>>80</td><td>≤24</td><td>25~80</td><td>>80</td><td>≤24</td><td>25~80</td><td colspan="3" rowspan="4"></td></tr>
<tr><td rowspan="2">抗震墙</td><td>一般部位</td><td>四</td><td>三</td><td>四</td><td>三</td><td>二</td><td>三</td><td>二</td></tr>
<tr><td>加强部位</td><td>三</td><td>二</td><td>三</td><td>二</td><td>一</td><td>二</td><td>一</td></tr>
<tr><td colspan="2">框支层框架</td><td colspan="2">二</td><td colspan="2">二</td><td>一</td><td colspan="2">一</td></tr>
<tr><td rowspan="2">框架-核心筒结构</td><td colspan="2">框 架</td><td colspan="2">三</td><td colspan="3">二</td><td colspan="3">一</td><td colspan="2">一</td></tr>
<tr><td colspan="2">核心筒</td><td colspan="2">二</td><td colspan="3">二</td><td colspan="3">一</td><td colspan="2">一</td></tr>
<tr><td rowspan="2">筒中筒结构</td><td colspan="2">外 筒</td><td colspan="2">三</td><td colspan="3">二</td><td colspan="3">一</td><td colspan="2">一</td></tr>
<tr><td colspan="2">内 筒</td><td colspan="2">三</td><td colspan="3">二</td><td colspan="3">一</td><td colspan="2">一</td></tr>
<tr><td rowspan="3">板柱-抗震墙结构</td><td colspan="2">高度(m)</td><td>≤35</td><td>>35</td><td>≤35</td><td colspan="2">>35</td><td>≤35</td><td colspan="2">>35</td><td colspan="2" rowspan="3"></td></tr>
<tr><td colspan="2">框架、板柱的柱</td><td>三</td><td>二</td><td>二</td><td colspan="2">二</td><td colspan="3">一</td></tr>
<tr><td colspan="2">抗震墙</td><td>二</td><td>二</td><td>二</td><td colspan="2">一</td><td>二</td><td colspan="2">一</td></tr>
<tr><td>单层厂房结构</td><td colspan="2">铰接排架</td><td colspan="2">四</td><td colspan="3">三</td><td colspan="3">二</td><td colspan="2"></td></tr>
</table>

注：1. 建筑场地为Ⅰ类时，除6度设防烈度外应允许按表内降低一度所对应的抗震等级采取抗震构造措施，但相应的计算要求不应降低；

2. 接近或等于高度分界时，应允许结合房屋不规则程度及场地、地基条件确定抗震等级；

3. 大跨度框架是指跨度不小于18m的框架；

4. 表中框架结构不包括异形柱框架；

5. 房屋高度大于60m的框架—核心筒结构按框架—剪力墙结构的要求设计时，应按表中框架—剪力墙结构确定抗震等级。

3. 按"强柱弱梁"要求调整地震组合的框架柱端弯矩设计值

《建筑抗震设计规范》(GB 50011—2010)和《混凝土结构设计规范》(GB 50010—2010)中规定，一、二、三、四级框架的梁柱节点处，除框架顶层和柱轴压比小于 0.15 者及框支梁与框支柱的节点外，柱端地震组合的弯矩设计值应符合下式要求

$$\sum M_c = \eta_c \sum M_b \tag{4-7}$$

一级框架结构和 9 度的一级框架结构可以不符合上式要求，但应符合下式要求

$$\sum M_c = 1.2 \sum M_{bua} \tag{4-8}$$

式中：$\sum M_c$——节点上、下柱端截面顺时针或逆时针方向组合的弯矩设计值之和，上、下柱端的弯矩设计值，可以按弹性分析进行分配；

$\sum M_b$——节点左、右梁端截面逆时针或顺时针方向组合的弯矩设计值之和，一级框架节点左、右梁端均为负弯矩时，绝对值较小的弯矩应取为零；

$\sum M_{bua}$——节点左、右梁端截面逆时针或顺时针方向实配的正截面抗震受弯承载力所对应的弯矩值之和，根据实配钢筋截面面积(计入受压筋和相关楼板钢筋)和材料强度标准值确定；

η_c——框架柱端弯矩增大系数。对于框架结构和底层柱底，一、二、三、四级可以分别取 1.7、1.5、1.3、1.2；其他结构类型中的框架，一级可以取 1.4；二级可以取 1.2；三、四级可以取 1.1。

直接按式(4-7)、式(4-8)确定框架柱端弯矩设计值时，一是 $\sum M_b$ 及 $\sum M_{bua}$ 的计算比较繁锁，二是框架柱上、下端弯矩的分配比例不太好掌握。由于框架柱端弯矩增大系数是体现概念设计的系数，可以在一定程度上延缓框架柱端的屈服，不必精确计算。因此，为了实用方便和易于在计算机程序中实现，参照文献[21]、[22]的做法，建议按下列方法来实现式(4-7)、式(4-8)调整框架柱端弯矩设计值的要求：

(1)直接将框架柱上、下端考虑地震组合的弯矩设计值乘以增大系数 η_c，这不仅使框架柱上、下端弯矩的分配计算大为简化，而且也近似满足式(4-7)的要求。

(2)由于式(4-8)中的实配弯矩 $\sum M_{bua}$ 需待钢筋截面面积计算出来并已选定钢筋直径与根数之后才能确定，因而需人工干预计算机的执行过程或专门编制模拟人工智能的软件来选配钢筋，这样做是相当麻烦和费时的。考虑到增大系数是体现概念设计的系数，不必精确计算，因此，从工程实用出发，可以近似地预估一个超配筋系数，将实配弯矩设计值转化为内力设计值，即取

$$\sum M_{bua} = \lambda_s \sum M_b \tag{4-9}$$

式中：λ_s——梁端纵筋的实配系数。

若假定 $\lambda_s = 1.4$，则由式(4-8)得 $\eta_c = 1.2 \times 1.4 = 1.68 \approx 1.7$。可见，在假定超配筋和超强度 40% 的条件下，$\eta_c$ 约为 1.7。因此，对于一级框架结构和 9 度的一级框架结构，亦可以将框架柱端考虑地震组合的弯矩设计值直接乘以增大系数 $\eta_c = 1.7$，从而避开实配弯矩 $\sum M_{bua}$ 的计算。

《建筑抗震设计规范》(GB 50011—2010)和《混凝土结构设计规范》(GB 50010—2010)

中规定，对于一、二、三、四级框架结构的底层，柱下端截面组合的弯矩设计值，应分别乘以增大系数1.7、1.5、1.3和1.2。

4. 按梁“强剪弱弯”要求调整框架梁端地震组合的剪力设计值

《建筑抗震设计规范》(GB 50011—2010)和《混凝土结构设计规范》(GB 50010—2010)中规定，一、二、三级的框架梁，其梁端截面考虑地震组合的剪力设计值应按下式调整

$$V=\frac{\eta_{vb}(M_b^l+M_b^r)}{l_n}+V_{Gb} \tag{4-10}$$

一级框架结构和9度的一级框架梁可以不按上式调整，但应符合下式要求

$$V=\frac{1.1(M_{bua}^l+M_{bua}^r)}{l_n}+V_{Gb} \tag{4-11}$$

式中：V——梁端截面地震组合调整后的剪力设计值；

l_n——梁的净跨；

V_{Gb}——梁在重力荷载代表值(9度时高层建筑尚应包括竖向地震作用标准值)作用下，按简支梁分析的梁端截面剪力设计值；

M_b^l、M_b^r——分别为梁左、右端截面逆时针或顺时针方向组合的弯矩设计值，一级框架梁两端弯矩均为负弯矩时，绝对值较小的弯矩应取零；

M_{bua}^l、M_{bua}^r——分别为梁左、右端截面逆时针或顺时针方向实配的正截面抗震受弯承载力所对应的弯矩值，根据实配钢筋截面面积(计入受压筋和相关楼板钢筋)和材料强度标准值确定；

η_{vb}——梁端剪力增大系数，一级可以取1.3，二级可以取1.2，三级可以取1.1。

应用式(4-10)时，关于V_{Gb}的计算，手算时是比较容易确定的，但电算时却较为麻烦。这是因为电算时需花很多时间先找出作用于这根框架梁上的外荷载，然后按相关规范规定求出重力荷载代表值，最后再按简支梁求出V_{Gb}。为了避免上述麻烦，节省运算时间，同时亦为了能够利用已求得的框架梁端地震组合的内力值，参照文献[21]~[22]的做法，可以利用叠加原理直接求出考虑“强剪弱弯”要求的框架梁端剪力设计值，从而避开直接求V_{Gb}的问题。具体做法如下。

设需考虑剪力调整的某根框架梁的脱离体图如图4-1(a)所示，该图可以分解为图4-1(b)与图4-1(c)两者的叠加。在图4-1中，M_b^l、M_b^r为已求得的梁端地震组合的弯矩设计值，V_{b0}^l、V_{b0}^r为相应于M_b^l、M_b^r的地震组合剪力值，q为外荷载。以梁左端截面为例，由图4-1所示关系可得

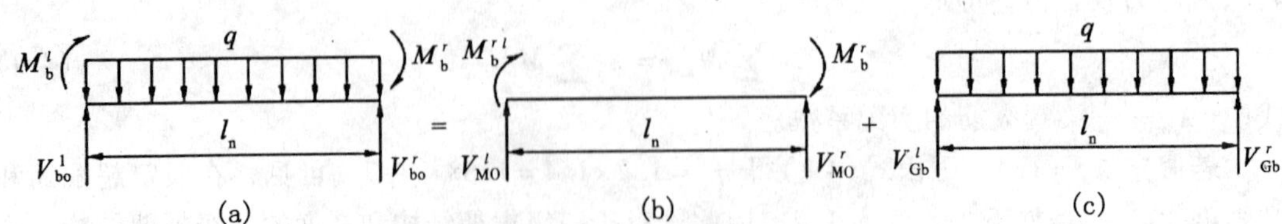

图4-1 地震组合下的框架梁端剪力计算图

$$V_{b0}^l=V_{Mb}^l+V_{Gb}^l \tag{a}$$

而由图 4-1(b)可得

$$V_{Mb}^{l} = (M_b^l + M_b^r)/l_n \tag{b}$$

由式(a)可得

$$V_{Gb}^{l} = V_{b0}^{l} - V_{Mb}^{l} = V_{b0}^{l} - (M_b^l + M_b^r)/l_n \tag{c}$$

将式(c)代入式(4-10)，即得考虑“强剪弱弯”要求的框架梁端剪力设计值为

$$V_b^l = \frac{(\eta_{vb} - 1)(M_b^l + M_b^r)}{l_n} + V_{b0}^l \tag{4-12}$$

至于一级框架和 9 度时剪力设计值的调整，若考虑超配筋 10%，其剪力调整系数 η_{vb} 一般不会超过 1.3，因此，式(4-11)可以不必验算。

5. 按柱“强剪弱弯”要求调整框架柱端地震组合的剪力设计值

《建筑抗震设计规范》(GB 50011—2010)和《混凝土结构设计规范》(GB 50010—2010)中规定，一、二、三、四级的框架柱地震组合的剪力设计值应按下式调整

$$V = \frac{\eta_{vc}(M_c^b + M_c^t)}{H_n} \tag{4-13}$$

一级框架结构和 9 度的一级框架结构可以不按上式调整，但应符合下式要求

$$V = \frac{1.2(M_{cua}^b + M_{cua}^t)}{H_n} \tag{4-14}$$

式中：V——柱端截面地震组合调整后的剪力设计值；

H_n——柱的净高；

M_c^t、M_c^b——分别为柱的上、下端顺时针方向或逆时针方向截面组合并按“强柱弱梁”要求调整以后的弯矩设计值；

M_{cua}^t、M_{cua}^b——分别为柱的上、下端顺时针方向或逆时针方向实配的正截面抗震受弯承载力所对应的弯矩值，根据实配钢筋截面面积、材料强度标准值和轴向压力等确定；

η_{vc}——柱端剪力增大系数，对于框架结构，一、二、三、四级可以分别取 1.5、1.3、1.2、1.1；对其他结构类型的框架，一级可以取 1.4，二级可以取 1.2，三、四级可以取 1.1。

应用式(4-13)确定调整后的剪力设计值 V 时，为了简化计算，亦可以直接用框架计算简图中的层高代替柱净高，省去柱端弯矩考虑支座弯矩削减的麻烦。

此外，若考虑超配筋 10%，对于一级框架结构及 9 度时，剪力增大系数一般也不会超过 1.5，因而式(4-14)也可以不必验算。

6. 按“强节点”要求调整节点核心区的剪力设计值

一、二、三级框架梁柱节点核心区地震组合的剪力设计值，应按下列公式确定

$$V_j = \frac{\eta_{jb}\sum M_b}{h_{b0} - a_s'}\left(1 - \frac{h_{b0} - a_s'}{H_c - h_b}\right) \tag{4-15}$$

一级框架结构和 9 度的一级框架结构可以不按上式调整，但应符合下式要求

$$V_j = \frac{1.15\sum M_{bua}}{h_{b0} - a'_s}\left(1 - \frac{h_{b0} - a'_s}{H_c - h_b}\right) \tag{4-16}$$

式中：V_j——梁柱节点核心区地震组合调整后的剪力设计值；

h_{b0}——梁截面的有效高度，节点两侧梁截面高度不等时可以采用平均值；

a'_s——梁受压钢筋合力点至受压边缘的距离；

H_c——柱的计算高度，可以采用节点上、下柱反弯点之间的距离；

h_b——梁的截面高度，节点两侧梁截面高度不等时可以采用平均值；

η_{jb}——强节点系数，对于框架结构，一级宜取 1.5，二级宜取 1.35，三级宜取 1.2；对于其他结构中的框架，一级宜取 1.35，二级宜取 1.2，三级宜取 1.1；

$\sum M_b$——节点左、右梁端截面逆时针方向或顺时针方向组合的弯矩设计值之和，一级时节点左、右梁端若均为负弯矩，则绝对值较小的弯矩应取为零；

$\sum M_{bua}$——节点左右梁端截面逆时针方向或顺时针方向实配的正截面抗震受弯承载力所对应的弯矩值之和，根据实配钢筋截面面积(计入受压筋)和材料强度标准值确定。

基于前述同样的理由，若考虑超配筋 10% 时，一级框架结构和 9 度的一级框架结构，节点核心区的强节点系数一般也不会超过 1.5，因而一般情况下式(4-16)也可以不必验算。

4.1.4 正常使用极限状态的验算规定

1. 设计表达式

《混凝土结构设计规范》(GB 50010—2010)中规定，对于正常使用极限状态，钢筋混凝土构件、预应力混凝土构件应分别按荷载的准永久组合并考虑长期作用的影响，或标准组合并考虑长期作用的影响，采用下列极限状态设计表达式

$$S \leqslant C \tag{4-17}$$

式中：S——正常使用极限状态的荷载组合的效应设计值；

C——结构构件达到正常使用要求所规定的变形、应力、裂缝宽度和自振频率等的限值。

2. 标准组合及准永久组合的计算公式

《建筑结构荷载规范》(GB 50009—2001)中规定，对于标准组合及准永久组合，荷载组合的效应设计值 S 应分别按下列公式计算：

标准组合
$$S = S_{Gk} + S_{Q1k} + \sum_{i=1}^{n} \Psi_{ci} S_{Qik} \tag{4-18}$$

准永久组合
$$S = S_{Gk} + \sum_{i=1}^{n} \Psi_{qi} S_{Qik} \tag{4-19}$$

式中可变荷载 Q_i 的组合值系数 Ψ_{ci} 及准永久值系数 Ψ_{qi} 应按《建筑结构荷载规范》(GB 50009—2001)中的有关规定采用。

§4.2　荷载组合程序的总体设计

4.2.1　荷载的分组原则及编号

作用在结构上的静力荷载，按其性质可以分为永久荷载(恒载)和可变荷载(活荷载)两种类型。当需要考虑抗震设防时，还需计算动力荷载，即地震作用。对于框架结构而言，主要的活荷载有楼面活荷载、屋面活荷载、雪荷载、吊车荷载和风荷载等。结构设计时必须考虑这些活荷载同时出现的可能性，进行荷载组合。由§4.1 可知，按照我国现行结构设计规范《建筑结构荷载规范》(GB 50009—2001)、《建筑抗震设计规范》(GB 50011—2010)和《混凝土结构设计规范》(GB 50010—2010)中的有关规定，对于承载能力极限状态，荷载组合可以分为四大类，第一、二、三大类为静力组合，第四大类为动力组合，相应的计算公式参见式(4-2)~式(4-4)及式(4-6)。为了正确地进行荷载组合，首先应把作用在结构上的所有荷载按恒载、吊车荷载、一般活荷载及风荷载的顺序进行分组及编号。在 FSAP 程序中，荷载分组的原则及编号如下。

1. 恒载

恒载编为①组，恒载是一切荷载组合的基础。当由计算机程序计算自重时，则自动将其归入①组。

2. 活载

活载组号的次序规定为“先吊车，后一般活载，再风载”。

(1)吊车荷载。

一跨吊车占 4 个活载组号，它们是：

②吊车自重(仅抗震设计计算节点质量时用)；

③吊车竖向荷载左大右小(包括吊车自重；左 D_{max}，右 D_{min})；

④吊车竖向荷载右大左小(包括吊车自重；左 D_{min}，右 D_{max})；

⑤吊车横向水平荷载($\pm T_{max}$)。

若两跨有吊车，则第一跨吊车荷载占②~⑤组，第二跨吊车荷载占⑥~⑨组，其余类推。

(2)一般活荷载。

凡同时存在的若干个活荷载算为一组，一般来说，同一根杆上作用的活荷载可以算作一组。当 NCR=1(一跨有吊车)时，一般活荷载的组号应从第⑥组开始编号；当 NCR=2(两跨有吊车)时，一般活荷载的组号则应从第⑩组开始编号，其余类推；当 NCR=0(无吊车)时，一般活荷载的组号则应从第②组开始编号。

(3)风荷载。

风荷载有左风、右风之分，若结构上作用的荷载组数为 NHZ 组且需要考虑风荷载时，则左风、右风的荷载组号分别为 NHZ-1 及 NHZ。

4.2.2 内力组合目标

荷载组合的含义包括两个方面，一方面是解决作用在结构上的荷载同时出现的可能性问题，另一方面是由于结构构件在荷载作用下，除了产生弯矩 M 之外，往往还同时产生剪力 V 和轴向力 N。因此，进行荷载组合时，还必须根据结构构件的破坏特点和破坏形态，明确内力组合的目标，以便在四大类荷载组合(参见式(4-2)～式(4-4)及式(4-6))中确定参与组合的荷载项次(即荷载组号)。例如，为了防止梁的正截面受弯破坏，应求出截面的最大弯矩 M_{max}(或最小弯矩 M_{min})及相应的 V、N；为了防止梁的斜截面受剪破坏，应求出截面的最大剪力 V_{max}(或最小剪力 V_{min})及相应的 M、N；为了防止柱的正截面受压破坏(大、小偏压破坏)，应求出截面的 M_{max}(或 M_{min})及相应的 V、N 和 N_{max}(N_{min})及相应的 M、V。根据理论分析和设计经验，截面设计时，对于梁和柱，只要分别考虑了上述四种内力组合目标，即可保证截面设计的安全可靠。有了明确的内力组合目标，进行荷载组合时就可以很方便地确定四大类荷载组合中参与组合的荷载项次的取舍。例如，为了组合某一截面的 M_{max} 及相应的 V、N，应以 M_{max} 为组合目标，考虑有关活荷载同时出现的可能性，凡在该截面产生正弯矩且又可能同时出现的活荷载，应将这些活荷载在该截面产生的正弯矩及相应的 V、N 叠加起来，最后再与恒载产生的 M、V、N 相叠加。应予特别注意的是，恒载是永远存在的，因此，不论是哪一种内力组合目标，也不论恒载下的内力的正负号如何，每次组合时都必须把恒载下的内力叠加进去。

根据以上分析，在 FSAP 程序中，梁、柱的内力组合目标如表 4-5 所示。程序实现时，根据表 4-5 所列的内力组合目标，按前述四大类荷载组合分别求出不利组合后，再在前三大类(即静力组合)的结果中挑选最不利者作为截面设计的依据，又根据第四大类(即动力组合)的结果，同时考虑“强柱弱梁”、“强剪弱弯”、“强底层柱底”、“强节点”等设计原则，对地震组合的效应设计值加以调整，作为截面抗震承载力验算的依据。

表 4-5　FSAP 程序中梁、柱的内力组合目标

内力组合目标的序号	梁	柱
K1 = 1	M_{max} 及相应 V、N	M_{max} 及相应 V、N
K1 = 2	M_{min} 及相应 V、N	M_{min} 及相应 V、N
K1 = 3	V_{max} 及相应 M、N	N_{max} 及相应 M、N
K1 = 4	V_{min} 及相应 M、N	N_{min} 及相应 M、N

4.2.3 荷载组合程序的总框图

根据前述我国现行结构设计规范关于荷载组合的有关设计规定，FSAP 程序中关于荷载组合程序的总框图如图 4-2 所示。

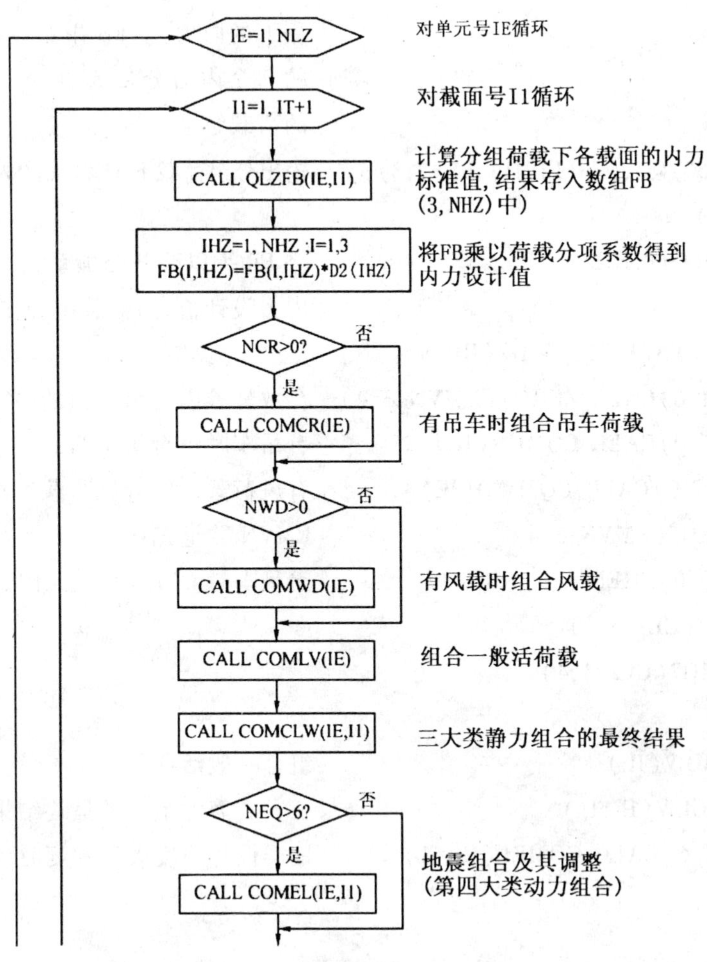

图 4-2　荷载组合程序的总框图

FSAP 的主程序中进行荷载组合的有关语句如下。

```
DO   600   IE = 1,NLZ                第一层按单元号 IE 循环
      ⋮
IF(IE. LE  NL)THEN                   梁分 6 段,7 个截面
IT = 6                               柱分 1 段,2 个截面
ELSE
IT = 1
ENDIF
IK = IT+1
DO   610   I1 = 1,IK                 第二层按截面号 I1 循环
CALL  ZERO2(FB,3,30)                 FB 数组充 0
```

```
      CALL QLZFB(IE,I1)                               求分组荷载下 IE 杆 I1 截面的内力,结果
                                                      存入 FB(3,NHZ)数组中(荷载标准值作
         ⋮                                            用下的内力)。FB 中第一列存放 I1 截面
                                                      的 3 个内力分量 M、V、N,第二列为相应
                                                      的荷载组号
      WRITE(9,950)(J1,(FB(L1,J1),L1=1,3),             输出分组荷载下 I1 截面的内力
      J1=1,NHZ)
      D0  700 IHZ=1,NHZ                               将 FB 乘以荷载分项系数 D2,求得
      D0  700 I=1,3                                   内力设计值,为荷载组合作准备
700   FB(I,IHZ)=FB(I,IHZ)*D2(IHZ)
      IF(NEQ.GT.6)CALL ZERO7(DMVN,3,4)                存放地震内力组合值的 DMVN 数组送零
      IF(NCR.GT.0)CALL COMCR(IE)                      有吊车时组合吊车荷载
      IF(NWD.GT.0)CALL COMWD(IE)                      有风荷载时组合风荷载
      CALL  ZERO7(EMVN,3,4)                           EMVN 数组充 0
      IF(NCR.EQ.0)THEN                                无吊车时 CL1、CL2 数组充 0
      CALLZERO7(CL1,3,4)
      CALL  ZERO7(CL2,3,4)
      ENDIF
      CALL  COMLV(IE)                                 组合一般活荷载
      CALL COMCLW(IE,I1)                              三大类静力组合的最终结果
      IF(NEQ.GT.6)CALL COMEL(IE,I1)                   地震设防烈度大于 6 度时计算地震组合
610   CONTINUE
600   CONTINUE
```

以上就是荷载组合程序的总体格局，整个计算通过调用几个子程序来实现。下面对上述程序段中的几个荷载组合模块再做一些补充说明。

(1)组合吊车荷载的子程序 SUB. COMCR(IE)中，根据四个内力组合目标 M_{max}(K1=1)、M_{min}(K1=2)、V_{max}(梁)或 N_{max}(柱)(K1=3)、V_{min}(梁)或 N_{min}(柱)(K1=4)，考虑吊车跨数及吊车荷载分组情况，按第一、第二大类静力组合的计算公式(4-2)、式(4-3)，计算 IE 杆 I1 截面在吊车荷载作用下的最大(或最小)内力，其结果分别存入数组 CMVN(3, 4)(第一大类静力组合)及 CL1(3, 4)(第二大类静力组合)中。CMVN 及 CL1 中的第一列存放 I1 截面的 3 个内力分量 M、V、N，CMVN 及 CL1 中的第 2 列为四个内力组合目标的序号 K1=1~4。在这一子程序中，还顺便求出第三大类静力组合中吊车竖向荷载的组合值 $\gamma_{Qi}\Psi_{ci}S_{Qik}$ 和第四大类动力组合的吊车荷载组合值，其结果分别存入数组 CL2(3, 4)(第三大类静力组合)和 DMVN(3, 4)(第四大类动力组合)中。

(2)在组合风荷载的子程序 SUB. COMWD(IE)中，对左风和右风下的内力按四种内力组合目标进行比较，求得 IE 杆 I1 截面在风载作用下产生的最大(或最小)内力，其结果存

入数组 WL(3，4)中。

(3)在组合一般活荷载的子程序 SUB. COMLV(IE)中，根据四个内力组合的目标，按照同号相加的原则，求得 IE 杆 I1 截面在一般活荷载作用下产生的最大(或最小)内力，其中，$\sum \gamma_{Qi}S_{Qik}$(第一大类静力组合)的计算结果存入数组 EMVN(3，4)中；$\sum \gamma_{Qi}\Psi_{ci}S_{Qik}$(第三大类静力组合)的计算结果叠加到数组 CL2(3，4)中。同时，将前面已求得的 IE 单元 I1 截面在吊车荷载组合下的最大(或最小)内力与 IE 单元 I1 截面在一般活荷载作用下产生的内力，分别按照四个内力组合目标进行比较，找出吊车荷载组合与各组一般活荷载中起控制作用的最大(或最小)内力，以便确定第二大类静力组合中的 $\gamma_{Q1}S_{Q1k}$，其结果存入数组 CL1(3，4)中。

(4)在计算三大类静力组合的最终结果的子程序 SUB. COMCLW(IE，I1)中，首先分别计算第一、第二、第三大类静力组合的最终结果，存入 SMVN(3，4，3)数组。这里 SMVN 数组的第一列存放 IE 单元 I1 截面的 3 个内力组合分量 M、V、N，第二列存放四个内力组合目标的序号 K1 = 1 ~ 4，第三列存放三大类内力组合的序号。然后对三大类静力组合的结果按照四个内力组合目标比较其大小，求得 IE 单元 I1 截面的最不利组合内力，存入 WMVN(3，4)数组，作为截面设计的依据；当需要考虑梁的支座弯矩削减时，调用支座弯矩削减的子程序 SUB. ZLR(WMVN，3，4)，对梁的支座弯矩进行削减。最后还将 I1 = 1 的截面的最不利组合内力存入 WO(3，4)中，供计算杆端截面的配筋之用。

(5)在计算地震组合的子程序 SUB. COMEL(IE，I1)中，按式(4-6)完成地震组合的计算，计算结果存入数组 DMVN(3，4)中。对于抗震等级为一、二、三、四级的框架结构，还应按“强柱弱梁”、“强剪弱弯”、“强底层柱底”、“强节点”等设计原则对已求得的地震组合内力进行调整。最后将 I1 = 1 的截面的动内力组合结果同时存入数组 DO(3，4)中，供验算杆端截面的配筋之用。

求得 IE 单元 I1 截面的最不利组合内力后，接着进入配筋计算的模块，这部分内容留待第 5 章再作介绍。

下面逐一说明各个子程序的内容及其程序的编制。

§4.3　吊车荷载组合

4.3.1　吊车荷载的组合依据

1. 关于吊车荷载组合的有关规定

《建筑结构荷载规范》(GB 50009—2001)规定，多台吊车的竖向荷载，对一层吊车单跨厂房的每个排架，一般按不多于 2 台考虑；对一层吊车的多跨厂房的每个排架，一般按不多于 4 台考虑。多台吊车的水平荷载，对单跨厂房或多跨厂房最多考虑两台。

计算排架时，多台吊车的竖向荷载和水平荷载的标准值，应乘以表 4-6 中的折减系数。

表 4-6 多台吊车的荷载折减系数

参与组合的吊车台数	吊车工作级别	
	A1 ~ A5	A6 ~ A8
2	0.90	0.95
3	0.85	0.90
4	0.80	0.85

吊车荷载的组合值及准永久值可以按表 4-7 的规定采用。

表 4-7 吊车荷载的组合值系数及准永久值系数

吊车工作级别	组合值系数 ψ_c	准永久值系数 ψ_q
软钩吊车：工作级别 A1 ~ A3	0.7	0.5
工作级别 A4 ~ A5	0.7	0.6
工作级别 A6 ~ A7	0.7	0.7
硬钩吊车及工作级别 A8 的软钩吊车	0.95	0.95

厂房排架设计时，在荷载准永久组合中不考虑吊车荷载。

2. FSAP 程序中吊车荷载的组合原则

(1)吊车考虑四台轮压二台刹车力，有刹车力必有轮压(即有 T 必有 D，但有 D 不一定有 T)。

(2)每跨吊车一般按二台考虑，也可以由设计者自己布置某些跨只有一台。

(3)地震组合时不考虑刹车力。

4.3.2 吊车荷载组合的排列情况

1. 无地震时吊车荷载组合的排列情况

前已述及，荷载分组时，每跨吊车占 4 个活载组号。当一跨有吊车时，其组号分别为②、③、④、⑤，即：

②吊车自重(仅抗震设计计算节点质量时用)；

③吊车竖向荷载左大右小(左 D_{max}、右 D_{min})；

④吊车竖向荷载右大左小(左 D_{min}、右 D_{max})；

⑤吊车横向水平荷载($\pm T_{max}$)。

当一跨有吊车时，上述四组吊车荷载，对于第一、第二大类静力组合，可以有以下 6 种组合：

③，④，③+⑤，③-⑤，④+⑤，④-⑤

对于第三大类静力组合，由于不考虑吊车水平荷载，故只有③、④两种组合情况。

当两跨有吊车时，则第二跨的吊车荷载同样也可以分成 4 组荷载情况，其组号分别为⑥、⑦、⑧、⑨。因此，当两跨有吊车时，对于第一、第二大类静力组合，第二跨的吊车荷载同样也有 6 种组合：

⑦，⑧，⑦+⑨，⑦-⑨，⑧+⑨，⑧-⑨

对于第三大类静力组合，第二跨也只有⑦、⑧两种组合情况。

吊车荷载组合时，除了上述本跨的 6 种组合(第一、第二大类静力组合)或两种组合(第三大类静力组合)以外，若两跨有吊车，则两跨之间还存在如下的 20 种组合(第一、第二大类静力组合)或 4 种组合(第三大类静力组合)：

第一、第二大类静力组合时吊车荷载的 20 种跨间组合：

③+⑦	④+⑦
③+⑧	④+⑧
③+⑦+⑨	④+⑦+⑨
③+⑦-⑨	④+⑦-⑨
③+⑧+⑨	④+⑧+⑨
③+⑧-⑨	④+⑧-⑨
③+⑤+⑦	④+⑤+⑦
③+⑤+⑧	④+⑤+⑧
③-⑤+⑦	④-⑤+⑦
③-⑤+⑧	④-⑤+⑧

第三大类静力组合时吊车荷载的 4 种跨间组合：

③+⑦

③+⑧

④+⑦

④+⑧

综上所述，非抗震设计一跨有吊车时，应考虑 6 种组合情况(第一、第二大类静力组合)或 2 种组合情况(第三大类静力组合)；两跨有吊车时，则需考虑 32 种组合情况(第一、第二大类静力组合)或 8 种组合情况(第三大类静力组合)。上述本跨及两跨间的吊车荷载组合情况可以用图 4-3 表示。非抗震设计时，吊车荷载组合的任务，对于第一、第二大类静力组合，就是从 6 种(一跨有吊车)或 32 种(两跨有吊车)组合中找出最不利的那一种组合；对于第三大类静力组合，就是从 2 种(一跨有吊车)或 8 种(两跨有吊车)组合中找出最不利的那一种组合。然后再参加式(4-2)～式(4-4)所示的三大类静力组合。

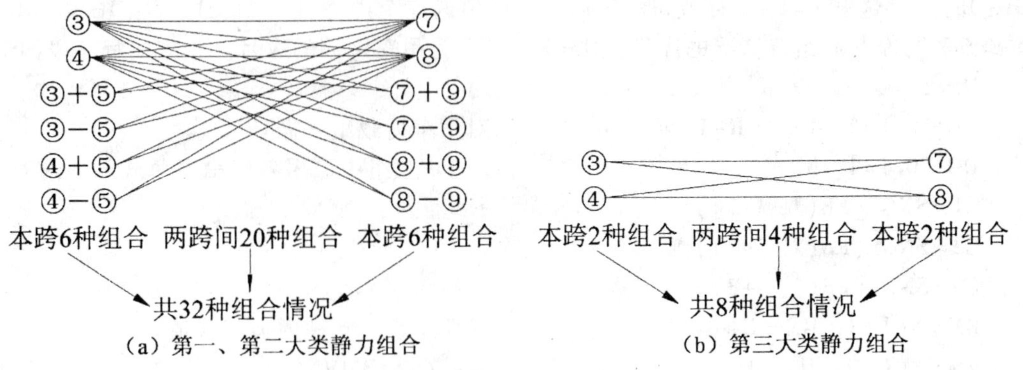

(a) 第一、第二大类静力组合　(b) 第三大类静力组合

图 4-3　非抗震设计吊车荷载组合示意图

2. 有地震时吊车荷载的排列组合情况

由于在地震组合中不考虑吊车的水平刹车力。因此，对于地震组合，与第三大类静力组合一样，一跨有吊车时，应考虑2种吊车荷载组合情况；两跨有吊车时，应考虑8种吊车荷载组合情况，如图4-4所示。

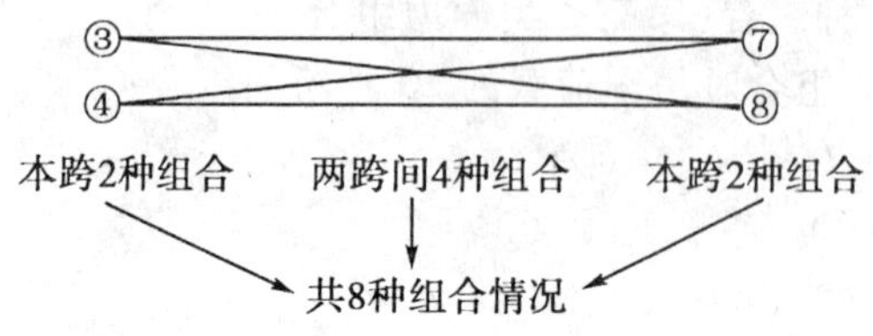

图4-4 抗震设计吊车荷载组合示意图

4.3.3 吊车荷载组合的子程序 SUB. COMCR(IE)

由前述可知，吊车荷载组合是十分复杂的，故专门编写了一个子程序 SUB. COMCR(IE)来完成吊车荷载的组合工作。

在进行荷载组合之前，FSAP 的主程序通过调用 SUB. QLZFB(IE, I1)子程序，先求出IE杆I1截面分组荷载下的内力，其计算结果存放在数组FB(3, NHZ)中，然后将各组荷载下的内力乘以荷载分项系数，得到内力设计值，其结果仍存入FB(3, NHZ)中。接着通过调用几个子程序来完成荷载组合工作。这里先介绍吊车荷载组合子程序的设计。

1. 计算方法与计算步骤

在 SBU. COMCR(IE)子程序中，对于每根杆件的每一截面，非抗震设计时，若一跨有吊车，则分别按照四种内力组合目标(K1=1~4)进行6种组合情况(第一、第二大类静力组合)或2种组合情况(第三大类静力组合)的循环；若两跨有吊车，则分别按照四种内力组合目标进行32种组合情况(第一、第二大类静力组合)或8种组合情况(第三大类静力组合)的循环；抗震设计时，则分别按照四种内力组合目标进行2种(一跨有吊车)或8种(两跨有吊车)组合情况的循环。从而找出最不利的一种组合情况，结果分别存入CMVN(3, 4)、CL1(3, 4)(第一、第二大类静力组合)和CL2(3, 4)(第三大类静力组合)及DMVN(3, 4)数组(第四大类动力组合)中。主要计算步骤如下。

(1)首先形成吊车荷载本跨的6种内力组合值，其计算结果存放在数组BMVN(J, IH, IL)中，这里J=1~3存放每一种内力组合值的三个内力分量 M、V、N；IH=1~6为本跨6种吊车荷载组合情况的序号，IL=1~NCR为吊车跨数的序号。相应的程序段如下：

```
IL=1
DO 10 I=2, 4*NCR+1, 4          对吊车荷载组号循环
DO 20 J=1, 3                   从FB数组中取出各组吊车荷载下的内力
C1=SNGL(FB(J, I+1))
C2=SNGL(FB(J, I+2))
C3=SNGL(FB(J, I+3))
BMVN(J, I, IL)=C1              计算本跨的6种内力组合值，
BMVN(J, 2, IL)=C2              结果存入BMVN中
BMVN(J, 3, IL)=C1+C3
```

```
      BMVN(J, 4, IL)=C1-C3
      BMVN(J, 5, IL)=C2+C3
20    BMVN(J, 6, IL)=C2-C3
      IL=IL+1
10    CONTINUE
```

在上述程序段中，外层循环是对吊车荷载组数进行循环(NCR 为吊车跨数)，内层循环 J=1～3 为 3 个内力分量 M、V、N 的序号。每跨吊车的 6 种内力组合值存入 BMVN 数组中。

(2)对本跨及跨间的各种组合内力分别按照四种内力组合目标逐一进行比较，第一、第二大类静力组合时作 6 次(一跨有吊车)或 32 次(两跨有吊车)，第三大类静力组合或抗震时作 2 次(一跨有吊车)或 8 次(两跨有吊车)，找出其中的最大(或最小)内力，其计算结果分别存放在数组 CMVN(3, 4)、CL1(3, 4)(第一、第二大类静力组合)和 CL2(3, 4)(第三大类静力组合)及 DMVN(3, 4)(第四大类动力组合)中。

现以内力组合目标 M_{max} 及相应的 V、N(K1=1)为例，给出相应的程序段：

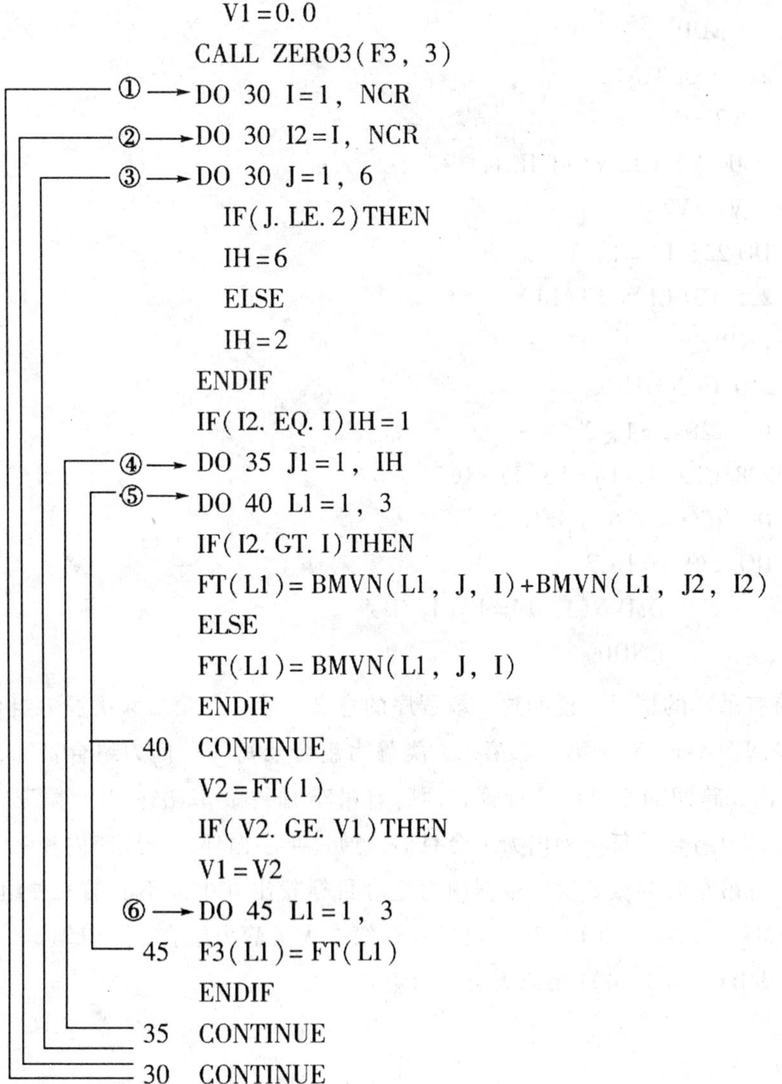

```
           V1=0.0
           CALL ZERO3(F3, 3)
  ① ——→ DO 30 I=1, NCR
  ② ——→ DO 30 I2=I, NCR
  ③ ——→ DO 30 J=1, 6
             IF(J. LE. 2)THEN
             IH=6
             ELSE
             IH=2
           ENDIF
           IF(I2. EQ. I)IH=1
  ④ ——→ DO 35 J1=1, IH
  ⑤ ——→ DO 40 L1=1, 3
           IF(I2. GT. I)THEN
           FT(L1)=BMVN(L1, J, I)+BMVN(L1, J2, I2)
           ELSE
           FT(L1)=BMVN(L1, J, I)
           ENDIF
      40   CONTINUE
           V2=FT(1)
           IF(V2. GE. V1)THEN
           V1=V2
  ⑥ ——→ DO 45 L1=1, 3
      45   F3(L1)=FT(L1)
           ENDIF
      35   CONTINUE
      30   CONTINUE
```

```
      DO 50 J=1, 3
      CMVN(J, 1)=F3(J)
   50 CL1(J, 1)=F3(J)
              V1=0.0
              CALL ZERO6(F3, 3)
①    DO 210 I=1, NCR
②    DO 210 I2=I, NCR
③    DO 220 L1=1, 3
        IF(I2.GT.I)THEN
        FT(L1)=BMVN(L1, J, I)+BMVN(L1, J1, I2)
        ELSE
        FT(L1)=BMVN(L1, J, I)
        ENDIF
  220 CONTINUE
        V2=FT(1)
        IF(V2.GE.V1)THEN
        V1=V2
④    DO 225 L1=1, 3
  225 F3(L1)=FT(L1)
      ENDIF
  210 CONTIHUE
      DO 228 J=1, 3
  228 CL2(J, 1)=F3(J)*0.7
      IF(NEQ.GT.6)THEN
      DO 230 J=1, 3
          230 DMVN(J, 1)=F3(J)/1.4
              ENDIF
```

下面结合两跨有吊车的情况，说明这一段程序的意义，第一、第二大类静力组合的程序执行过程可以参阅图4-5。对于第一、第二大类静力组合及每一种内力组合目标，通过6层循环，完成跨内和跨间的全部组合计算，两跨有吊车时共做32次；对于第三大类静力组合或第四大类动力组合及每一种内力组合目标，通过4层循环，完成跨内和跨间的全部组合计算，两跨有吊车时共做8次。根据内力组合目标找出其中最不利的一种组合后，其结果分别存入CMVN(3，4)、CL1(3，4)(第一、第二大类静力组合)和CL2(3，4)(第三大类静力组合)及DMVN(3，4)(第四大类动力组合)中。

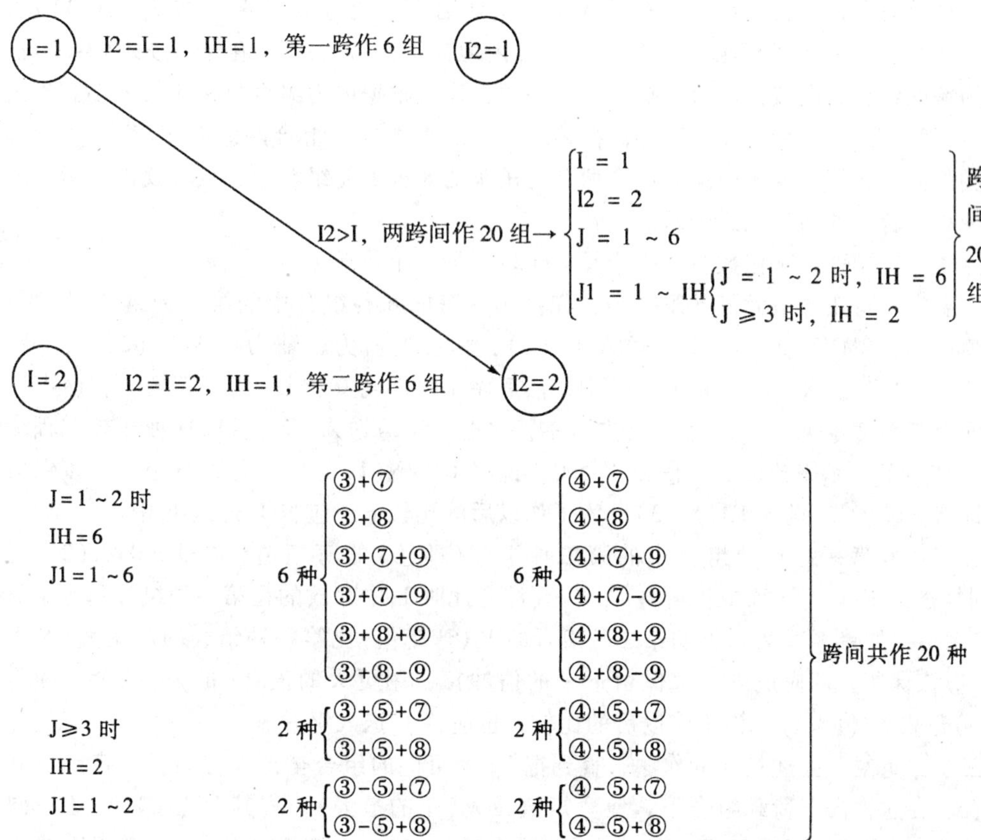

图 4-5　第一、第二大类静力组合两跨有吊车时吊车荷载组合程序执行过程示意图

上述程序段共分成两大块，第一块至标号为 50 的语句为止，完成第一、第二大类静力组合的计算；第二块从标号为 50 的下一句开始，完成第三大类静力组合和第四大类动力组合的计算。现对第一块程序段作一些补充说明。

1）当 I=1，I2=I=1 时：由于 I2=I，故有 IH=1，第 4 层循环执行一次，但第 3 层循环需执行 6 次，完成第一跨跨内的 6 种组合计算。先从数组 BMVN 中，依次把第一跨的 6 种组合内力 M、V、N 送入 FT(3)，由于 I2=I，故在第 5 层循环语句中需执行

$$\mathrm{FT(L1)=BMVN(L1,\ J,\ I)} \tag{4-20}$$

2）当 I=1，I2=2 时：若

$$\begin{cases} \mathrm{J=1，则\ IH=6，J1\ 循环\ 6\ 次} \\ \mathrm{J=2，则\ IH=6，J1\ 循环\ 6\ 次} \\ \mathrm{J=3\sim6，则\ IH=2，J1\ 循环\ 2\ 次} \end{cases}$$

通过上述 5 层循环一共执行了 20 次，由于 I2>I，故在第 5 层循环语句中需执行

$$\mathrm{FT(L1)=BMVN(L1,\ J,\ I)+BMVN(L1,\ J1,\ I2)} \tag{4-21}$$

这里所作的即是跨间的 20 种组合计算。

第 6 层循环则是根据内力组合目标比较大小，找出其中最不利的一组内力，结果存入 F3(3)中。

对于两跨有吊车而言，第一、第二大类静力组合时，上述 6 层循环共执行了 32 次。对于每一次循环，都要做两项工作：一是组合内力计算，若为跨内组合，按式(4-20)执行；若为跨间组合，则按式(4-21)执行。另一项工作是根据内力组合目标比较大小。当内力组合目标为 M_{max}及相应的 V、N 时，在第一、第二大类静力组合两跨有吊车的 32 种和第三大类静力组合及第四大类动力组合两跨有吊车的 8 种可能组合中，设法找出正弯矩最大的那一种组合。如何达到这个目的呢？

程序中设置了两个工作数组，一个是 FT(3)，另一个是 F3(3)。

由于要求正弯矩的最大值，第一步：先把第一跨的 6 种组合中的第一种组合(即③)的弯矩值(亦即 BMVN(1，1，1))送入 FT(1)，相应的剪力、轴力(BMVN(2，1，1)、BMVN(3，1，1))送入 FT(2)和 FT(3)中；然后将 FT(1)与 0 比较(为了简便，程序中又设置了两个简单变量 V_2、V_1，且 V_1已先清零，并把 FT(1)送入 V_2，所以这种比较在程序中实际上是用 $V_2 \geqslant V_1$来比较的。假设 $V_2 \geqslant 0$，说明 BMVN(1，1，1)是正弯矩，应该保留下来，即将 FT(1∶3)送入 F3(1∶3)；为了作以后的比较，还应将 V_2送入 V_1中。

第二步：取第一跨 6 种组合中的第二种组合(即④)的弯矩值(亦即 BMVN(2，1，1))，同样送入 FT(1)与 V_2中，再将 V_2与 V_1(注意此时 V_1中存放的是第一种组合的弯矩值 V_2)比较大小，如果 $V_2 \geqslant V_1$，说明第二种组合的 V_2(弯矩值)比第一种组合的弯矩大(至少相等)，应该保留，即应把第一次保留下来的值冲掉，用更大的值(正的)来代替，即将 FT(1∶3)送入 F3(1∶3)，为了作以后的比较，也应将 V_2送入 V_1中。

第三步：重复与上述相同的作法，直到把 32 种可能的组合全部作完后，一定能找到一种组合，在这种吊车荷载组合下，使弯矩值最大(正的最大)，将其存入 F3(1)中，同时把相应的 V、N 送入 F3(2)及 F3(3)中(若最大正弯矩为 0，F3(1)即为 0；若根本找不到，即弯矩全为负值，则 F3(1∶3)中全为 0)。最后 F3(1∶3)中所存结果即为 32 种内力组合中最大的弯矩 M 及相应的 V、N，接着将 F3(J)(J=1～3)存入 CMVN(J，4)(J=1～3)数组(第一大类静力组合)和 CL1(J，4)(J=1～3)(第二大类静力组合)中。

关于第三大类静力组合和第四大类动力组合时的吊车荷载组合，程序中是放在一起作的(参见上述程序段的第二块)，其计算方法和计算步骤与第一、第二大类静力组合中的吊车荷载组合完全类似，此处不再赘述。最后将求得的最大(或最小)组合内力值分别送入 CL2(3，4)(第三大类静力组合)和 DMVN(3，4)中(第四大类动力组合)。

以上仅完成了吊车荷载组合时第一种内力组合目标的计算，吊车荷载组合时第二、第三、第四种内力组合目标的程序段与此大同小异，它们所完成的循环次数完全相同，仅是内力组合目标分别为 M_{min}、V_{max}(或 N_{max})、V_{min}(或 N_{min})，因而程序中用以比较大小的量是不同的。

2. 计算程序 SUB. COMCR(IE)

```
      SUBROUTINE  COMCR(IE)                          组合吊车荷载
      REAL＊8  FB(3, 30), D2(30), D1(30)
      DIMENSION  F3(3), BMVN(3, 10, 3), FT(3)
      COMMON/NL/NL, NZ, NT, NLZ, NE, NJ/FB/FB/D1/D1, D2
      COMMON/CMVN/CMVN(3, 4), CL1(3, 4), CL2(3, 4)
      COMMON/D0/DQ(3, 4), DMVN(3, 4)/NHZ/NHZ, NGR, NCR, NWD/NEQ/
```

```
         NEQ, KE, MJ
         IL=1
         DO 10 I=2, 4*NCR+1, 4                           对吊车荷载组号循环
         DO 20 J=1, 3                                    从 FB 数组中取出各组吊车荷载下的
                                                         内力
         C1=SNGL(FB(J, I+1))
         C2=SNGL(FB(J, I+2))
         C3=SNGL(FB(J, I+3))
         BMVN(J, 1, IL)=C1                               计算本跨的 6 种内力组合值
         BMVN(J, 2, IL)=C2                               结果存入 BMVN 中
         BMVN(J, 3, IL)=C1+C3
         BMVN(J, 4, IL)=C1-C3
         BMVN(J, 5, IL)=C2+C3
   20    BMVN(J, 6, IL)=C2-C3
         IL=IL+1
   10    CONTINUE
         V1=0.0
         CALL ZERO6(F3, 3)
         DO 30 I=1, NCR                                  组合 Mmax 及相应的 V、N
         DO 30 I2=I, NCR                                 根据内力组合目标，从跨内和跨间组
         DO 30 J=1, 6                                    合中找出弯矩最大的一组组合内力，
         IF(J.LE.2)THEN                                  结果分别存入 CMVN(第一大类静力
         IH=6                                            组合)及 CL1(第二大类静力组合)中
         ELSE
         IH=2
         ENDIF
         IF(I2.EQ.I)IH=1
         DO 35 J1=1, IH
         DO40 L1=1, 3
         IF(I2.GT.I)THEN
         FT(L1)=BMVN(L1, J, I)+BMVN(L1, J1, I2)          跨内或跨间的内力组合结果
         ELSE                                            存入 FT 中
         FT(L1)=BMVN(L1, J, I)
         ENDIF
   40    CONTINUE
         V2=FT(1)
         IF(V2.GE.V1)THEN                                用弯矩比较大小
         V1=V2
```

```
      DO 45 L1=1, 3
45    F3(L1)=FT(L1)
      ENDIF
35    CONTINUE
30    CONTINUE
      DO 50 J=1, 3
      CL1(J, 1)=F3(J)                              Mmax及相应的V、N分别存入CL1
50    CMVN(J, 1)=F3(J)                             (第二大类静力组合)及CMVN
      V1=0.0                                       (第一大类静力组合)中
      CALL ZERO6(F3, 3)                            组合Mmin及相应的V、N
      DO 60 I=1, NCR
      DO 60 I2=I, NCR
      DO 60 J=1, 6
      IF(J.LE.2)THEN
      IH=6
      ELSE
      IH=2
      ENDIF
      IF(I2.EQ.I)IH=1
      DO 65 J1=1, IH
      DO 70 L1=1, 3
      IF(I2.GT.I)THEN
      FT(L1)=BMVN(L1, J, I)+BMVN(L1, J1, I2)   跨内或跨间的内力组合结果
      ELSE                                       存入FT中
      FT(L1)=BMVN(L1, J, I)
      ENDIF
70    CONTINUE
      V2=FT(1)
      IF(V2.LE.V1)THEN                             用弯矩比较大小
      V1=V2
      DO75 L1=1, 3
75    F3(L1)=FT(L1)
      ENDIF
65    CONTINUE
60    CONTINUE
      DO 80 J=1, 3
      CL1(J, 2)=F3(J)                              Mmin及相应的V、N分别存入CL1
                                                   (第二大类静力组合)
```

```
80    CMVN(J, 2)= F3(J)                                 及 CMVN(第一大类静力组合)中
      IF(IE.LE.NL)THEN                                  对于梁
      V1 =0.0                                           组合 Vmax及相应的 M、N
      CALL ZERO6(F3, 3)
      DO 90 I=1, NCR
      DO 90 I2=I, NCR
      DO 90 J=1, 6
      IF(J.LE.2)THEN
      IH=6
      ELSE
      IH=2
      ENDIF
      IF(I2.EQ.I)IH=1
      DO 95 J1=1, IH
      DO 100 L1=1, 3
      IF(I2.GT.I)THEN
      FT(L1)= BMVN(L1, J, I)+BMVN(L1, J1, I2)           跨内或跨间的内力组合结果
      ELSE                                              存入 FT 中
      FT(L1)= BMVN(L1, J, I)
      ENDIF
100   CONTINUE
      V2=FT(2)
      IF(V2.GE.V1)THEN                                  用剪力比较大小
      V1=V2
      DO 105 L1=1, 3
105   F3(L1)= FT(L1)
      ENDIF
95    CONTINUE
90    CONTINUE
      DO 110 J=1, 3
      CL1(J, 3)= F3(J)                                  Vmax及相应的 M、N 分别存入 CL1
                                                        (第二大类静力组合)及 CMVN(第
110   CMVN(J, 3)= F3(J)                                 一大类静力组合)中
      V1=0.0                                            组合 Vmin及相应的 M、N
      CALL ZERO6(F3, 3)
      DO 120 I=1, NCR
      DO 120 I2=I, NCR
      DO 120 J=1, 6
```

```
      IF(J.LE.2)THEN
      IH=6
      ELSE
      IH=2
      ENDIF
      IF(I2.EQ.I)IH=1
      DO 125 J1=1, IH
      DO 130 L1=1, 3
      IF(I2.GT.I)THEN
      FT(L1)=BMVN(L1, J, I)+BMVN(L1, J1, I2)     跨内或跨间的内力组合结果
      ELSE                                       存入 FT 中
      FT(L1)=BMVN(L1, J, I)
      ENDIF
130   CONTINUE
      V2=FT(2)
      IF(V2.LE.V1)THEN                           用剪力比较大小
      V1=V2
      DO 135 L1=1, 3
135   F3(L1)=FT(L1)
      ENDIF
125   CONTINUE
120   CONTINUE
      DO 140 J=1, 3
      CL1(J, 4)=F3(J)                            Vmin及相应的 M、N 分别存入 CL1
                                                 (第二大类静力组合)及 CMVN(第
140   CMVN(J, 4)=F3(J)                           一大类静力组合)中
      ELSE                                       对于柱组合 Nmax及相应的 M、V
      V1=0.
      CALL ZERO6(F3, 3)
      DO 150 I=1, NCR
      DO 150 I2=I, NCR
      DO 150 J=1, 6
      IF(J.LE.2)THEN
      IH=6
      ELSE
      IH=2
      ENDIF
      IF(I2.EQ.I)IH=1
```

```
      DO 155 J1=1, IH
      DO 160 L1=1, 3
      IF(I2.GT.I)THEN
      FT(L1)=BMVN(L1, J, I)+BMVN(L1, J1, I2)     跨内或跨间的内力组合结果
      ELSE                                        存入 FT 中
      FT(L1)=BMVN(L1, J, I)
      ENDIF
  160 CONTINUE
      V2=FT(3)
      IF(V2.GE.V1)THEN                           用轴向力比较大小
      V1=V2
      DO 165 L1=1, 3
  165 F3(L1)=FT(L1)
      ENDIF
  155 CONTINUE
  150 CONTINUE
      DO 170 J=1, 3
      CL1(J, 3)=F3(J)                            Nmax及相应的 M、V 分别存入 CL1
                                                 (第二大类静力组合)及 CMVN(第
  170 CMVN(J, 3)=F3(J)                           一大类静力组合)中
      V1=0.0                                     组合 Nmin及相应的 M、V
      CALL ZERO6(F3, 3)
      DO 180 I=1, NCR
      DO 180 I2=I, NCR
      DO 180 J=1, 6
      IF(J.LE.2)THEN
      IH=6
      ELSE
      IH=2
      ENDIF
      IF(I2.EQ.I)IH=1
      DO 185 J1=1, IH
      DO 190 L1=1, 3
      IF(I2.GT.I)THEN
      FT(L1)=BMVN(L1, J, I)+BMVN(L1, J1, I2)     跨内或跨间的内力组合结果
      ELSE                                        存入 FT 中
      FT(L1)=BMVN(L1, J, I)
      ENDIF
```

```
190   CONTINUE
      V2=FT(3)
      IF(V2.LE.V1)THEN                              用轴向力比较大小
      V1=V2
      DO 195 L1=1, 3
195   F3(L1)=FT(L1)
      ENDIF
185   CONTINUE
180   CONTINUE
      DO 200 J=1, 3
      CL1(J, 4)=F3(J)                               Nmin及相应的M、V分别存入CL1
200   CMVN(J, 4)=F3(J)                              (第二大类静力组合)及CMVN
      ENDIF                                         (第一大类静力组合)中进行
      V1=0.                                         第三大类静力组合和第四大类动
      CALL ZERO6(F3, 3)                             力组合
      DO 210 I=1, NCR
      DO 210 I2=I, NCR
      DO 210 J=1, 2
      IH=2
      IF(I2.EQ.I)IH=1
      DO 215 J1=1, IH
      DO 220 L1=1, 3
      IF(I2.GT.I)THEN
      FT(L1)=BMVN(L1, J, I)+BMVN(L1, J1, I2)
      ELSE
      FT(L1)=BMVN(L1, J, I)
      ENDIF
220   CONTINUE
      V2=FT(1)
      IF(V2.GE.V1)THEN
      V1=V2
      DO 225 L1=1, 3
225   F3(L1)=FT(L1)
      ENDIF
215   CONTINUE
210   CONTINUE
      DO 228 J=1, 3
228   CL2(J, 1)=F3(J)*0.7                           第三大类静力组合
```

```
      IF(NEQ.GT.6)THEN
      DO 230 J=1, 3
230   DMVN(J, 1)=F3(J)/1.4                第四大类动力组合
      ENDIF
      V1=0.
      CALL ZERO6(F3, 3)
      DO 240 I=1, NCR
      DO 240 I2=I, NCR
      DO 240 J=1, 2
      IH=2
      IF(I2.EQ.I)IH=1
      DO 245 J1=1, IH
      DO 250 L1=1, 3
      IF(I2.GT.I)THEN
      FT(L1)=BMVN(L1, J, I)+BMVN(L1, J1, I2)
      ELSE
      FT(L1)=BMVN(L1, J, I)
      ENDIF
250   CONTINUE
      V2=FT(1)
      IF(V2.LE.V1)THEN
      V1=V2
      DO 255 L1=1, 3
255   F3(L1)=FT(L1)
      ENDIF
245   CONTINUE
240   C ONTINUE
      DO 238 J=1, 3
238   CL2(J, 2)=F3(J)*0.7
      IF(NEQ.GT.6)THEN
      DO 260 J=1, 3
260   DMVN(J, 2)=F3(J)/1.4
      ENDIF
      IF(IE.LE.NL)THEN
      V1=0.
      CALL ZERO6(F3, 3)
      DO 270 I=1, NCR
      DO 270 I2=I, NCR
```

```
      DO 270 J=1, 2
      IH=2
      IF(I2.EQ.I)IH=1
      DO 275 J1=1, IH
      DO 280 L1=1, 3
      IF(I2.GT.I)THEN
      FT(L1)=BMVN(L1, J, I)+BMVN(L1, J1, I2)
      ELSE
      FT(L1)=BMVN(L1, J, I)
      ENDIF
280   CONTINUE
      V2=FT(2)
      IF(V2.GE.V1)THEN
      V1=V2
      DO 285 L1=1, 3
285   F3(L1)=FT(L1)
      ENDIF
275   CONTINUE
270   CONTINUE
      DO 268 J=1, 3
268   CL2(J, 3)=F3(J)*0.7
      IF(NEQ.GT.6)THEN
      DO 290 J=1, 3
290   DMVN(J, 3)=F3(J)/1.4
      ENDIF
      V1=0.
      CALL ZERO6(F3, 3)
      DO 300 I=1, NCR
      DO 300 I2=I, NCR
      DO 300 J=1, 2
      IH=2
      IF(I2.EQ.I)IH=1
      DO 305 J1=1, IH
      DO 310 L1=1, 3
      IF(I2.GT.I)THEN
      FT(L1)=BMVN(L1, J, I)+BMVN(L1, J1, I2)
      ELSE
      FT(L1)=BMVN(L1, J, I)
```

```
      ENDIF
  310 CONTINUE
      V2=FT(2)
      IF(V2.LE.V1)THEN
      V1=V2
      DO 315 L1=1,3
  315 F3(L1)=FT(L1)
      ENDIF
  305 CONTINUE
  300 CONTINUE
      DO 298 J=1,3
  298 CL2(J,4)=F3(J)*0.7
      IF(NEQ.GT.6)THEN
      DO 320 J=1,3
  320 DMVN(J,4)=F3(J)/1.4
      ENDIF
      ELSE
      V1=0.
      CALL ZERO6(F3,3)
      DO 330 I=1,NCR
      DO 330 I2=I,NCR
      DO 330 J=1,2
      IH=2
      IF(I2.EQ.I)IH=1
      DO 335 J1=1,IH
      DO 340 L1=1,3
      IF(I2.GT.I)THEN
      FT(L1)=BMVN(L1,J,I)+BMVN(L1,J1,I2)
      ELSE
      FT(L1)=BMVN(L1,J,I)
      ENDIF
  340 CONTINUE
      V2=FT(3)
      IF(V2.GE.V1)THEN
      V1=V2
      DO 345 L1=1,3
  345 F3(L1)=FT(L1)
      ENDIF
```

```
335  CONTINUE
330  CONTINUE
     DO 328 J=1, 3
328  CL2(J, 3)=F3(J) *0.7
     IF(NEQ.GT.6)THEN
     DO 350 J=1, 3
350  DMVN(J, 3)=F3(J)/1.4
     ENDIF
     V1=0.
     CALL ZERO6(F3, 3)
     DO 360 I=1, NCR
     DO 360 I2=I, NCR
     DO 360 J=1, 2
     IH=2
     IF(I2.EQ.I)IH=1
     DO 365 J1=1, IH
     DO 370 L1=1, 3
     IF(I2.GT.I)THEN
     FT(L1)=BMVN(L1, J, I)+BMVN(L1, J1, I2)
     ELSE
     FT(L1)=BMVN(L1, J, I)
     ENDIF
370  CONTINUE
     V2=FT(3)
     IF(V2.LE.V1)THEN
     V1=V2
     DO375 L1=1, 3
375  F3(L1)=FT(L1)
     ENDIF
365  CONTINUE
360  CON TINUE
     DO 358 J=1, 3
358  CL2(J, 4)=F3(J) *0.7
     IF(NEQ.GT.6)THEN
     DO 380 J=1, 3
380  DMVN(J, 4)=F3(J)/1.4
```

```
      ENDIF
      ENDIF
      RETURN
      END
```

§4.4　风荷载组合

4.4.1　计算方法与计算步骤

对于平面框架结构，风荷载可以分为左风和右风两组。由于在 FSAP 程序中规定风荷载的组号编在最后，故当荷载组数共有 NHZ 组时，则左风、右风的荷载组号分别为 NHZ-1及 HNZ。左风荷载和右风荷载是不可能同时存在的，它们是互相排斥的荷载。因此，风荷载的组合只需从这两组中挑选其中较不利的一组风载的内力，即产生与内力组合目标相同效应的那一组，让其参加静力组合中第一、第二大类的组合和动力组合中第四大类的组合，参见式(4-2) ~ 式(4-3)及式(4-6)。《建筑结构荷载规范》(GB 50009—2001)中规定，由永久荷载效应控制的组合，参与组合的可变荷载仅限于竖向荷载。因此，风荷载不参与静力组合中的第三大类组合(即永久荷载效应控制的组合)。

风荷载的组合由子程序 SUB. COMWD(IE)来完成，其主要计算步骤如下。

1. 从 FB 数组中取出 IE 杆 I1 截面的内力

根据风荷载的组号，从 FB 数组中取出 IE 单元 I1 截面的内力 M、V、N，存入 F1(1 : 3)(左风下的内力)和 F2(1 : 3)(右风下的内力)中。

2. 按照内力组合目标比较左风、右风内力的大小

绝对值大的那一组内力送入 WL(3, 4)数组的第一列或第三列，较小的送入 WL(3, 4)的第二列或第四列。

(1)对于梁和柱，其第一、第二两种内力组合目标是相同的，即都要求出 M_{max}及相应 V、N(K1 = 1)和 M_{min}及相应 V、N(K1 = 2)，故用左风和右风的弯矩 M 比较大小，把 M 较大的那一组内力送入 WL(3, 4)数组的第一列，M 较小的那一组内力则送入 WL(3, 4)数组的第二列。

(2)对于梁的第三、第四种内力组合目标，则用左风和右风的剪力 V 比较大小，把 V 较大的那一组内力送入 WL(3, 4)数组的第三列，V 较小的那一组内力送入 WL(3, 4)数组的第四列。

(3)对于柱的第三、第四种内力组合目标，则用左风和右风的轴向力 N 比较大小，把 N 较大的那一组内力送入 WL(3, 4)数组的第三列，N 较小的那一组内力送入 WL(3, 4)数组的第四列。

(4)当抗震设防烈度大于 6 度且风载的组合值系数 ψ_w(在 FSAP 程序中 ψ_w 用 FW 表示)大于零时，则把风载下的内力组合结果 WL(3, 4)乘以风载组合值系数 FW，并把计算结果叠加到存放地震组合内力的数组 DMVN(3, 4)中去。由于 DMVN(3, 4)还包含有重力荷载代表值的内力，地震作用组合时还要乘以重力荷载分项系数 $\gamma_G = 1.2$，故此时应先除以 1.2 后再叠加到 DMVN 中去。

4.4.2 计算程序 SUB. COMWD(IE)

```
      SUBROUTINE COMWD(IE)                   组合风载
      REAL*8 FB(3, 30), D1(30), D2(30)
      DIMENSION F1(3), F2(3)
      COMMON/NL/NL, NZ, NT, NLZ, NE, NJ/NHZ/NHZ, NGR, NCR, NWD/
     FB/FB
      COMMON/WL/WL(3, 4)/D0/D0(3, 4), DMVN(3, 4)/D1/D1, D2
      COMMON/NEQ/NEQ, KE, MJ/FW/FW
      NX1=NHZ-1                              从 FB 中取出左风、右风的内力
      DO 10 K=1, 3
      F1(K)=SNGL(FB(K, NX1))
10    F2(K)=SNGL(FB(K, NHZ))
      IF(F1(1).GT.F2(1))THEN                 用弯矩 M 比较大小，M 较大的送入
      DO 20 K=1, 3                           WL 的第一列，M 较小的送入 WL 的
      WL(K, 1)=F1(K)                         第二列
20    WL(K, 2)=F2(K)
      ELSE
      DO 30 K=1, 3
      WL(K, 1)=F2(K)
30    WL(K, 2)=F1(K)
      ENDIF
      IF(IE.LE.NL)THEN                       对于梁
      IF(F1(2).GT.F2(2))THEN                 用剪力 V 比较大小，V 较大的送入 WL 的
      DO 40 K=1, 3                           第三列，V 较小的送入 WL 的第四列
      WL(K, 3)=F1(K)
40    WL(K, 4)=F2(K)
      ELSE
      DO 50 K=1, 3
      WL(K, 3)=F2(K)
50    WL(K, 4)=F1(K)
      ENDIF
      ELSE                                   对于柱
      IF(F1(3).GT.F2(3))THEN                 用轴向力 N 比较大小，N 较大的送入
      DO 60 K=1, 3                           WL 的第三列，N 较小的送入 WL 的
      WL(K, 3)=F1(K)                         第四列
60    WL(K, 4)=F2(K)
      ELSE
      DO 70 K=1, 3
```

```
          WL(K, 3) = F2(K)
70        WL(K, 4) = F1(K)
          ENDIF
          ENDIF
80        IF(NEQ. GT. 6. AND. FW. GT. 0. )THEN        抗震设防烈度大于6度且FW>0时,
          DO 100 K1 = 1, 4                             组合风载下的内力
          DO 100 K = 1, 3
100       DMVN(K, K1) = DMVN(K, K1) +FW * WL(K, K1)/1.2
          ENDIF
          RETURN
          END
```

§4.5　一般活荷载的组合

4.5.1　计算方法与计算步骤

这里所讲的一般活荷载，是指除吊车荷载和风荷载以外的其他活荷载。风荷载的左风与右风是互相排斥、不可能同时存在的荷载，而一般活荷载不是互相排斥的荷载，因而组合一般活荷载的内力时，可以根据内力组合目标，按照同号相加的原则进行。主要计算步骤如下。

1. 确定一般活荷载的起始组号和终了组号

首先确定一般活荷载的起始组号 J1 和终了组号 NX2。当无吊车时，J1 = 2；当有吊车时，J1 = 4 * NCR+2；当无风时，NX2 = NHZ；当有风时，NX2 = NHZ － 2。

2. 按三大类静力组合公式计算一般活荷载的内力组合值

在静力组合下，对于 IE 杆的 I1 截面，用 J1 到 NX2 的所有各组一般活荷载的内力 M、V、N，分别按照四种内力组合目标对 M、V、N 的符号进行比较，凡同号者，对于第一大类静力组合，则将该组内力叠加到 EMVN(3, 4)中；对于第三大类静力组合，则将该组内力乘以活载组合值系数 ψ_{ci} 后叠加到 CL2(3, K)中；对于第二大类静力组合，则将各组一般活荷载的内力与吊车荷载的组合内力(吊车荷载的组合内力已由 SUB. COMCR(IE)子程序求出，结果存放在 CL1(3, 4)中；若无吊车时则将 CL1(3, 4)送 0)，根据四种内力组合目标比较大小，从吊车荷载的组合内力与各组一般活荷载的内力中找出最不利的一组内力，结果存入 CL1(3, 4)中。

3. 按第四大类动力组合公式计算一般活荷载的内力组合值

考虑地震时，同样是根据内力组合目标，按同号相加的原则进行组合，只是此时的一般活荷载下的内力尚应乘以地震组合时重力荷载代表值的组合值系数，同时除以荷载分项系数，因为这里实际上组合的是重力荷载代表值下的内力，即计算第四大类动力组合的计算公式(4-6)中的 S_{GE}，将其计算结果叠加到动内力组合数组 DMVN(3, 4)中去。

4.5.2 计算程序 SUB. COMLV(IE)

```
      SUBROUTINE COMLV(IE)                                  组合一般活荷载
      REAL*8 FB(3, 30), D1(30), D2(30)
      DIMENSION F3(3)
      COMMON/NL/NL, NZ, NT, NLZ, NE, NJ/NHZ/NHZ, NGR, NCR, NWD/FB/FB
      COMMON/EMVN/EMVN(3, 4)/D0/D0(3, 4), DMVN(3, 4)/NEQ/NEQ, KE, MJ
      COMMON/D1/D1, D2/CMVN/CMVN(3, 4), CL1(3, 4), CL2(3, 4)
      IF(NWD.GT.0)THEN                                      确定一般活荷载的起始组号和
      NX2=NHZ-2                                             终了组号
      ELSE
      NX2=NHZ
      ENDIF
      IF(NCR.GT.0)THEN
      J1=4*NCR+2
      ELSE
      J1=2
      ENDIF
      ENDIF
      DO 10 L1=J1, NX2                                      对一般活荷载的组数循环
      DO 20 K=1, 3                                          从FB中取出各组一般活荷载的
20    F3(K)=SNGL(FB(K, L1))                                 内力
      IF(F3(1).GE.0.0)THEN                                  组合Mmax及相应的V、N
      V1=CL1(1, 1)
      IF(F3(1).GE.V1)THEN                                   对于第二大类静力组合，将一般
      DO 25 K=1, 3                                          活荷载下的弯矩与吊车荷载下的
25    CL1(K, 1)=F3(K)                                       弯矩(已存放于CL1中)进行比较，
      ENDIF                                                 大者送入CL1中以代替原有值，
      DO 30 K=1, 3                                          否则不代替
      CL2(K, 1)=CL2(K, 1)+0.7*F3(K)                         将F3分别叠加到第三大类静力组
30    EMVN(K, 1)=EMVN(K, 1)+F3(K)                           合CL2及第一大类静力组合CMVN中
      IF(NEQ.GT.6)THEN                                      抗震设防烈度大于6度时，将F3
                                                            乘以组合值系数
      DO 35 K=1, 3                                          并除以荷载分项系数后叠加到第
                                                            四大类动力组合DMVN中
35    DMVN(K, 1)=DMVN(K, 1)+SNGL(D1(L1))*F3(K)/SNGL(D2(L1))
      ENDIF
```

```
      ENDIF
      IF(F3(1).LE.0.0)THEN                         组合 Mmin及相应的 V、N
      V1=CL1(1, 2)
      IF(F3(1).LE.V1)THEN
      DO 50 K=1, 3
50    CL1(K, 2)=F3(K)
      ENDIF
      DO 40 K=1, 3
      CL2(K, 2)=CL2(K, 2)+0.7 * F3(K)
40    EMVN(K, 2)=EMVN(K, 2)+F3(K)
      IF(NEQ.GT.6)THEN
      DO 45 K=1, 3
45    DMVN(K, 2)=DMVN(K, 2)+SNGL(D1(L1)) * F3(K)/SNGL(D2(L1))
      ENDIF
      ENDIF
      IF(IE.LE.NL)THEN                             对于梁
      IF(F3(2).GE.0.0)THEN                         组合 Vmax及相应的 M、N
      V1=CL1(2, 3)
      IF(F3(2).GE.V1)THEN
      DO 55 K=1, 3
55    CL1(K, 3)=F3(K)
      ENDIF
      DO 70 K=1, 3
      CL2(K, 3)=CL2(K, 3)+0.7 * F3(K)
70    EMVN(K, 3)=EMVN(K, 3)+F3(K)
      IF(NEQ.GT.6)THEN
      DO 75 K=1, 3
75    DMVN(K, 3)=DMVN(K, 3)+SNGL(D1(L1)) * F3(K)/SNGL(D2(L1))
      ENDIF
      ENDIF
      IF(F3(2).LE.0.0)THEN                         组合 Vmin及相应的 M、N
      V1=CL1(2, 4)
      IF(F3(2).LE.V1)THEN
      DO 60 K=1, 3
60    CL1(K, 4)=F3(K)
      ENDIF
      DO 80 K=1, 3
```

```
      CL2(K, 4)=CL2(K, 4)+0.7 * F3(K)
80    EMVN(K, 4)=EMVN(K, 4)+F3(K)
      IF(NEQ.GT.6)THEN
      DO 85 K=1, 3
85    DMVN(K, 4)=DMVN(K, 4)+SNGL(D1(L1)) * F3(K)/SNGL(D2(L1))
      ENDIF
      ENDIF
      ELSE                                          对于柱
      IF(F3(3).GE.0.0)THEN                          组合 Nmax 及相应的 M、V
      V1=CL1(3, 3)
      IF(F3(3).GE.V1)THEN
      DO 65 K=1, 3
65    CL1(K, 3)=F3(K)
      ENDIF
      DO 110 K=1, 3
      CL2(K, 3)=CL2(K, 3)+0.7 * F3(K)
110   EMVN(K, 3)=EMVN(K, 3)+F3(K)
      IF(NEQ.GT.6)THEN
      DO 115 K=1, 3
115   DMVN(K, 3)=DMVN(K, 3)+SNGL(D1(L1)) * F3(K)/SNGL(D2(L1))
      ENDIF
      ENDIF
      IF(F3(3).LE.0.0)THEN                          组合 Nmin 及相应的 M、V
      V1=CL1(3, 4)
      IF(F3(3).LE.V1)THEN
      DO 90 K=1, 3
90    CL1(K, 4)=F3(K)
      ENDIF
      DO 120 K=1, 3
      CL2(K, 4)=CL2(K, 4)+0.7 * F3(K)
120   EMVN(K, 4)=EMVN(K, 4)+F3(K)
      IF(NEQ.GT.6)THEN
      DO 125 K=1, 3
125   DMVN(K, 4)=DMVN(K, 4)+SNGL(D1(L1)) * F3(K)/SNGL(D2(L1))
      ENDIF
      ENDIF
      ENDIF
```

```
   10 CONTINUE
      RETURN
      END
```

§4.6　静力组合的最终结果

4.6.1　计算方法与计算步骤

前面已完成了吊车荷载组合、风荷载组合和一般活荷载的组合的程序设计，从而求得了这三种活荷载的最不利内力，本节介绍计算三大类静力组合的最终结果，并按内力组合目标从三大类静力组合结果中找出最不利的内力组合值的程序设计。其计算方法与步骤如下。

1. 计算三大类静力组合的最终结果

根据三大类静力组合的公式(4-2)～公式(4-4)，将已求得的吊车荷载组合、风荷载组合和一般活荷载的组合下的最不利内力与恒载的内力相叠加，求得三大类静力组合的最终结果，存入 SMVN(J1, K1, I2)中。这里 J1 = 1～3，分别存放 IE 单元 I1 截面组合内力的三个分量 M、V、N；K1 = 1～4 为四个内力组合目标的序号；I2 = 1～3 分别表示三大类静力组合的序号。

2. 按照内力组合目标找出三大类静力组合的最不利内力

按照四种内力组合目标，对三大类静力组合的结果进行比较，求得最不利的内力组合值，存入 WMVN(J, K1)数组中，作为配筋计算的依据。这里 J = 1～3 存放 I1 截面的组合内力的三个分量 M、V、N；K1 = 1～4 为四个内力组合目标的序号。

3. 梁的支座弯矩削减

对于梁，如果需要考虑支座弯矩削减，则需调用支座弯矩削减的子程序 SUB. ZLR (WMVN, IE, I1)进行支座弯矩削减，计算结果仍存入 WMVN(3, 4)数组中。

4. 将 I1 = 1 的截面的组合内力送入 WO(3, 4)

对于 IE 杆 I1 = 1 的 i 端截面，还需把静内力的组合结果 WMVN(3, 4)存入 WO(3, 4)中，供计算 i 端截面的配筋之用。

4.6.2　计算程序 SUB. COMCLW(IE, I1)

```
      SUBROUTINE COMCLW(IE, I1)                静内力组合的最终结果
      REAL*8 FB(3, 30)
      DIMENSION SMVN(3, 4, 3), SM1(3, 4, 3), W0(3, 4)
      COMMON/NL/NL, NZ, NT, NLZ, NE, NJ/NLR/NLR, NRL(40), RL(2, 40)
      COMMON/CMVN/CMVN(3, 4), CL1(3, 4), CL2(3, 4)/EMVN/EMVN(3, 4)
      COMMON/WO/WO(3, 4), WMVN(3, 4)/IT/IT/FB/FB/WL/WL(3, 4)
      V1 = WL(1, 1)                            对于第二大类静力组合，将
```

```
      V2=CL1(1, 1)
      IF(V1.GE.V2)THEN
      DO 15 K=1, 3
15    CL1(K, 1)=WL(K, 1)
      ENDIF
      V1=WL(1, 2)
      V2=CL1(1, 2)
      IF(V1.LE.V2)THEN
      DO 25 K=1, 3
25    CL1(K, 2)=WL(K, 2)
      ENDIF
      IF(IE.LE.NL)THEN
      V1=WL(2, 3)
      V2=CL1(2, 3)
      IF(V1.GE.V2)THEN
      DO 35 K=1, 3
35    CL1(K, 3)=WL(K, 3)
      ENDIF
      V1=WL(2, 4)
      V2=CL1(2, 4)
      IF(V1.LE.V2)THEN
      DO 45 K=1, 3
45    CL1(K, 4)=WL(K, 4)
      ENDIF
      ELSE
      V1=WL(3, 3)
      V2=CL1(3, 3)
      IF(V1.GE.V2)THEN
      DO 55 K=1, 3
55    CL1(K, 3)=WL(K, 3)
      ENDIF
      V1=WL(3, 4)
      V2=CL1(3, 4)
      IF(V1.LE.V2)THEN
      DO 65 K=1, 3
65    CL1(K, 4)=WL(K, 4)
      ENDIF
```

风载下的内力 WL 与吊车荷载及一般活荷载的内力 CL1 按照内力组合目标比较大小，将较大(或较小)者存入 CL1 中

```
      ENDIF
       DO 10 K1=1, 4                                        计算三大类静力组合的
       DO 20 J1=1, 3                                        最终结果
       H1=CMVN(J1, K1)+EMVN(J1, K1)
       H2=WL(J1, K1)
       H3=H1+H2
       H4=CL1(J1, K1)
       H5=CL2(J1, K1)
       SMVN(J1, K1, 1)=SNGL(FB(J1, 1))+0.9*H3              第一大类静力组合
       SMVN(J1, K1, 2)=SNGL(FB(J1, 1))+H4                  第二大类静力组合
       SMVN(J1, K1, 3)=SNGL(FB(J1, 1))*1.35/1.2+H5         第三大类静力组合
20     CONTINUE
10     CONTINUE
       IF(KC6.EQ.100)THEN                                   输出三大类静力组合的
       IF(I1.EQ.1)THEN                                      最终结果
       DO 75 I=1, 3
       DO 75 K1=1, 4
       DO 75 J1=1, 3
75     SM1(J1, K1, I)=SMVN(J1, K1, I)
       ENDIF
       IF(IE.LE.NL)THEN
       IF(I1.EQ.7)THEN
       DO 85 I=1, 3
       WRITE(9, 910)I
       CALL PRN('----')
       WRITE(9, 920)(K1, (SM1(J1, K1, I), J1=1, 3),
       #(SMVN(J1, K1, I), J1=1, 3), K1=1, 4)
85     CONTINUE
       ENDIF
       ELSE
       IF(I1.EQ.2)THEN
       DO 95 I=1, 3
       WRITE(9, 910)I
       CALL PRN('----')
       WRITE(9, 920)(K1, (SM1(J1, K1, I), J1=1, 3),
      #(SMVN(J1, K1, I), J1=1, 3), K1=1, 4)
95     CONTINUE
```

```
      ENDIF
      ENDIF
      ENDIF
      V1=SMVN(1, 1, 1)
      IH=1
      DO 30 IZ=2, 3
      V2=SMVN(1, 1, IZ)
      IF(V2.GT.V1)THEN
      V1=V2
      IH=IZ
      ENDIF
30    CONTINUE
      DO 40 J=1, 3
40    WMVN(J, 1)=SMVN(J, 1, IH)
      V1=SMVN(1, 2, 1)
      IH=1
      DO 50 IZ=2, 3
      V2=SMVN(1, 2, IZ)
      IF(V2.LT.V1)THEN
      V1=V2
      IH=IZ
      ENDIF
50    CONTINUE
      DO 60 J=1, 3
60    WMVN(J, 2)=SMVN(J, 2, IH)
      IF(IE.LE.NL)THEN
      V1=SMVN(2, 3, 1)
      IH=1
      DO 70 IZ=2, 3
      V2=SMVN(2, 3, IZ)
      IF(V2.GT.V1)THEN
      V1=V2
      IH=IZ
      ENDIF
70    CONTINUE
      DO 80 J=1, 3
```

根据内力组合目标，从三大类静力组合结果中挑出最不利内力，存入 WMVN 中

```
80    WMVN(J, 3)=SMVN(J, 3, IH)
      V1=SMVN(2, 4, 1)
      IH=1
      DO 90 IZ=2, 3
      V2=SMVN(2, 4, IZ)
      IF(V2. LT. V1)THEN
      V1=V2
      IH=IZ
      ENDIF
90    CONTINUE
      DO 100 J=1, 3
100   WMVN(J, 4)=SMVN(J, 4, IH)
      ELSE
      V1=SMVN(3, 3, 1)
      IH=1
      DO 110 IZ=2, 3
      V2=SMVN(3, 3, IZ)
      IF(V2. GT. V1)THEN
      V1=V2
      IH=IZ
      ENDIF
110   CONTINUE
      DO 120 J=1, 3
120   WMVN(J, 3)=SMVN(J, 3, IH)
      V1=SMVN(3, 4, 1)
      IH=1
      DO 130 IZ=2, 3
      V2=SMVN(3, 4, IZ)
      IF(V2. LT. V1)THEN
      V1=V2
      IH=IZ
      ENDIF
130   CONTINUE
      DO 140 J=1, 3
140   WMVN(J, 4)=SMVN(J, 4, IH)
      ENDIF
      IF(I1. EQ. 1)THEN
```

```
      DO 145 K1=1, 4
      DO 145 J=1, 3
      W0(J, K1)=WMVN(J, K1)
      ENDIF
      IF(IE.LE.NL)THEN
      IF(I1.EQ.7)THEN
      WRITE(9, 930)
      CALL PRN('----')
      WRITE(9, 940)(K1, (W0(J1, K1), J1=1, 3), (WMVN(J1, K1), J1=1,
     3), K1=1, 4)
      ENDIF
      ELSE
      IF(I1.EQ.2)THEN
      WRITE(9, 930)
      CALL PRN('----')
      WRITE(9, 940)(K1, (W0(J1, K1), J1=1, 3), (WMVN(J1, K1), J1=1,
     3), K1=1, 4)
      ENDIF
      ENDIF
      IF(IE.LE.NL.AND.NLR.GT.0)THEN
      IF(I1.EQ.1.OR.I1.EQ.7)THEN
      CALL ZLR(WMVN, IE, I1)
      ENDIF
      ENDIF
      IF(I1.EQ.1)THEN
      DO 150 K1=1, 4
      DO 150 J=1, 3
150   WO(J, K1)=WMVN(J, K1)
      ENDIF
      IF(I1.EQ.7)THEN
      WRITE(9, 960)
      CALL PRN('----')
      DO 200 K1=1, 4
200   WRITE(9, 970)K1, (WO(J1, K1), J1=1, 3), (WMVN(J1, K1), J1=1, 3)
      ENDIF
      RETURN
910   FORMAT(/1X,'STATIC COMBINNATION. NO. ', I3/1X,
```

```
      #'COM. TYPE', 6x,'MI', 9x,'VI', 9x,'NI', 9x,'MJ', 9x,'VJ', 9x,'NI')
920   FORMAT(1x,'K1=', I2, 2X, 6F11.2)
930   FORMAT(/1X,'FINAL RESULTS OF STATIC COMBINNATION'/1X,
      #'COM. TYPE', 6x,'MI', 9x,'VI', 9x,'NI', 9x,'MI', 9x,'VI', 9x,'NI')
940   FORMAT(1X,'K1=', I2, 5X, 6F11.2)
960   FORMAT (//1X,' STATIC COMBINATION AFTER SUPPORTER MOMENTS
      DECREASE'/
      #1X,'CO. TYPE', 8X,'MI', 9X,'VI', 9X,'NI', 9X,'MJ', 9X,'VJ', 9X,'NJ')
970   FORMAT(1X,'K1=', I3, 2X, 6F11.2)
      END
```

§4.7　地震组合及其内力组合值的调整

4.7.1　计算方法与计算步骤

地震组合(即第四大类动力组合)的计算公式见式(4-6)，其计算过程由子程序 SUB. COMEL(IE, I1)来完成。主要的计算原理、计算方法和计算步骤如下。

1. 计算重力荷载代表值下的内力

在组合静内力的子程序 SUB. COMCR(IE)、SUB. COMLV(IE)及 SUB. COMWD(IE)中，同时求出了吊车荷载和一般活荷载及风载考虑地震组合值系数以后的内力组合值，结果已存放在 DMVN(3, 4)中，所以这里只需把恒载的内力叠加进去即可。

2. 计算各振型在水平地震作用下的组合内力

各振型水平地震作用下的杆端力已由子程序 SUB. EFORC 求得，其结果已存放在数组 CMJ(J, IE, IMJ)中，这里 J=1~3 存放 IE 杆 i 端截面的 3 个内力分量，IE=1~NE 为单元号，IMJ=1~MJ 为振型序号，MJ 为需计算的振型个数。在 SUB. COMEL(IE, I1)子程序中，先从 CMJ 数组中取出杆件 i 端各振型下的杆端力，然后依据静力平衡条件求出 I1 截面的内力，再根据内力组合目标，按式(4-22)进行振型叠加，其结果存入数组 FD(3)中，即

$$FD(1)=\sqrt{\sum_{j=1}^{MJ}M_j^2}\ ,\ FD(2)=\sqrt{\sum_{j=1}^{MJ}V_j^2}\ ,\ FD(3)=\sqrt{\sum_{j=1}^{MJ}N_j^2} \tag{4-22}$$

值得注意的是，这里求得的 M、V、N 都是绝对值，当按第四大类动力组合的公式(4-6)进行叠加时，还必须解决振型叠加后的地震内力 FD 的符号问题。FSAP 程序中确定 FD 的符号的方法如下：先对各振型下的内力的绝对值按内力组合目标比较大小，得到绝对值最大的内力，记下其内力的符号，存放于 R(J)中(J=1~3，R(J)存放该振型的 3 个内力分量 M、V、N 的符号)。如果内力组合的目标为最大值 M_{max}或(V_{max}或 N_{max})，且各振型中绝对值最大的弯矩 M(或剪力 V 或轴力 N)的符号为正号，则该振型的内力的符号就是振型叠加后的组合内力的符号；反之，若各振型中绝对值最大的 M(或 V 或 N)的符号为负

号，则应把 R(J)反号作为振型叠加后的组合内力的符号。同理，如果内力组合的目标为最小值 M_{min}（或 V_{min} 或 N_{min}），且各振型中绝对值最小的弯矩 M（或剪力 V 或轴向力 N）的符号为负号，则该振型的内力的符号就是振型叠加后的组合内力的符号，反之，R(J)就应变号。

3. 按公式(4-6)完成地震组合的计算

由于在 DMVN(3, 4)中已包含了吊车荷载、一般活荷载和风荷载及恒载的组合内力，所以这里只需根据内力组合目标，将各振型下的组合内力按已确定的符号 R(J)并乘以水平地震作用分项系数 $\gamma_{Eh}=1.3$，叠加到 DMVN(3, 4)中去即可。

4. 对地震组合内力进行支座弯矩削减

当需要考虑梁的支座弯矩削减时，则调用子程序 SUB. ZLR(DMVN, IE, I1)，对梁端的支座弯矩进行削减，削减后的地震组合内力仍存入 DMVN(3, 4)中。

5. 地震组合内力设计值的调整

对于抗震等级为一、二、三、四级的框架结构，对已求得的梁、柱端的地震内力组合值，还需按“强柱弱梁”、“强剪弱弯”、“强节点”的原则进行调整，有关计算公式详见式(4-7)、式(4-10)或式(4-12)、式(4-13)及式(4-15)。

(1)对于“强柱弱梁”要求，可以直接调用子程序 SUB. ADZM(IE, K1)，将柱端弯矩乘以增大系数 η_c，调整后的弯矩 M 及调整前的相对应的 V、N 仍然存入数组 DMVN(3, 4)中。

(2)对于梁“强剪弱弯”和柱“强剪弱弯”的要求，由于牵涉到杆件 i、j 两端的地震组合弯矩值的叠加问题，为了使杆件两端的弯矩之和 $M_b^l+M_b^r$（梁）或 $M_c^b+M_c^t$（柱）属于同一地震方向（如左震或右震）的杆端弯矩相叠加，程序中实现时，杆端调整后的剪力按下列公式进行计算：

对于梁

$$\left.\begin{aligned} V_{b1}&=(\eta_{vb}-1)\frac{M_{b\max}^l+M_{b\min}^r}{l_n(\text{或 }l)}+V_{b0}^l(\text{或 }V_{b0}^r)\\ V_{b2}&=(\eta_{vb}-1)\frac{M_{b\min}^l+M_{b\max}^r}{l_n(\text{或 }l)}+V_{b0}^l(\text{或 }V_{b0}^r)\end{aligned}\right\}\tag{4-23}$$

（V_{b0}^l 和 V_{b0}^r 两相比较，取大值）

对于柱

$$\left.\begin{aligned} V_{c1}&=\eta_{vc}\frac{M_{c\max}^b+M_{c\min}^t}{H_n(\text{或 }H)}\\ V_{c2}&=\eta_{vc}\frac{M_{c\min}^b+M_{c\max}^t}{H_n(\text{或 }H)}\end{aligned}\right\}\tag{4-24}$$

对于梁和柱按“强剪弱弯”的要求进行内力调整是通过调用子程序 SUB. ADV(IE)来实现的。应予特别注意的是，式(4-24)中的弯矩值是指按“强柱弱梁”要求调整以后的弯矩值。调整后的剪力仍然存入 DMVN(3, 4)中。

(3)对于“强节点”要求，则将梁端弯矩直接乘以节点剪力增大系数 η_{jb}。

4.7.2 地震组合的计算程序 SUB. COMEL(IE, I1)

```
      SUBROUTINE COMEL(IE,I1)                         组合地震内力
      REAL * 8 GL(3,100),FB(3,30)
      DIMENSION CM(3),FD(3),F3(3),R(3),F4(3),RR(3)
      COMMON/CMJ/CMJ(3,100,5)/D0/D0(3,4),DMVN(3,4)/IT/IT
      COMMON/NL/NL,NZ,NT,NLZ,NE,NJ/NLR/NLR,NRL(40),RL(2,40)/GL/
     GL/FB/FB
      COMMON/DM1/DM1(3,4),DM2(3,4)/NEQ/NEQ,KE,MJ
      I4=I1-1
      XI1=FLOAT(I4)
      XIT=FLOAT(IT)
      XI=SNGL(GL(1,IE))*XI1/XIT                       计算 I1 截面距杆件 i 端的距离
      DO 500 K1=1,4                                   计算重力荷载代表值下的内力
      DO 10 J=1,3                                     组合值,并从 CMJ 中取出第一振型
      DMVN(J,K1)=1.2*DMVN(J,K1)+SNGL(FB(J,1))         下 i 端的地震内力存入 CM 中
 10   CM(J)=CMJ(J,IE,1)
      FD(1)=CM(1)+CM(2)*XI                            计算 CM 在 I1 截面产生的内力,
      FD(2)=CM(2)                                     存入 FD 中,并将内力的绝对值
                                                      存入 F3 中
      FD(3)=CM(3)
      DO 20 J=1,3
      FDJ=FD(J)
      F3(J)=ABS(FDJ)
      R(J)=SIGN(1.0,FDJ)                              第一振型下各内力分量的符号
                                                      存入 R 中
 20   FD(J)=FDJ*FDJ
      DO 30 J=2,MJ                                    取出其余各振型 i 端截面的内
                                                      力存入 CM 中,并计算 CM 在
      DO 40 J3=1,3                                    I1 截面产生的内力,内力的绝对
                                                      值存入 F4 中
 40   CM(J3)=CMJ(J3,IE,J)
      C1=CM(1)
      C2=CM(2)
      C3=CM(3)
      C4=C1+C2*XI
      F4(1)=ABS(C4)
```

```
      F4(2)=ABS(C2)
      F4(3)=ABS(C3)
      RR(1)=SIGN(1.0,C4)                   其余振型各内力分量的符号存
      RR(2)=SIGN(1.0,C2)                   入 RR 中
      RR(3)=SIGN(1.0,C3)
      DO 50 K=1,3
50    FD(K)=FD(K)+F4(K)**2                 将各振型下的内力分量的平方
                                           和叠加到 FD 中
      IF((K1.EQ.1.AND.F4(1).GE.F3(1)).OR.(K1.EQ.2.AND.F4(1).GE.F3
      (1)))THEN
      DO 60 K=1,3                          找出弯矩绝对值最大的那一个
                                           振型,并将该弯矩的符号存入
      F3(K)=F4(K)                          R 中
60    R(K)=RR(K)
      ENDIF
      IF(IE.LE.NL)THEN                     对于梁
      IF((K1.EQ.3.AND.F4(2).GE.F3(2)).OR.(K1.EQ.4.AND.F4(2).GE.F3
      节#(2)))THEN
      DO 61 K=1,3                          找出剪力绝对值最大的那一个
      F3(K)=F4(K)                          振型,并将该剪力的符号存入 R 中
61    R(K)=RR(K)
      ENDIF
      ELSEIF(IE.GT.NL)THEN                 对于柱
      IF((K1.EQ.3.AND.F4(3).GE.F3(3)).OR.(K1.EQ.4.AND.F4(3).GE.F3
      (3)))THEN
      DO 62 K=1,3                          找出轴向力最大的那一个振型,
      F3(K)=F4(K)                          并将该轴向力的符号存入 R 中
62    R(K)=RR(K)
      ENDIF
      ENDIF
30    CONTINUE
      DO 70 K=1,3                          按式(4-22)计算各振型下的组
                                           合内力
70    FD(K)=SQRT(FD(K))
      IF ((K1.EQ.1.AND.R(1).EQ.-1.0).OR.(K1.EQ.2.AND.R(1)
      .EQ.1.)) # THEN
      DO 100 J=1,3                         当内力组合目标为 Mmax 而 R 中
```

```
                                              的符号为负号,或内力组合目
100   R(J)=-R(J)                              标为 Mmin 而 R 中的符号为正
                                              号,则 R 中的符号应变号
      ENDIF
      IF(IE.LE.NL)THEN                        对于梁
      IF((K1.EQ.3.AND.R(2).EQ.-1.0).OR.(K1.EQ.4.AND.R(2)
     .EQ.1.))THEN
      DO 105 J=1,3                            当内力组合目标为 Vmax 而 R 中
                                              的符号为负号,或内力组合目
105   R(J)=-R(J)                              标为 Vmin 而 R 中的符号为正号,
                                              则 R 中的符号应变号
      ENDIF
      ELSEIF(IE.GT.NL)THEN                    对于柱
      IF((K1.EQ.3.AND.R(3).EQ.-1.0).OR.(K1.EQ.4.AND.R(3)
     .EQ.1.))THEN
      DO 110 J=1,3                            当内力组合目标为 Nmax 而 R 中
                                              的符号为负号,或内力组合目
110   R(J)=-R(J)                              标为 Nmin 而 R 中的符号为正号,
                                              则 R 中的符号应变号
      ENDIF
      ENDIF
      DO 120 J=1,3                            按式(4-6)将各振型下的组合内
                                              力叠加到 DMVN
120   DMVN(J,K1)=DMVN(J,K1)+R(J)*FD(J)*1.3
500   CONTINUE
      IF(I1.EQ.1)THEN
      DO 125 K1=1,4
      DO 125 J=1,3
      DM1(J,K1)=DMVN(J,K1)
125   D0(J,K1)=DMVN(J,K1)
      ENDIF
      IF(IE.LE.NL)THEN
      IF(I1.EQ.7)THEN
      DO 130 K1=1,4
      DO 130 J=1,3
      DM2(J,K1)=DMVN(J,K1)
      WRITE(9,900)
```

```
      CALL PRN('----')
      DO 135 K1=1,4
135   WRITE(9,910)K1,(DM1(J1,K1),J1=1,3),(DM2(J1,K1),J1=1,3)
      ENDIF
      ELSE
      IF(I1.EQ.2)THEN
      DO 140 K1=1,4
      DO 140 J=1,3
      DM2(J,K1)=DMVN(J,K1)
      WRITE(9,900)
      CALL PRN('----')
      DO 145 K1=1,4
145   WRITE(9,910)K1,(DM1(J1,K1),J1=1,3),(DM2(J1,K1),J1=1,3)
      ENDIF
      ENDIF
      IF(IE.LE.NL.AND.NLR.GT.0)THEN
      IF(I1.EQ.1.OR.I1.EQ.7)THEN
      CALL ZLR(DMVN,IE,I1)
      IF(I1.EQ.1)THEN
      DO 150 K1=1,4
      DO 150 J1=1,3
150   D0(J1,K1)=DMVN(J1,K1)
      ENDIF
      ENDIF
      ENDIF
      IF(I1.EQ.7)THEN
      WRITE(9,920)
      CALL PRN('----')
      DO 160 K1=1,4
160   WRITE(9,930)K1,(D0(J1,K1),J1=1,3),(DMVN(J1,K1),J1=1,3)
      ENDIF
      IF(IE.LE.NL)THEN
      IF(I1.EQ.7)THEN
      DO 170 K1=1,4
170   CALL ADZM(IE,K1)
      CALL ADV(IE)
      WRITE(9,960)
```

```
      CALL PRN('----')
      DO 175 K1=1,4
175   WRITE(9,970)K1,(D0(J1,K1),J1=1,3),(DMVN(J1,K1),J1=1,3)
      ENDIF
      ELSE
      IF(I1.EQ.2)THEN
      DO 190 K1=1,4
190   CALL ADZM(IE,K1)
      CALL ADV(IE)
      WRITE(9,960)
      CALL PRN('----')
      DO 200 K1=1,4
200   WRITE(9,970)K1,(D0(J1,K1),J1=1,3),(DMVN(J1,K1),J1=1,3)
      ENDIF
      ENDIF
      RETURN
900   FORMAT(//1X,'EATHEQUAKE COMBINATION RESULTS '/
     #1X,'CO. TYPE',8X,'MI',9X,'VI',9X,'NI'9X,'MJ',9X,'VJ',9X,'NJ')
910   FORMAT(1X,'K1=',I3,2X,6F11.2)
920   FORMAT(//1X,'EATHEQUAKE COMBINATION AFTER SUPPORTER ',
     #'MOMENTS DECREASE'
     #/1X,'CO. TYPE',8X,'MI',9X,'VI',9X,'NI'9X,'MJ',9X,'VJ',9X,'NJ')
930   FORMAT(1X,'K1=',I3,2X,6F11.2)
960   FORMAT(//1X,'ADJUSTED EATHEQUAKE COMBINATION RESULTS '/
     #1X,'CO. TYPE',8X,'MI',9X,'VI',9X,'NI'9X,'MJ',9X,'VJ',9X,'NJ')
970   FORMAT(1X,'K1=',I3,2X,6F11.2)
      END
```

4.7.3 按"强柱弱梁"要求调整框架柱端地震组合弯矩设计值的计算程序 SUB. ADZM(IE,K1)

```
      SUBROUTINE ADZM(IE,K1)            框架柱端地震组合弯矩设计值的调整
      COMMON /NEQ/NEQ,KE,MJ/D0/D0(3,4),DMVN(3,4)/F3/F3(3)
      COMMON/FT/E,FC,FT,C2,AG,,H0,A,A0
      COMMON /NL/NL,NZ,NT,NLZ,NE,NJ/JWA/JW(3,100),KAD(300),IEW(6)
      CALL QIEW(IE)
```

```
      J1=IEW(3)
      IF(J1.EQ.0)THEN                        确定底层柱底弯矩增大系数
      IF(KE.EQ.1)THEN
      ANDC1=1.7
      ELSE IF(KE.EQ.2)THEN
      ANDC1=1.5
      ELSE IF(KE.EQ.3)THEN
      ANDC1=1.3
      ELSE
      ANDC1=1.2
      ENDIF
      ENDIF
      DO 10 I=1,3
   10 ZYB=F3(3)/(FC*A)
      IF(ZYB.GT.0.15)THEN                    确定其余柱端弯矩增大系数
      IF(KE.EQ.1)THEN
      ANDC=1.7
      ELSE IF(KE.EQ.2)THEN
      ANDC=1.5
      ELSE IF(KE.EQ.3)THEN
      ANDC=1.3
      ELSE
      ANDC=1.2
      ENDIF
      ELSE
      ANDC=1.0
      ENDIF
      IF(J1.EQ.0)THEN
      D0(1,K1)=ANDC1*D0(1,K1)                底层柱底弯矩调整
      DMVN(1,K1)=ANDC*DMVN(1,K1)             底层柱顶弯矩调整
      ELSE
      D0(1,K1)=ANDC*D0(1,K1)                 其余柱端(i端)弯矩调整
      DMVN(1,K1)=ANDC*DMVN(1,K1)             其余柱端(j端)弯矩调整
      ENDIF
      RETURN
      END
```

4.7.4 按“强剪弱弯”要求调整框架梁端、柱端地震组合剪力设计值的计算程序 SUB. ADV(IE)

```
      SUBROUTINE ADV(IE)                     框架梁端、柱端地震组合剪力设计值的
                                             调整
      REAL * 8 GL(3,100)
      COMMON/NLR/NLR,NRL(40),RL(2,40)/GL/GL/NEQ/NEQ,KE,MJ
      COMMON /NL/NL,NZ,NT,NLZ,NE,NJ/D0/D0(3,4),DMVN(3,4)
      GL1=GL(1,IE)
      IF(IE.LE.NL)THEN                       对于梁
      IF(KE.EQ.1)THEN                        确定梁端剪力增大系数
      ANDC=1.3
      ELSE IF(KE.EQ.2)THEN
      ANDC=1.2
      ELSE IF(KE.EQ.3)THEN
      ANDC=1.1
      ELSE
      ANDC=1.0
      ENDIF
      ZM1=D0(1,1)
      YM1=DMVN(1,2)
      ZM2=D0(1,2)
      YM2=DMVN(1,1)
      VB1=ABS(ZM1-YM1)/GL1
      VB2=ABS(YM2-ZM2)/GL1
      IF(VB1.LE.VB2)VB1=VB2
      VB1=(ANDC-1.) * VB1
      DO 30 K1=1,2                           梁端剪力调整
      IF(D0(2,K1).GE.0.)THEN
      D0(2,K1)=D0(2,K1)+VB1
      ELSE
      D0(2,K1)=D0(2,K1)-VB1
      ENDIF
      IF(DMVN(2,K1).GE.0.)THEN
      DMVN(2,K1)=DMVN(2,K1)+VB1
      ELSE
      DMVN(2,K1)=DMVN(2,K1)-VB1
      ENDIF
30    CONTINUE
      ELSE                                   对于柱
```

```
      IF(KE.EQ.1)THEN                       确定柱端剪力增大系数
      ANDC=1.5
      ELSE IF(KE.EQ.2)THEN
      ANDC=1.3
      ELSE IF(KE.EQ.3)THEN
      ANDC=1.2
      ELSE
      ANDC=1.1
      ENDIF
      XM1=D0(1,1)
      SM1=DMVN(1,2)
      XM2=D0(1,2)
      SM2=DMVN(1,1)
      VC1=ANDC*(XM1-SM1)/GL1                柱端剪力调整
      VC2=ANDC*(SM2-XM2)/GL1
      IF(ABS(VC1).LE.ABS(VC2))THEN
      VC1=VC2
      ENDIF
      DO 20 K1=1,2
      D2=D0(2,K1)
      D3=DMVN(2,K1)
      IF(ABS(VC1).GT.ABS(D2))D0(2,K1)=VC1
      IF(ABS(VC1).GT.ABS(D3))DMVN(2,K1)=VC1
20    CONTINUE
      ENDIF
      RETURN
      END
```

§4.8 支座弯矩削减

4.8.1 计算原理

支座弯矩削减的信息由 NRL(20)和 RL(2, 20)两个数组提供，其中：

NLR(ILR)——需进行支座弯矩削减的杆号；

RL(1, ILR)——左支座削减宽度；

RL(2, ILR)——右支座削减宽度。

前面已求得的梁端截面的静力组合和动力组合结果 WMVN(3, 4)及 DMVN(3, 4)，都是支座中心线处的内力，但梁的最危险截面并不是在支座中心线处，而是在支座边缘附近。因此，对于梁支座中心线的弯矩往往需要按下式进行削减

$$M_n = M - V \cdot b_n \geq 70\% M \tag{4-25}$$

式中：M_n——考虑削减以后的弯矩；

M——支座中心线的弯矩；

V——与 M 相应的支座中心线的剪力；

b_n——支座削减宽度，$b_n \leqslant \dfrac{b}{2}$。对于火力发电厂主厂房的框架可以取 $b_n = \dfrac{b}{3}$，如图 4-6 所示。

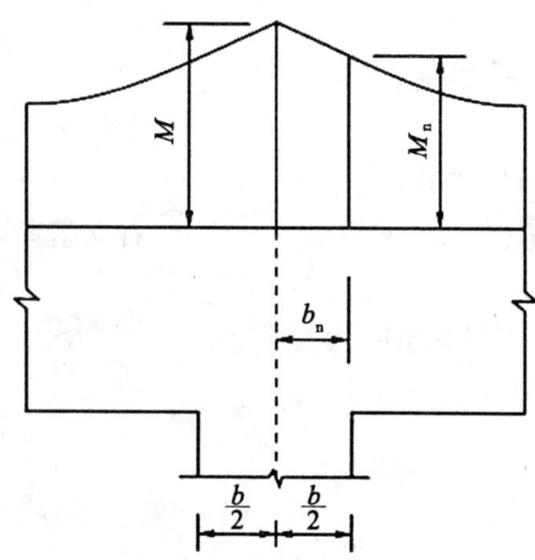

图 4-6　支座弯矩削减示意图

4.8.2　计算程序 SUB. ZLR(R，IE，I1)

```
      SUBROUTINE ZLR(R,IE,I1)                    梁端支座弯矩削减
      DIMENSION R(3,4)
      COMMON/NLR/NLR,NRL(40),RL(2,40)/IT/IT/IK/IK
      DO 10 ILR=1,NLR                            对考虑支座弯矩削减的梁数循环
      IH=NRL(ILR)
      IF(IE.EQ.IH)THEN
      TZK=RL(1,ILR)                              左支座削减宽度
      YOK=RL(2,ILR)                              右支座削减宽度
      IF(I1.EQ.1)THEN
      DO 20 K1=1,4
      IF(R(1,K1).LT.0.)THEN
      RF1=R(1,K1)+R(2,K1)*TZK                    左支座弯矩削减
      RF2=0.7*R(1,K1)
      IF(ABS(RF1).GE.ABS(RF2))THEN
      IF(RF1.LT.0)THEN
      R(1,K1)=RF1
      ELSE
```

```
      R(1,K1)=0.0
      ENDIF
      ELSE
      R(1,K1)=RF2
      ENDIF
      ENDIF
   20 CONTINUE
      ELSE IF(I1.EQ.IK)THEN
      DO 30 K1=1,4
      IF(R(1,K1).LT.0.)THEN
      RF1=R(1,K1)-R(2,K1)*YOK                右支座弯矩削减
      RF2=0.7*R(1,K1)
      IF(ABS(RF1).GE.ABS(RF2))THEN
      IF(RF1.LT.0)THEN
      R(1,K1)=RF1
      ELSE
      R(1,K1)=0.0
      ENDIF
      ELSE
      R(1,K1)=RF2
      ENDIF
      ENDIF
   30 CONTINUE
      ENDIF
      ENDIF
   10 CONTINUE
      RETURN
      END
```

第 5 章　配筋计算程序设计

在第 4 章中已求得的最不利组合内力的基础上，本章结合 FSAP 程序，讲述按我国现行结构设计规范《混凝土结构设计规范》(GB 50010—2010)、《建筑抗震设计规范》(GB 50011—2010)中的有关规定，对混凝土结构构件进行配筋计算的程序设计方法和编制技巧。

§5.1　配筋计算程序的总体设计

5.1.1　配筋计算程序的总框图

第 4 章中已求得了 IE 单元 I1 截面的最不利组合内力，当配筋控制参数 NFY>1 时，表示要进行配筋计算，其配筋计算程序的总框图如图 5-1 所示。

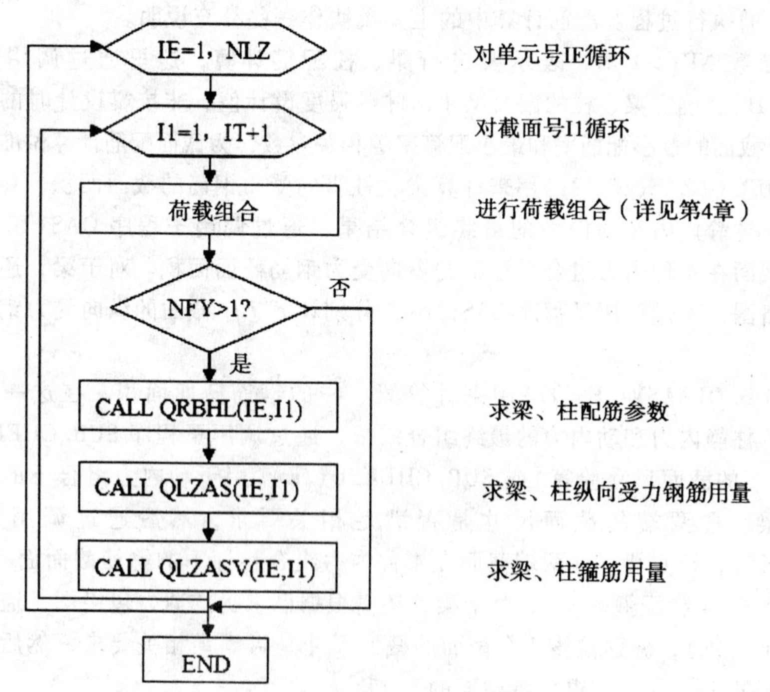

图 5-1　梁、柱配筋计算程序的总框图

5.1.2 主程序 FSAP 关于配筋计算的有关执行语句

```
      DO  600  IE=1, NLZ                    第一层对单元号 IE 循环
          ⋮
      IF(IE.LE.NL)THEN
      IT=6                                  梁分 6 段(7 个截面)
      ELSE
      IT=1                                  柱分 1 段(2 个截面)
      ENDIF
      IK=IT+1
      DO  610  I1=1, IK                     第二层对截面号 I1 循环
          ⋮
      IF(NFY.GT.1)THEN
      CALL QRBHL(IE, I1)                    求配筋相关参数
      CALL QLZAS(IE, I1)                    梁柱纵筋计算
      CALL QLZASV(IE, I1)                   梁柱箍筋计算
      ENDIF
610   CONTINUE
600   CONTINUE
```

下面对图 5-1 的执行过程及配筋计算中的主要模块作一些补充说明。

(1)当控制参数 NFY>1 时，表示要进行梁、柱配筋计算，这里通过调用子程序 SUB. QRBHL(IE, I1)，确定梁、柱的截面尺寸、材料强度设计值、非抗震设计时的相对界限受压区高度以及截面的最小配筋率和最小配箍率等相关参数，为截面配筋计算做准备。

(2)子程序 SUB. QLZAS(IE, I1)用来计算梁、柱纵向受力钢筋的截面面积。在这一子程序中，根据梁、柱静内力和动内力的最终组合结果，通过调用子程序 QAS(IE, K1)，计算梁、柱两端截面在 4 种内力组合目标下的纵向受力钢筋截面面积。对于梁，还需根据已求得的弯矩包络图，通过调用子程序 LAS(I1)，分别计算 7 个截面的纵向受力钢筋截面面积。

(3)子程序 SUB. QLZASV(IE, I1)用来计算梁、柱的箍筋截面面积。在这一子程序中，首先根据梁、柱静内力和动内力的最终组合结果，通过调用子程序 SUB. CHEKS(IE)(用于静内力组合下的截面尺寸验算)或 SUB. CHEKSD(IE)(用于动内力组合下的截面尺寸验算)，校核梁、柱两端的截面尺寸是否满足相关要求，然后通过调用子程序 SUB. QASV(IE, K1)，计算梁、柱两端截面在 4 种内力组合目标下的箍筋截面面积 A_{sv} 与箍筋间距 s 的比值 A_{sv}/s 和配箍率 ρ_{sv}。对于梁，还需根据已求得的剪力包络图，通过调用子程序 SUB. CHEKS(IE)，分别校核 7 个截面的截面尺寸是否满足相关要求，然后通过调用子程序 SUB. LASV(IE, K1)，求出各截面的 A_{sv} 和 ρ_{sv}。

在上述程序段中，当配筋控制参数 NFY=1 时，不进行梁、柱配筋计算，调用子程序 QLZAS(IE, I1)和 QLZASV(IE, I1)，仅仅是为了计算梁的弯矩包络图和剪力包络图。

对于抗震等级为一、二、三、四级的框架结构，对梁、柱两端进行配筋计算时，地震

组合的内力设计值尚应按“强柱弱梁”、“强剪弱弯”和“强节点”等要求进行调整。

以上就是配筋计算程序的总体格局，下面依次说明与梁、柱配筋计算有关的各个子程序的编制方法与编制技巧。

§5.2　配筋计算有关参数的确定

梁、柱截面的配筋参数由子程序 SUB. QRBHL(IE，I1)和 SUB. QREB 来完成。在子程序 SUB. QRBHL(IE，I1)中，根据现行结构设计规范的有关规定和子程序 SUB. INPUT 中输入的原始数据，分别给出了梁、柱纵向受力钢筋的最小配筋率 ρ_{min}、箍筋的最小配箍率 $\rho_{sv,min}$ 或最小体积配箍率 $\rho_{v,min}$ 及材料强度设计值和梁、柱截面尺寸等配筋参数。抗震设计时，梁端截面的相对界限受压区高度 ξ_b 和相应的 $\alpha_{s,max}$ 则由子程序 SUB. QREB 确定。

5.2.1　现行结构设计规范关于 ρ_{min}、$\rho_{sv,min}$ 或 $\rho_{v,min}$ 的有关规定

1. 纵向受力钢筋的最小配筋率 ρ_{min}

(1)非抗震设计

《混凝土结构设计规范》(GB 50010—2010)规定，非抗震设计时，钢筋混凝土结构构件纵向受力钢筋的配筋率不应小于规定的限值，如表 5-1 所示。

表 5-1　钢筋混凝土结构构件纵向受力钢筋的最小配筋百分率(%)

受力类型			最小配筋率 ρ_{min}
受压构件	全部纵向钢筋	强度等级 500 N/mm²	0.50
		强度等级 400 N/mm²	0.55
		强度等级 300 N/mm²、335 N/mm²	0.60
	一侧纵向钢筋		0.20
受弯构件、偏心受拉、轴心受拉构件一侧的受拉钢筋			0.2 和 $45f_t/f_y$ 中的较大值

注：1. 受压构件全部纵向钢筋最小配筋率，当采用 C60 以上强度等级的混凝土时，应按表中规定增加 0.1；

2. 板类受弯构件(不包括悬臂板)的受拉钢筋，当采用强度等级 300 N/mm²、335 N/mm² 的钢筋时，其最小配筋率应允许采用 0.15 和 $45f_t/f_y$ 中的较大值；

3. 偏心受拉构件中的受压钢筋，应按受压构件一侧纵向钢筋考虑；

4. 受压构件的全部纵向钢筋和一侧纵向钢筋的配筋率以及轴心受拉构件和小偏心受拉构件一侧受拉钢筋的配筋率均应按构件的全截面面积计算；

5. 受弯构件、大偏心受拉构件一侧受拉钢筋的配筋率应按全截面面积扣除受压翼缘面积 $(b_f'-b)h_f'$ 后的截面面积计算；

6. 当钢筋沿构件截面周边布置时，“一侧纵向钢筋”系指沿受力方向两个对边中的一边布置的纵向钢筋。

(2)抗震设计。

《混凝土结构设计规范》(GB 50010—2010)和《建筑抗震设计规范》(GB 50011—2010)

中规定，抗震设计时，框架梁、柱截面纵向受力钢筋的配筋率不应小于表5-2及表5-3中规定的限值。

表5-2 抗震设计时框架梁纵向受拉钢筋的最小配筋率(%)

抗震等级	梁中位置	
	支座	跨中
一级	0.4和$80f_t/f_y$中的较大值	0.3和$65f_t/f_y$中的较大值
二级	0.3和$65f_t/f_y$中的较大值	0.25和$55f_t/f_y$中的较大值
三、四级	0.25和$55f_t/f_y$中的较大值	0.2和$45f_t/f_y$中的较大值

表5-3 抗震设计时框架柱全部纵向受力钢筋最小配筋率(%)

柱类型	抗震等级			
	一级	二级	三级	四级
中柱、边柱	1.0	0.8	0.7	0.6
角柱、框支柱	1.1	0.9	0.8	0.7

注：1. 当采用335 N/mm^{2}级、400 N/mm^{2}级纵向受力钢筋时，应分别按表中数值增加0.1和0.05采用；

2. 当混凝土强度等级为C60及以上时，应按表中数值增加0.1采用。

在地震作用下，梁端可能出现较大的正弯矩，为防止梁下部钢筋过早屈服，同时为改善梁端塑性铰区在负弯矩作用下的延性性能，上述规范规定梁端截面的底部和顶部纵向受力钢筋截面面积的比值，除按计算确定外，一级抗震等级不应小于0.5；二、三级抗震等级不应小于0.3。

对于柱子，《混凝土结构设计规范》(GB 50010—2010)和《建筑抗震设计规范》(GB 50011—2010)还规定，柱全部纵向受力钢筋的配筋率除应符合按表5-3的要求外，同时，每一侧的配筋率不应小于0.2%；对IV类场地上较高的高层建筑，最小配筋率应按表中数值增加0.1采用。

2. 箍筋的最小配箍率$\rho_{sv,\min}$或ρ_v

(1)非抗震设计。

非抗震设计时，《混凝土结构设计规范》(GB 50010—2010)中规定，当$V>0.7f_tbh_0$时，梁中箍筋的配筋率ρ_{sv}不应小于最小配箍率$\rho_{sv,\min}$，即

$$\rho_{sv}=\frac{A_{sv}}{bs}\geqslant\rho_{sv,\min}=0.24f_t/f_{yv} \tag{5-1}$$

式中：f_t——混凝土轴心抗拉强度设计值；

f_{yv}——箍筋的抗拉强度设计值；

s——箍筋间距；

b——截面宽度；

A_{sv} ——配置在同一截面内各肢箍筋的全部截面面积。

对于偏心受压和偏心受拉构件的最小配箍率，根据参考文献[23]中的建议，可以取与受弯构件的最小配箍率相同，亦即按式(5-1)验算偏心受力构件的最小配箍率。

(2)抗震设计。

1)梁的最小配箍率 ρ_{svmin} 。

《混凝土结构设计规范》(GB 50010—2010)中规定，抗震设计时，沿梁全长箍筋的配筋率 ρ_{sv} 应符合下列要求：

$$\left.\begin{array}{ll}\text{一级抗震等级} & \rho_{sv} \geqslant 0.30\dfrac{f_t}{f_{yv}} \\ \text{二级抗震等级} & \rho_{sv} \geqslant 0.28\dfrac{f_t}{f_{yv}} \\ \text{三、四级抗震等级} & \rho_{sv} \geqslant 0.26\dfrac{f_t}{f_{yv}}\end{array}\right\} \tag{5-2}$$

2)柱的最小体积配箍率 ρ_v

抗震设计时，《混凝土结构设计规范》(GB 50010—2010)和《建筑抗震设计规范》(GB 50011—2010)对柱端箍筋加密区的体积配箍率 ρ_v 作了如下规定：

$$\rho_v = \frac{A_{sv1}u_{cor}}{u_{cor}s} \geqslant \rho_{v,\ min} = \lambda_v \frac{f_c}{f_{yv}} \tag{5-3}$$

式中：$\rho_{v,\ min}$ ——柱箍筋加密区的最小体积配箍率；一级抗震等级为 0.8%，二级抗震等级为 0.6%，三、四级抗震等级为 0.4%；计算复合箍的体积配箍率时，应扣除重叠部分的箍筋体积；

A_{cor} ——箍筋内表面范围内核心混凝土的面积，$A_{cor} = b_{cor} \times h_{cor}$，其中 b_{cor} 和 h_{cor} 分别为箍筋内表面核心混凝土的短边尺寸和长边尺寸；

u_{cor} ——箍筋内表面范围内核心混凝土的周长，$u_{cor} = 2(b_{cor} + h_{cor})$；

f_c ——混凝土轴心抗压强度设计值；强度等级低于 C35 时，应按 C35 计算；

λ_v ——最小配箍特征值，根据结构抗震等级和柱轴压比及箍筋形式按规范《混凝土结构设计规范》(GB 50010—2010)的表 11.4.17 或《建筑抗震设计规范》(GB 50011—2010)表 6.3.9 采用；

A_{sv1} ——单肢箍筋的截面面积；

u_{cor} ——箍筋内表面范围内的混凝土核心周长；

A_{cor} ——箍筋内表面范围内的混凝土核心面积。

当剪跨比 $\lambda \leqslant 2$ 时，宜采用复合螺旋箍或井字复合箍，其箍筋体积配筋率不应小于 1.2%；9 度设防烈度一级抗震等级时，不应小于 1.5%。

柱箍筋非加密区的体积配箍率不宜小于加密区体积配箍率的一半。

5.2.2 现行结构设计规范关于 ξ_b、α_{0max} 的规定

1. 非抗震设计

当混凝土强度等级不超过 C50 时，根据《混凝土结构设计规范》(GB 50010—2010)中的有关规定，可求得对应于不同钢筋级别的相对界限受压区高度 ξ_b 及相应的 $\alpha_{s,\ max} =$

$\xi_b(1-0.5\xi_b)$ 如下：

HPB235 级钢筋 $\xi_b=0.426$，$\alpha_{s,\max}=0.614$；

HPB300 级钢筋 $\xi_b=0.576$，$\alpha_{s,\max}=0.410$；

HRB335 级钢筋 $\xi_b=0.550$，$\alpha_{s,\max}=0.399$；

HRB400 级钢筋 $\xi_b=0.518$，$\alpha_{s,\max}=0.384$；

HRB500 级钢筋 $\xi_b=0.489$，$\alpha_{s,\max}=0.369$。

非抗震设计时的 ξ_b、$\alpha_{s,\max}$ 由子程序 SUB. QRBHL(IE，I1)给出。

2. 抗震设计

在抗震设计中，为保证梁端截面具有足够的曲率延性——塑性转动能力，避免因混凝土被压碎而引起脆性破坏，《建筑抗震设计规范》(GB 50010—2010)和《混凝土结构设计规范》(GB 50011—2010)中规定，计入纵向受压钢筋的梁端混凝土相对受压区高度应符合下列要求：

一级抗震等级 $\xi_b=0.25$，$\alpha_{s,\max}=0.219$；

二、三级抗震等级 $\xi_b=0.35$，$\alpha_{s,\max}=0.289$。

且梁端纵向受拉钢筋的配筋率不应大于 2.5%。

抗震设计时，梁端截面的 ξ_b、$\alpha_{s,\max}$ 由子程序 SUB. QREB 给出，其余截面的 ξ_b、$\alpha_{s,\max}$ 由子程序 SUB. QRBHL(IE，I1)给出。

5.2.3 确定梁柱截面配筋参数的子程序 SUB. QRBHL(IE，I1)

1. 计算内容和计算步骤

(1)确定混凝土强度设计值 f_c、f_t 及弹性模量 E_c。根据杆号 IE，从 MP 数组取出截面类别号 IET 及材料组号 IEA，然后分别从 EC、FC、FT 数组中取出混凝土弹性模量 E_c、轴心抗压强度设计值 f_c 和轴心抗拉强度设计值 f_t。

(2)确定杆长及截面有效高度。首先由杆号 IE，从 GL 数组中取出杆长，然后根据截面形状类别号 IET 及材料组号 IEA 取出截面尺寸，接着计算截面有效高度 $h_0=h-a_s$。在 FSAP 程序中，纵向受拉钢筋的合力作用点至截面受拉边缘的距离 a_s 的取值如下

$$a_s=\begin{cases}0.035\text{m} & (h\leqslant 0.4\text{m})\\ 0.04\text{m} & (0.4\text{m}<h\leqslant 0.8\text{m})\\ 0.07\text{m} & (h>0.8\text{m})\end{cases} \tag{5-4}$$

(3)确定纵筋的最小配筋率和箍筋的最小配箍率。

非抗震设计时，可以根据表 5-1 中的规定确定梁、柱纵向受力钢筋的最小配筋率 $\rho_{\min}$，并按式(5-1)计算梁、柱箍筋的最小配箍率 $\rho_{sv,\min}$。

抗震设计时，除梁端截面的相对界限受压区高度 ξ_b 和相应的 $\alpha_{s,\max}$ 由子程序 SUB. QREB 给出外，梁跨中截面的相对界限受压区高度 ξ_b 和相应的 $\alpha_{s,\max}$ 及梁、柱纵向受力钢筋的最小配筋率与箍筋的最小配箍率等则由子程序 SUB. QRBHL(IE，I1)确定。在子程序 SUB. QRBHL(IE，I1)中，首先根据不同的结构抗震等级确定梁、柱截面的相对界限受压区高度 ξ_b 和相应的 $\alpha_{s,\max}$；然后依据表 5-2 及表 5-3 确定梁、柱纵向受力钢筋的最小配筋率 $\rho_{\min}$；最后分别由式(5-2)及式(5-3)确定梁箍筋的最小配箍率 $\rho_{sv,\min}$ 及柱箍筋的的最小体积配箍率 $\rho_{v,\min}$。

2. 计算程序 SUB. QRBHL(IE, I1)

```
      SUBROUTINE QRBHL(IE,I1)                          确定梁柱截面配筋参数
      REAL*8 GL(3,100),EAI(3,20),EC(20)
      COMMON/NL/NL,NZ,NT,NLZ,NE,NJ/GL/GL/EJH/JH(2,100),MP(2,100)
      COMMON/EAI/EAI/EC/EC,FC1(20),FT1(20)/IET/IET/NEQ/NEQ,KE,MJ
      COMMON/BH/B,H,B1,H1/FT/E,FC,FT,C2,AG,H0,A,A0/FY/FY,FYV
      COMMON/ALX/ALX,ALY,AIX,AIY,AXL,AYL,ALH/A0M/A0M,CKB/IK/IK
      IET=MP(1,IE)
      IEA=MP(2,IE)
      AL=SNGL(GL(1,IE))
      FC=FC1(IEA)
      FT=FT1(IEA)
      IF(IET.EQ.1)THEN                                 矩形截面
      B=SNGL(EAI(1,IEA))                               取出截面宽度和截面高度
      H=SNGL(EAI(2,IEA))
      ELSE                                             I 形截面
      CALL SECXF(IEA,B,B1,H,H1)                        分解截面尺寸
      ENDIF
      IF(H.LE.0.4)THEN                                 确定梁、柱截面有效高度
      AG=0.035
      ELSE IF(H.L.E.0.8)THEN
      AG=0.04
      ELSE
      AG=0.07
      ENDIF
      H0=H-AG
      FTY=FT/FY
      IF(FY.EQ.210000.)THEN                            根据钢筋强度等级确定ξb 和 αs,max
      A0M=.425
      CKB=.614
      ELSE IF(FY.EQ.270000.)THEN
      A0M=.410
      CKB=.576
      ELSE IF(FY.EQ.300000.)THEN
      A0M=.399
      CKB=.550
      ELSE IF(FY.EQ.360000.)THEN
      A0M=.384
      CKB=.518
```

```
      ELSE IF(FY.EQ.435000.)THEN
      A0M=.369
      CKB=.489
      ENDIF
      IF(IE.LE.NL)THEN                                  对于梁
      IF(IET.EQ.2.AND.B.GT.AL/3.0)B=AL/3.0             确定T形截面梁的翼缘计算宽度
      IF(IET.EQ.1)THEN                                  求梁截面面积
      A0=B*H0
      A=B*H
      ELSE
      A0=B1*H0
      A=B1*H
      ENDIF
      C2=0.002                                          梁纵筋最小配筋率
      C1=0.45*FTY
      IF(C1.GT.C2)C2=C1
      IF(NEQ.GT.6)THEN                                  根据抗震等级确定梁端截面
      GOTO (10,20,30,40)KE                              纵筋最小配筋率
10    IF(I1.EQ.1.OR.I1.EQ.IK)THEN
      C2=.004
      C1=0.8*FTY
      IF(C1.GT.C2)C2=C1
      ELSE
      C2=.003
      C1=0.65*FTY
      IF(C1.GT.C2)C2=C1
      ENDIF
      GOTO 100
20    IF(I1.EQ.1.OR.I1.EQ.IK)THEN
      C2=.003
      C1=0.65*FTY
      IF(C1.GT.C2)C2=C1
      ELSE
      C2=.0025
      C1=0.55*FTY
      F(C1.GT.C2)C2=C1
      ENDIF
      GOTO 100
30    IF(I1.EQ.1.OR.I1.EQ.IK)THEN
```

```
      C2=.0025
      C1=0.55*FTY
      IF(C1.GT.C2)C2=C1
      ELSE
      C2=.002
      C1=0.45*FTY
      IF(C1.GT.C2)C2=C1
      ENDIF
      GOTO 100
40    IF(I1.EQ.1.OR.I1.EQ.IK)THEN
      C2=.0025
      C1=0.55*FTY
      IF(C1.GT.C2)C2=C1
      ELSE
      C2=.002
      C1=0.45*FTY
      IF(C1.GT.C2)C2=C1
      ENDIF
      ENDIF
100   CONTINUE
      ELSE                                          对于柱
      IF(FY.EQ.270000.OR. FY.EQ.300000)THEN         非抗震设计时的纵筋最小配筋率
      C2=0.003
      ELSE IF (FY.EQ.360000)THEN
      C2=0.00275
      ELSE IF (FY.EQ.435000)THEN
      C2=0.0025
      ENDIF
      IF(NEQ.GT.6)THEN                              抗震设计时的纵筋最小配筋率
      IF(KE.EQ.1)THEN
      C2=0.005
      ELSE IF(KE.EQ.2)THEN
      C2=0.004
      ELSE IF(KE.EQ.3)THEN
      C2=0.0035
      ELSE
      C2=0.003
      ENDIF
      ENDIF
```

```
      ENDIF
      RETURN
      END
```

5.2.4 抗震设计时确定梁端截面相对界限受压区高度 ξ_b 和相应的 $\alpha_{s,max}$ 的子程序 SUB. QREB

```
      SUBROUTINE  QREB                          抗震设计时梁端截面 ξb 、αs,max 的确定
      COMMON/NL/NL,NZ,NT,NLZ,NE,NJ/NEQ/NEQ,KE,MJ
      COMMON/A0M/A0M,CKB/IK/IK
      IF(KE. EQ. 1)THEN
      A0M=0. 219
      CKB=0. 25
      ELSE  IF(KE. GT. 1. AND. KE. LE. 3)THEN
      A0M=0. 289
      CKB=0. 35
      ENDIF
      RETURN
      END
```

§5.3 梁、柱纵筋计算程序设计

5.3.1 梁、柱纵筋计算程序的计算内容和计算步骤

由梁、柱配筋计算程序的总框图(参见图 5-1)可以看出，在主程序中，无论是梁还是柱，其纵向钢筋的计算都是通过调用总体程序 SUB. QLZAS(IE，I1)来完成的，其主要计算步骤如下。

(1)确定梁的弯矩包络图和各截面的纵向受力钢筋截面面积。对于梁，首先对 IE 单元 I1 截面的静力组合结果与动力组合结果的弯矩比较大小(注意此时动力组合的弯矩已乘以梁的正截面抗震承载力调整系数)，找出 I1 截面的最大弯矩和最小弯矩，然后调用子程序 SUB. LAS(I1)，按最大弯矩(或最小弯矩)计算各截面的纵向受力钢筋截面面积和相应的配筋率。

(2)调用子程序 SUB. QAS(IE，K1)，按静力组合结果计算梁、柱两端截面在 4 种内力组合目标下的纵向受力钢筋截面面积和相应的配筋率。

(3)当抗震设防烈度大于 6 度时，按动力组合结果调用子程序 SUB. QAS(IE，K1)，计算梁、柱两端截面在 4 种内力组合目标下的纵向受力钢筋截面面积和相应的配筋率。

需要指出的是，SUB. QAS(IE，K1)仅是调用梁、柱各类截面配筋计算的过渡子程序，该子程序是通过调用 SUB. LAS(梁配筋)、SUB. QLXLY(求柱的计算长度 l_x、l_y)、SUB. QFI(求轴心受压柱的稳定系数 φ)、SUB. CAS1(受压柱配筋)和 SUB. CAS2(受拉柱配筋)等子程序来完成具体的配筋计算。

5.3.2　计算梁、柱纵筋的总体程序 SUB. QLZAS(IE, I1)

```
      SUBROUTINE QLZAS(IE,I1)                    计算梁、柱纵筋
      REAL * 8 GL(3,100)
      REAL F3(4)
      COMMON/XW12/XX(7),W1(7),W2(7),V1(7),V2(7)/NEQ/NEQ,KE,MJ
      COMMON/NL/NL,NZ,NT,NLZ,NE,NJ/NFY/NFY/FY/FY,FYV/IT/IT/GL/GL
      COMMON/WO/WO(3,4),WMVN(3,4)/AS/AS,AS1(7),AU1(7)
      COMMON/KC2/KC2,KC3,KC4,KC5,KC6/A0M/A0M,CKB/AS2/AS2(7),AU2(7)
      COMMON/D0/D0(3,4),DMVN(3,4)
      COMMON/FT/E,FC,FT,C2,AG,H0,A,A0/IK/IK/FE/FE(3)
      IF(IE.LE.NL)THEN                           计算梁的弯矩包络图和各截面
                                                 的纵筋
      W1(I1)=WMVN(1,1)
      W2(I1)=WMVN(1,2)
      I4=I1-1
      XX(I1)=SNGL(GL(1,IE)) * FLOAT(I4)/6.
      IF(NEQ.GT.6)THEN
      A3=.75 * DMVN(1,1)
      A4=.75 * DMVN(1,2)
      IF(W1(I1).LT.A3)W1(I1)=A3                  将静力组合与地震组合下的
                                                 Mmax、Mmin进行
      IF(W2(I1).GT.A4)W2(I1)=A4                  比较,较大者送入W1,较小者送
                                                 入W2
      ENDIF
      IF(NFY.GT.1)THEN                           要组合和配筋时计算各截面
                                                 配筋
      AS1(I1)=0.
      AU1(I1)=0.
      AS2(I1)=0.
      AU2(I1)=0.
      IF(ABS(W1(I1)).GE.ABS(W2(I1)))THEN
      FE(1)=W1(I1)
      ELSE
      FE(1)=W2(I1)
      ENDIF
      CALL LAS(I1)
      IF(I1.EQ.IK)THEN
      WRITE(9,920)                               打印弯矩包络图和各截面配筋
```

```
      CALL PRN('----')
      WRITE(9,925)(I2,XX(I2),W1(I2),AS1(I2),AU1(I2),W2(I2),AS2(I2),
     #AU2(I2),I2=1,7)
      ENDIF
      ENDIF
      ENDIF
      IF(I1.EQ.IK)THEN
      IF(NFY.EQ.1)THEN                        不配筋时仅打印弯矩包络图
      IF(IE.LE.NL)THEN
      WRITE(9,900)
      WRITE(9,905)(I2,W1(I2),W2(I2),I2=1,7)
      ENDIF
      WRITE(9,910)
      WRITE(9,915)(K2,(WO(J1,K2),J1=1,3),(WMVN(J1,K2),J1=1,3),K2=1,4)
      ELSE IF(NFY.GT.1)THEN                   计算梁、柱两端截面的配筋
      IF(IE.LE.NL)THEN
      WRITE(9,930)
      CALL PRN('----')
      ELSE
      IF(NEQ.LE.6)THEN
      WRITE(9,935)
      ELSE
      WRITE(9,936)
      ENDIF
      CALL PRN('----')
      ENDIF
      DO 10 K1=1,4                            计算梁、柱 i 端截面在 4 种内力
      DO 20 J1=1,3                            组合目标下的静力配筋
 20   FE(J1)=WO(J1,K1)
      CALL QAS(IE,K1)
 10   CONTINUE
      WRITE(9,940)(K1,(WO(J1,K1),J1=1,3),AS1(K1),AU1(K1),K1=1,4)
      IF(NEQ.GT.6)THEN                        抗震设防烈度大于 6 度时,计算
                                              梁、柱 i 端截面
      DO 30 K1=1,4                            在 4 种内力组合目标下的动力配筋
      DO 35 J1=1,3
 35   FE(J1)=D0(J1,K1)
      IF(IE.LE.NL)THEN
      DO 36 J1=1,3
```

```
36      FE(J1)=FE(J1)*.75
        ELSE
        F3(K1)=FE(3)/(FC*A)
        IF(F3(K1).LT..15)THEN
        RRE=.75
        ELSE
        RRE=.8
        ENDIF
        DO 37 J1=1,3
37      FE(J1)=RRE*FE(J1)
        ENDIF
        DO 38 J1=1,3
38      D0(J1,K1)=FE(J1)
        CALL QREB
        CALL QAS(IE,K1)
30      CONTINUE
        IF(IE.LE.NL)THEN
        WRITE(9,949)(K1,(D0(J1,K1),J1=1,3),AS1(K1),AU1(K1),K1=1,4)
        ELSE
        WRITE(9,950)(K1,(D0(J1,K1),J1=1,3),AS1(K1),AU1(K1),
     #F3(K1),K1=1,4)
        ENDIF
        ENDIF
```

计算梁、柱 j 端截面在 4 种内力组合目标下的静力配筋

```
        DO 40 K1=1,4
        DO 50 J1=1,3
50      FE(J1)=WMVN(J1,K1)
        CALL QAS(IE,K1)
40      CONTINUE
        WRITE(9,945)(K1,(WMVN(J1,K1),J1=1,3),AS1(K1),AU1(K1),K1=1,4)
```

抗震设防烈度大于 6 度时，计算梁、柱 j 端截面在 4 种内力组合目标下的动力配筋

```
        IF(NEQ.GT.6)THEN
        DO 60 K1=1,4
        DO 65 J1=1,3
65      FE(J1)=DMVN(J1,K1)
        IF(IE.LE.NL)THEN
        DO 66 J1=1,3
66      FE(J1)=.75*FE(J1)
        ELSE
        F3(K1)=FE(3)/(FC*A)
        IF(F3(K1).LT..15)THEN
```

```
      RRE=.75
      ELSE
      RRE=.8
      ENDIF
      DO 67 J1=1,3
 67   FE(J1)=RRE*FE(J1)
      ENDIF
      DO 68 J1=1,3
 68   DMVN(J1,K1)=FE(J1)
      CALL QREB
      CALL QAS(IE,K1)
 60   CONTINUE
      IF(IE.LE.NL)THEN
      WRITE(9,959)(K1,(DMVN(J1,K1),J1=1,3),AS1(K1),AU1(K1),K1=1,4)
      ELSE
      WRITE(9,960)(K1,(DMVN(J1,K1),J1=1,3),AS1(K1),AU1(K1),
     #F3(K1),K1=1,4)
      ENDIF
      ENDIF
      CALL PRN('****')
      ENDIF
      ENDIF
      RETURN
 900  FORMAT(//1X,'SECTION',10X,'MMAX',13X,'MMIN')
 905  FORMAT(1X,'I1=',I3,2(5X,F12.2))
 910  FORMAT(//1X,'COM.NO:',11X,'MI',15X,'VI',15X,'NI',15X,'MJ',15X,
     #'VJ',15X,'NJ')
 915  FORMAT(1X,'K1=',I3,6F12.2)
 920  FORMAT(//1X,'SECTION',3X,'X',7X,'MMAX',7X,'AS',8X,'P%',9X,
     #'MMIN',7X,'AS',8X,'P%')
 925  FORMAT(1X,'I1=',I2,F7.2,2F10.2,F10.3,2X,2F10.2,F10.3)
 930  FORMAT(//1X,'SECTION',2X,'CO.TYPE',4X,'M',9X,'V',9X,'N',
     #9X,'AS',8X,'P%')
 935  FORMAT(//1X,'SECTION',2X,'CO.TYPE',5X,'M',9X,'V',9X,'N',
     #6X,'AS=AS''',6X,'P%')
 936  FORMAT(//1X,'SECTION',2X,'CO.TYPE',5X,'M',9X,'V',9X,'N',
     #6X,'AS=AS''',6X,'P%',6X,'N/FC*A')
 940  FORMAT(1X,'I1=   I'/(10X,'K1=',I2,4F10.2,F10.4))
 945  FORMAT(1X,'I1=   J'/(10X,'K1=',I2,4F10.2,F10.4))
```

```
949 FORMAT(1X,'I1=   I',4X,'(EATHEQUAKE COMBINATION CONDITION)',
    #/(10X,'K1=',I2,4F10.2,F10.4))
950 FORMAT(1X,'I1=   I',4X,'(EATHEQUAKE COMBINATION CONDITION)',
    #/(10X,'K1=',I2,4F10.2,F10.4,F10.4))
959 FORMAT(1X,'I1=   J',4X,'(EATHEQUAKE COMBINATION CONDITION)',
    #/(10X,'K1=',I2,4F10.2,F10.4))
960 FORMAT(1X,'I1=   J',4X,'(EATHEQUAKE COMBINATION CONDITION)',
    #/(10X,'K1=',I2,4F10.2,F10.4,F10.4))
    END
```

5.3.3　计算梁、柱纵筋的过渡子程序 SUB. QAS(IE，K1)

1. 计算内容和计算步骤

子程序 SUB. QAS(IE，K1)仅是调用梁、柱纵筋计算程序的中间过程。因为梁、柱两端截面均要作配筋计算，故编制该中间过程，以便公用。子程序 SUB. QAS(IE，K1)的计算步骤如下：

(1)纵筋截面面积及配筋率数组送 0。

(2)对于梁，调用子程序 SUB. LAS(K1)进行配筋计算。

对于杆端截面，当 $M<0$ 时，配筋结果在 AS2、AU2 中，故将 AS2 送入 AS1 中，AU2 送入 AU1 中。

(3)对于柱，先调用子程序 SUB. QLXLY(IE)，求其计算长度等配筋参数。

(4)若为偏心受压柱，调用子程序 SUB. CAS1(K1)作配筋计算。

(5)若为偏心受拉柱，调用子程序 SUB. CAS2(K1)作配筋计算。

2. 计算程序 SUB. QAS(IE，K1)

```
SUBROUTINE QAS(IE, K1)                         计算梁、柱纵筋的过渡子程序
COMMON/FY/FY, FYV/AS/AS, AS1(7), AU1(7)/AS2/AS2(7), AU2(7)
COMMON/NL/NL, NZ, NT, NLZ, NE, NJ /FE/FE(3)/A0M/A0M, CKB
AS1(K1)=0.
AU1(K1)=0.
AS2(K1)=0.
AU2(K1)=0.
IF(IE.LE.NL)THEN
CALL LAS(K1)                                   梁配筋调用 SUB. LAS(K1)
IF(AS2(K1).GT.AS1(K1))THEN
AS1(K1)=AS2(K1)
AU1(K1)=AU2(K1)
ENDIF
ELSE
```

```
      CALL QLXLY(IE)                确定柱的计算长度等参数
      IF(FE(3).GT.0, 0)THEN         偏心受压构件
      CALL CAS1(K1)                 调用 SUB. CAS1(K1)进行纵筋计算
      ELSE                          偏心受拉构件
      CALL CAS2(K1)                 调用 SUB. CAS2(K1)进行纵筋计算
      ENDIF
      ENDIF
      RETURN
      END
```

§5.4 梁的正截面受弯承载力计算

5.4.1 单筋矩形截面梁的正截面受弯承载力计算

1. 应力图形

应力图形如图 5-2 所示。

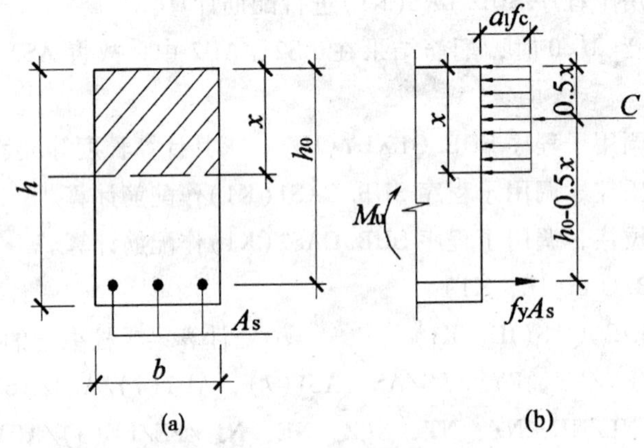

图 5-2 单筋矩形截面梁正截面受弯承载力计算的应力图

2. 计算公式

由图 5-2，根据力的平衡条件可以求得单筋矩形截面梁正截面受弯承载力的基本公式为

$$\alpha_1 f_c bx = f_y A_s \tag{5-5}$$

$$M \leqslant \alpha_1 f_c bx(h_0 - 0.5x) \tag{5-6}$$

为了实用方便和易于在计算机程序中实现，若令 $x = \xi h_0$，$\alpha_s = \xi(1-0.5\xi)$，则上述基本公式可以写成下列形式

$$\alpha_1 f_c \xi bh_0 = f_y A_s \tag{5-7}$$

$$M \leqslant \alpha_1 \alpha_s f_c b h_0^2 \tag{5-8}$$

式中：M——弯矩设计值；

α_1——系数，当混凝土强度等级不超过 C50 时，α_1取为 1.0，当混凝土强度等级为 C80 时，α_1取为 0.94，其间按线性内插法确定；

A_s——受拉区纵向受力钢筋的截面面积；

b——截面宽度；

h_0——截面有效高度，$h_0=h-a_s$；

a_s——受拉区纵向受力钢筋合力点至截面受拉边缘的距离。

其余符号意义同前。

3. 适用条件

为防止超筋破坏，保证构件破坏时受拉钢筋的应力能够达到其屈服强度，相关规范规定

$$\xi \leqslant \xi_b \text{（或 } x \leqslant \xi_b h_0 \text{ 或 } \alpha_s \leqslant \alpha_{s,\max}\text{）} \tag{5-9}$$

为防止少筋破坏，相关规范规定

$$A_s \geqslant A_{s,\min} = \rho_{\min} bh \tag{5-10}$$

4. 计算方法与计算步骤

（1）由公式(5-8)求 α_s，即

$$\alpha_s = \frac{M}{\alpha_1 f_c b h_0^2}$$

并判断 α_s 是否满足适用条件。

（2）当 $\alpha_s \leqslant \alpha_{s,\max}$ 时，由公式 $\xi = 1 - \sqrt{1-2\alpha_s}$ 求 ξ，并将 ξ 代入公式(5-7)求 A_s，即

$$A_s = \alpha_1 f_c \xi bh_0 / f_y$$

然后按公式(5-10)验算最小配筋率，如果 $A_s < A_{s,\min}$，则按 $A_s = A_{s,\min} = \rho_{\min} bh$ 配筋。

（3）当 $\alpha_s > \alpha_{s,\max}$ 时，在 FSAP 程序中，取 $A_s = 99999.$，表示超筋。

5.4.2　T 形截面梁的正截面受弯承载力计算

1. 两种 T 形截面的判别

翼缘位于受压区的 T 形、I 形及倒 T 形截面受弯构件，按受压区高度的不同，可以分为两种类型：当受压区高度在翼缘内，即 $x \leqslant h'_f$ 时，为第一类 T 形截面；当受压区高度进入腹板，即 $x > h'_f$ 时，为第二类 T 形截面，如图 5-3 所示。

截面设计中，当符合条件

$$M \leqslant \alpha_1 f_c b'_f h'_f (h_0 - 0.5 h'_f) \tag{5-11}$$

时，应按第一类 T 形截面进行计算，否则，应按第二类 T 形截面进行计算。

2. 计算公式

当受压区高度在翼缘内，即满足公式(5-11)的条件时，为第一类 T 形截面（截面应力图形如图 5-3(a)所示），受压区为矩形，因此可以按宽度为 b'_f的矩形截面计算，有关计算公式参见式(5-5)～式(5-8)；当不满足式(5-11)的条件时，为第二类 T 形截面（截面应力图形如图 5-3(b)所示），受压区为 T 形，此时可以按下列公式计算

$$f_y A_s = \alpha_1 f_c [bx + (b'_f - b) h'_f] \tag{5-12}$$

$$M \leqslant \alpha_1 f_c bx(h_0 - 0.5x) + \alpha_1 f_c (b'_f - b) h'_f (h_0 - 0.5 h'_f) \tag{5-13}$$

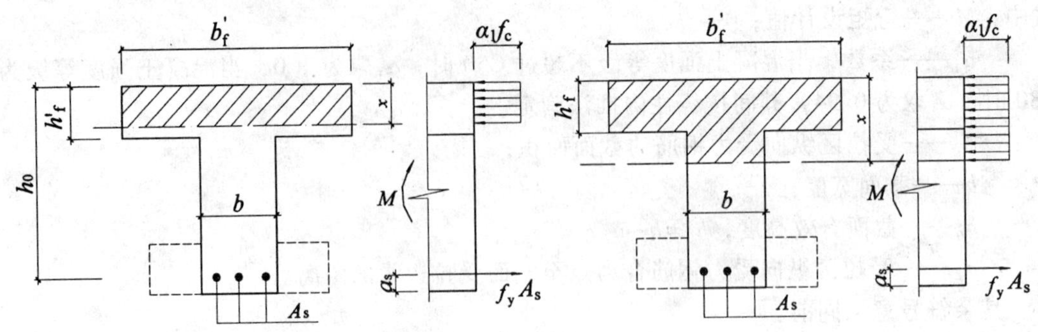

(a)第一类 T 形截面($x\leqslant h'_f$)　　(b)第二类 T 形截面($x>h'_f$)

图 5-3　T 形截面梁正截面受弯承载力计算的应力图

式中：h'_f——T 形、I 形截面受压区翼缘高度；

b'_f——T 形、I 形截面受压区的翼缘计算宽度。

3. 适用条件

$$\xi\leqslant\xi_b\ (\text{或}\ x\leqslant\xi_b h_0\ \text{或}\ \alpha_s\leqslant\alpha_{s,\max}) \tag{5-10}$$

$$A_s\geqslant A_{s,\min}=\rho_{\min}bh \tag{5-11}$$

4. 计算方法和计算步骤

(1)判断 M 的符号，当 $M<0$ 时，为倒 T 形截面梁，调用子程序 SUB. LAS1(I1)按宽度为肋宽 b 的矩形截面梁计算；否则，转(2)。

(2)判断 T 形截面的类型，若 $M\leqslant\alpha_1 f_c b'_f h'_f(h_0-0.5h'_f)$，则为第一类 T 形截面，可以调用子程序 SUB. LAS1(I1)按宽度为 b'_f 的矩形截面梁计算；否则为第二类 T 形截面，转(3)。

(3)由基本公式(5-13)求 α_s，即

$$\alpha_s=\frac{M-\alpha_1 f_c(b'_f-b)h'_f(h_0-0.5h'_f)}{\alpha_1 f_c b h_0^2} \tag{5-14}$$

并判断 α_s 是否满足适用条件。

(4)当 $\alpha_s\leqslant\alpha_{s,\max}$ 时，由公式 $\xi=1-\sqrt{1-2\alpha_s}$ 求 ξ，并将 ξ 代入公式(5-12)求 A_s，即

$$A_s=\frac{\alpha_1 f_c[\xi b h_0+(b'_f-b)h'_f]}{f_y} \tag{5-15}$$

然后按公式(5-11)验算配筋率，当 $A_s<A_{s,\min}$ 时，取 $A_s=A_{s,\min}=\rho_{\min}bh$。

(5)当 $\alpha_s>\alpha_{s,\max}$ 时，在 FSAP 程序中，取 A_s=99999.，表示超筋。

5.4.3　梁的纵向钢筋配筋计算程序 SUB. LAS(I1)及 SUB. LAS1(B，M)

1. 梁的纵向钢筋配筋计算的总体程序 SUB. LAS(I1)

```
      SUBROUTINE LAS(I1)                              梁配筋计算
      REAL M，KC
      COMMON/FY/FY，FYV/FE/FE(3)/IET/IET/AS /AS，AS1(7)，AU1(7)
```

```
      COMMON/BH/B, H, B1, H1/FT/E, FC, FT, C2, AG, H0, A, A0
      COMMON/A0M/A0M, CKB/AS2/AS2(7), AU2(7)
      M=ABS(FE(1))
      IF(IET.EQ.1)THEN
      CALL LAS1(B, M)                                   单筋矩形截面梁调用 LAS1
      ELSE IF(IET.EQ.2.AND.FE(1).LE.0.0)THEN            倒 T 形截面
      CALL LAS1(B1, M)
      ELSE IF(IET.EQ.2.AND.FE(1).GT.0.0)THEN            T 形截面
      AM1=FC*B*H1*(H0-0.5*H1)
      IF(M.LE.AM1)THEN                                  第一类 T 形截面
      CALL LAS1(B, M)
      ELSE                                              第二类 T 形截面
      AM3=FC*(B-B1)*H1*(H0-0.5*H1)
      A1=(M-AM3)/(FC*A0*H0)
      IF(A1.LE.A0M)THEN
      KC=1.0-SQRT(1.0-2.0*A1)
      AS=(KC*A0+(B-B1)*H1)*FC/FY
      ELSE
      AS1(I1)=99999.                                    超筋信息
      AU1(I1)=99999.
      AS2(I1)=99999.
      AU2(I1)=99999.
      RETURN
      ENDIF
      ENDIF
      ENDIF
      IF(AS.EQ.99999.)THEN
      AS1(I1)=99999.
      AU1(I1)=99999.
      AS2(I1)=99999.
      AU2(I1)=99999.
      ELSE
      U=AS/A
      IF(U.LT.C2)AS=C2*A
      IF(FE(1).GT.0.0)THEN
      AS1(I1)=AS*1.0E+06
      IF(U.LT.C2)THEN
      AU1(I1)=C2*100.
      ELSE
```

```
      AU1(I1)=AS/A0*100.
      ENDIF
      ELSE
      AS2(I1)=AS*1.0E+06
      IF(U.LT.C2)THEN
      AU2(I1)=C2*100.
      ELSE
      AU2(I1)=AS/A0*100.
      ENDIF
      ENDIF
      ENDIF
      RETURN
      END
```

2. 单筋矩形截面梁的配筋计算程序 SUB. LAS1(B, M)

```
      SUBROUTINE LAS1(B, M)                    单筋矩形截面梁配筋计算
      REALM, KC
      COMMON/FY/FY, FYV /AS /AS, AS1(7), AU1(7)
      COMMON /FT/E, FC, FT, C2, AG, H0, A, A0/A0M/A0M, CKB
      A1=M/(FC*B*H0*H0)
      IF(A1.LE.A0M)THEN
      KC=1.0-SQRT(1.0-2.0*A1)
      AS=KC*A0*FC/FY
      ELSE
      AS=99999.
      ENDIF
      RETURN
      END
```

§5.5 偏心受压构件的正截面受压承载力计算

5.5.1 受压构件的计算长度

受压构件正截面承载力计算时，对于轴心受压构件要考虑稳定系数 φ；对于偏心受压构件，要考虑弯矩增大系数 η_{ns}，而这两个系数均与受压构件的计算长度有关。因此，在 FSAP 程序中，专门编写了一个子程序 SUB. QLXLY(IE)来确定受压构件的计算长度。

1. 现行规范的有关规定

《混凝土结构设计规范》(GB 50010—2010)中规定，轴心受压柱和偏心受压柱的计算长度 l_0 可以按下列规定确定。

(1)刚性屋盖单层房屋排架柱、露天吊车柱和栈桥柱，其计算长度 l_0 可以按表

5-5取用。

（2）一般多层房屋中梁柱为刚接的框架结构，各层柱的计算长度 l_0 可以按表 5-6 取用。

表 5-5　刚性屋盖单层房屋排架柱、露天吊车柱和栈桥柱的计算长度

柱的类别		l_0		
		排架方向	垂直排架方向	
			有柱间支撑	无柱间支撑
无吊车房屋柱	单跨	$1.5H$	$1.0H$	$1.2H$
	两跨及多跨	$1.25H$	$1.0H$	$1.2H$
有吊车房屋柱	上柱	$2.0H_u$	$1.25H_u$	$1.5H_u$
	下柱	$1.0H_l$	$0.8H_l$	$1.0H_l$
露天吊车柱和栈桥柱		$2.0H_l$	$1.0H_l$	—

注：1. 表中 H 为从基础顶面算起的柱全高；H_l 为从基础顶面至装配式吊车梁底面或现浇式吊车梁顶面的柱子下部高度；H_u 为从装配式吊车梁底面或从现浇式吊车梁顶面算起的柱子上部高度。

2. 表中有吊车房屋排架柱的计算长度，当计算中不考虑吊车荷载时，可以按无吊车房屋柱的计算长度采用，但上柱的计算长度仍可以按有吊车房屋采用。

3. 表中有吊车房屋排架柱的上柱在排架方向的计算长度，仅适用于 $H_u/H_l \geq 0.3$ 的情况；当 $H_u/H_l < 0.3$ 时，计算长度宜采用 $2.5H_u$。

表 5-6　框架结构各层柱的计算长度

楼盖类别	柱的类别	l_0
现浇楼盖	底层柱	$1.0H$
	其余各层柱	$1.25H$
装配式楼盖	底层柱	$1.25H$
	其余各层柱	$1.5H$

注：表中 H 对底层柱是从基础顶面到一层楼盖顶面的高度；对其余各层柱为上、下两层楼盖顶面之间的高度。

2. *计算方法和计算步骤*

受压构件计算长度的确定由子程序 SUB. QLXLY(IE)来完成。在子程序 SUB. QLXLY(IE)中，还顺便求出了受压构件的长细比、截面面积、惯性矩 I_x 和 I_y 以及截面回转半径 i_x 和 i_y 等有关配筋参数。主要计算步骤如下。

（1）从 GL(3，IE)数组中分别取出杆件的长度 l 和弯矩作用平面内、外的计算长度系数，求出弯矩作用平面内、外的计算长度 l_x 和 l_y，同时求出长细比 $\frac{l_x}{h}$。

（2）对不同类形的截面，分别求出截面面积和截面惯性矩 I_x 及 I_y。

（3）由公式 $i=\sqrt{\frac{I}{A}}$ 分别求出平面内、外的截面回转半径 i_x 及 i_y。

3. 计算程序 SUB. QLXLY(IE)

```
      SUBROUTINE QLXLY(IE)                          求柱的计算长度、截面面积和惯性矩
      REAL*8 GL(3,100),EAI(3,20),EC(20)
      COMMON/NL/NL,NZ,NT,NLZ,NE,NJ/GL/GL/EJH/JH(2,100),MP(2,100)
      COMMON/EAI/EAI/EC/EC,FC1(20),FT1(20)/IET/IET/NEQ/NEQ,KE,MJ
      COMMON/BH/B,H,B1,H1/FT/E,FC,FT,C2,AG,H0,A,A0/A0M/A0M,CKB
      COMMON/ALX/ALX,ALY,AIX,AIY,AXL,AYL,ALH/NHZ/NHZ,NGR,NCR,NWD
      IET=MP(1,IE)
      AL=SNGL(GL(1,IE))
      ALX=SNGL(GL(2,IE))*AL                          平面内计算长度
      ALY=SNGL(GL(3,IE))*AL                          平面外计算长度
      ALH=ALX/H
      IF(IET.EQ.1)THEN                               对于矩形截面
      A=B*H                                          求截面面积
      A0=B*H0
      AIX=A*H*H/12.0                                 求平面内、外的惯性矩
      AIY=A*B*B/12.0
      ELSE                                           对于T形截面梁和I形截面柱
      A=2.0*B*H1+B1*(H-2.0*H1)                       求截面面积
      AIX=(B*H**3-(B-B1)*(H-2.0*H1)**3)/12.0         求平面内、外的惯性矩
      AIY=H1*B**3/6.0+(H-2.0*H1)*B1**3/12.0
      A0=A
      ENDIF
      AXL=ALX/SQRT(AIX/A)                            计算长细比
      AYL=ALY/SQRT(AIY/A)
      RETURN
      END
```

5.5.2 轴心受压构件的正截面受压承载力计算

在 FSAP 程序中，轴心受压构件的正截面受压承载力计算，主要是用来对采用对称配筋的小偏心受压构件进行弯矩作用平面外的承载力复核。

1. 计算公式

《混凝土结构设计规范》(GB 50010—2010)中规定，对配置普通箍筋的钢筋混凝土轴心受压构件，其正截面受压承载力可以按下式计算

$$N \leqslant 0.9\varphi(f_c A + f'_y A'_s) \tag{5-16}$$

式中：N——轴向压力设计值；

φ——钢筋混凝土构件的稳定系数，按《混凝土结构设计规范》(GB 50010—2010)中表 6.2.15 采用；

A——构件截面面积，当纵向受力钢筋的配筋率大于 3% 时，公式(5-17)中的 A

应改用 A_n 代替，$A_n = A - A'_s$；

A'_s——全部纵向受力钢筋的截面面积。

其余符号意义同前。

2. 稳定系数 φ 的计算

稳定系数是用来考虑长柱纵向弯曲对承载力降低的程度。钢筋混凝土构件的稳定系数可以根据构件的长细比$\left(\frac{l_0}{b}\right)$查《混凝土结构设计规范》(GB 50010—2010)中表6.2.15确定。但采用程序计算时，为方便程序实现，可以近似用下述公式代替查表计算

$$\varphi = \left[1 + 0.002\left(\frac{l_0}{b} - 8\right)^2\right]^{-1} \tag{5-17}$$

式中：l_0——轴心受压构件的计算长度；

b——矩形截面柱的短边长度；对任意截面可以取 $b=\sqrt{12}\,i$（i 为截面最小回转半径）；对圆形截面可以取 $b=\frac{\sqrt{3}\,d}{2}$。

3. 稳定系数 φ 的计算步骤

(1)利用子程序 SUB. QLXLY(IE)已求出的平面外的截面回转半径 i_y 和计算长度 l_y，求 $\frac{l_y}{i_y}$。

(2)当 $\frac{l_y}{i_y} \leqslant 28$ 时，取 $\varphi = 1.0$。

(3)当 $\frac{l_y}{i_y} > 28$ 时，取 $b=\sqrt{12}\,i$，然后由公式(5-17)求稳定系数 φ。

4. 稳定系数 φ 的计算程序 SUB. QFI(FI)

```
      SUBROUTINE QFI(FI)                    求柱的稳定系数φ
      COMMON/ALX/ALX, ALY, AIX, AIY, AXL, AYL, ALH
      IF(AYL.LE.28.0)THEN
      FI=1.0
      ELSE
      Y1=(AYL/SQRT(12.)-8.)**2
      Y2=1.0/(1.0+0.002*Y1)
      FI=Y2
      ENDIF
      RETURN
      END
```

5.5.3 偏心受压构件采用对称配筋时的正截面受压承载力计算

1. 大、小偏心受压的界限及其判别方法

《混凝土结构设计规范》(GB 50010—2010)中规定，对于偏心受压构件，当截面相对受压区高度 $\xi \leqslant \xi_b$ 时，为大偏心受压破坏；当 $\xi > \xi_b$ 时，为小偏心受压破坏。

相关分析表明，偏心受压构件无论是采用非对称配筋或是对称配筋，在一般情况下，当 $e_i \leqslant 0.3h_0$时，截面总是发生小偏心受压破坏。在对称配筋的情况下，当 $e_i \leqslant 0.3h_0$或当 $e_i > 0.3h_0$但 $\xi > \xi_b$ 时，为小偏心受压破坏；当 $e_i > 0.3h_0$且 $\xi \leqslant \xi_b$ 时为大偏心受压破坏。因此，在对称配筋的情况下，当 $e_i \leqslant 0.3h_0$或当 $e_i > 0.3h_0$但 $\xi > \xi_b$ 时，可以按小偏心受压构件进行设计；当 $e_i > 0.3h_0$且 $\xi \leqslant \xi_b$ 时，可以按大偏心受压构件进行计算。

2. 附加偏心矩 e_a

由于实际工程中存在着荷载作用位置的不确定性、混凝土质量的不均匀性、配筋的不对称以及施工的偏差等因素，为考虑这些因素对截面承载力的影响，《混凝土结构设计规范》(GB 50010—2010)中规定，在偏心受压构件的正截面受压承载力计算中，应计入轴向压力在偏心方向产生的附加偏心距 e_a，其值应取 20mm 和偏心方向截面最大尺寸的$\frac{1}{30}$两者中的较大值。

3. 框架柱的弯矩增大系数 η_{ns}

偏心受压构件在初始偏心矩为 $e_0 = \frac{M_2}{N}$（这里 M_2 为偏心受压构件两端截面中弯矩设计值的绝对值较大者，N 为与弯矩设计值 M_2 相应的轴向压力设计值）的轴向压力作用下，会产生纵向挠曲变形，同时在构件截面中引起附加弯矩，产生二阶效应($P-\delta$ 效应)。由于二阶效应的影响，长细比较大的偏心受压构件的正截面受压承载力将会降低。《混凝土结构设计规范》(GB 50010—2010)中建议可以采用弯矩增大系数法来考虑偏心受压构件自身挠曲引起的二阶效应的影响。

《混凝土结构设计规范》(GB 50010—2010)中根据国外相关文献资料、规范以及近期国内对不同杆端弯矩比、不同轴压比和不同长细比的杆件进行计算验证的结果，给出了可以忽略杆件自身挠曲产生的 P-δ 效应影响的条件为：当柱端弯矩比 $\frac{M_1}{M_2}$ 不大于 0.9 且设计轴压比不大于 0.9 时，若杆件的长细比满足下列公式的要求，则考虑杆件自身挠曲后中间区段截面的弯矩值通常不会超过杆端弯矩值，即可以不考虑该方向杆件自身挠曲产生的附加弯矩影响，否则应按截面的两个主轴方向分别考虑构件自身挠曲产生的附加弯矩影响，即

$$\frac{l_0}{i} \leqslant 34 - 12\left(\frac{M_1}{M_2}\right) \tag{5-18}$$

式中：M_1、M_2——分别为偏心受压构件两端截面按结构分析确定的对同一主轴的弯矩设计值，绝对值较大端为 M_2，绝对值较小端为 M_1，当构件按单曲率弯曲时，$\frac{M_1}{M_2}$ 为正，否则为负；

l_0——构件的计算长度，可以近似取偏心受压构件相应主轴方向两支撑点之间的距离；

i——偏心方向的截面回转半径。

在 FSAP 程序中实现时，作了简化处理，在式(5-18)中近似取 $\frac{M_1}{M_2} = 1.0$，故由式

(5-18)，当 $\frac{l_0}{i}\leqslant 22$ 时，则可以不考虑该方向杆件自身挠曲产生的附加弯矩影响，否则应考虑该方向杆件自身挠曲产生的附加弯矩影响。

《混凝土结构设计规范》(GB 50010—2010)中规定，除排架结构柱以外的偏心受压构件，在其偏心方向上考虑杆件自身挠曲影响的控制截面弯矩设计值可以按下列公式计算

$$M = C_m \eta_{ns} M_2 \tag{5-19}$$

$$C_m = 0.7 + 0.3\frac{M_1}{M_2} \geqslant 0.7 \tag{5-20}$$

$$\eta_{ns} = 1 + \frac{1}{\frac{1300}{h_0}\left(\frac{M_2}{N + e_a}\right)}\left(\frac{l_0}{h}\right)\xi_c \tag{5-21}$$

$$\zeta_c = \frac{0.5 f_c A}{N} \tag{5-22}$$

当 $C_m\eta_{ns}$ 小于 1.0 时，取 $C_m\eta_{ns}=1.0$；对于剪力墙类构件，可以取 $C_m\eta_{ns}=1.0$。

式中：C_m ——柱端截面偏心距调节系数；

η_{ns} ——弯矩增大系数；

M_2——偏心受压构件两端截面中弯矩设计值的绝对值较大者；

N ——与弯矩设计值 M_2 相应的轴向压力设计值；

ζ_c ——截面曲率修正系数，当计算值大于 1.0 时，取 $\zeta_c=1.0$。

其余符号意义同前。

在 FSAP 程序中实现时，作了简化处理，在式(5-19)中近似取 $C_m=1.0$。

4. 排架柱的弯矩增大系数 η_s

由于未对排架结构的二阶效应做进一步深入的研究工作，《混凝土结构设计规范》(GB 50010—2010)中关于排架结构考虑二阶效应的计算方法基本维持 2002 版规范的规定不变。由于作用在排架结构上的绝大多数荷载都会引起排架的侧移，因而可以近似用 $P-\Delta$效应增大系数η_s统乘引起排架侧移荷载产生的端弯矩 M_s 与不引起排架侧移荷载产生的端弯矩 M_{ns} 之和，这样得到的考虑 $P-\Delta$效应的排架柱控制截面的弯矩不致引起太大的误差。《混凝土结构设计规范》(GB 50010—2010)中规定，排架结构考虑二阶效应($P-\Delta$效应)影响的弯矩设计值可以按下列公式计算

$$M = \eta_s M_0 \tag{5-23}$$

$$\eta_s = 1 + \frac{1}{1500\frac{e_i}{h_0}}\left(\frac{l_0}{h}\right)^2\zeta_c \tag{5-24}$$

$$\zeta_c = \frac{0.5 f_c A}{N}$$

$$e_i = e_0 + e_a$$

式中：η_s ——$P-\Delta$效应增大系数；

e_i ——初始偏心距；

M_0——一阶弹性分析柱端弯矩设计值；

e_0——轴向压力对截面重心轴的偏心距，$e_0=\dfrac{M_0}{N}$；

e_a——附加偏心距，其取值规定同前。

其余符号意义同前。

对于任意截面，当$\dfrac{l_0}{i}\leqslant 17.5$时，可取$\eta_s=1.0$。

5. 矩形截面对称配筋偏心受压构件的正截面受压承载力计算

在实际工程设计中，当构件承受数值接近的变号弯矩，或为了构造简单便于施工时，常采用对称配筋。对称配筋的基本公式和计算方法与非对称配筋基本相似，但由于采用对称配筋，$f_y=f_y'$，$A_s=A_s'$，故计算大大简化。在 FSAP 程序中，对于偏心受压构件采用对称配筋的方法来进行截面设计。

(1)应力图形。

矩形截面偏心受压构件正截面受压承载力计算的应力图形如图 5-4 所示。

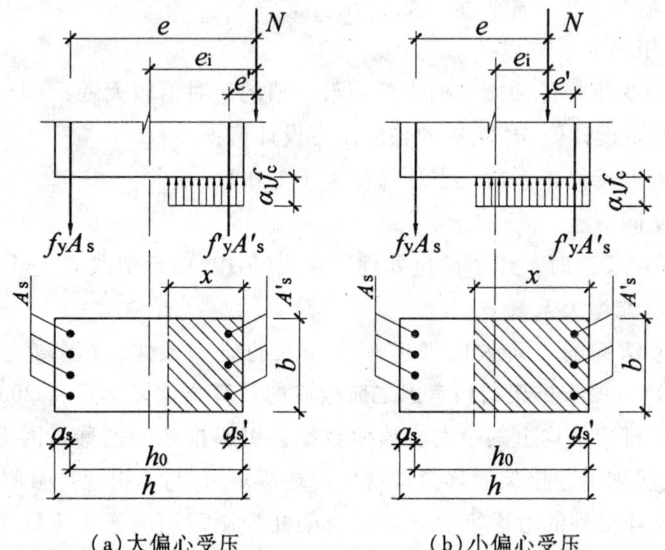

(a)大偏心受压　　(b)小偏心受压

图 5-4　矩形截面偏心受压构件正截面受压承载力计算的应力图

(2)基本公式。

1)大偏心受压构件($e_i>0.3h_0$且$x\leqslant\xi_b h_0$)。

根据图 5-4(a)所示的应力计算简图，由力的平衡条件可以求得矩形截面大偏心受压构件正截面受压承载力计算的两个基本公式

$$N\leqslant\alpha_1 f_c bx \tag{5-25}$$

$$Ne\leqslant\alpha_1 f_c bx(h_0-0.5x)+f_s'A_s'(h_0-a_s') \tag{5-26}$$

其中

$$e=e_i+\frac{h}{2}-a_s \tag{5-27}$$

$$e_i=e_0+e_a \tag{5-28}$$

式中：e——轴向压力作用点至纵向普通受拉钢筋合力点的距离；

e_i——初始偏心距；

e_0——轴向压力对截面重心的偏心距，取为 M/N，当需要考虑二阶效应影响时，M 为按式(5-19)确定的弯矩设计值；

e_a——附加偏心距，按《混凝土结构设计规范》(GB 50010—2010)中的规定确定；

a_s——纵向受拉钢筋的合力点至受压边缘的距离；

a_s'——纵向受压钢筋的合力点至受压边缘的距离。

其余符号意义同前。

2)小偏心受压构件($e_i \leqslant 0.3h_0$或当 $e_i > 0.3h_0$但 $x > \xi_b h_0$)。

由图 5-4(b)可得小偏心受压构件正截面受压承载力计算的两个基本公式

$$N \leqslant \alpha_1 f_c bx + f_y' A_s' - \sigma_s A_s \tag{5-29}$$

$$Ne \leqslant \alpha_1 f_c bx(h_0 - 0.5x) + f_y' A_s'(h_0 - a_s') \tag{5-30}$$

$$\sigma_s = \left(\frac{\xi - \beta_1}{\xi_b - \beta_1}\right) f_y \tag{5-31}$$

式中：σ_s——远离轴向力一侧的纵向钢筋的应力，可能受拉，也可能受压，但截面破坏时均达不到 f_y 或 f_y'，为简便起见，《混凝土结构设计规范》(GB 50010—2010)中允许采用近似公式(5-31)计算，同时规定 A_s受拉时，σ_s为正值；受压时，σ_s为负值，且$-f_y' \leqslant \sigma_s \leqslant f_y$。

其余符号同前。

(3)适用条件。

1)大偏心受压构件。

①为保证构件破坏时，受拉钢筋应力能达到屈服强度，上述规范规定

$$\xi \leqslant \xi_b\ (\text{或}\ x \leqslant \xi_b h_0) \tag{5-32}$$

②为保证构件破坏时，受压钢筋应力能达到抗压强度设计值，上述规范规定

$$x \geqslant 2a_s' \tag{5-33}$$

当计算中计入纵向受压钢筋 A_s' 的作用，且受压区高度不满足公式(5-33)的条件时，可以偏于安全地取 $x = 2a_s'$，然后对 A_s' 的重心取矩，按下式计算承载力

$$Ne' \leqslant f_y A_s(h - a_s - a_s') \tag{5-34}$$

其中

$$e' = \eta e_i - \frac{h}{2} + a_s \tag{5-35}$$

式中：e'——轴向压力作用点至受压区纵向钢筋合力点的距离。

2)小偏心受压构件。

矩形截面小偏心受压构件正截面受压承载力计算公式的适用条件是

$$e_i \leqslant 0.3h_0\ \text{或}\ e_i > 0.3h_0\ \text{但}\ \xi > \xi_b\ (\text{或}\ x > \xi_b h_0) \tag{5-36}$$

5. I 形截面对称配筋偏心受压构件的正截面受压承载力计算公式

(1)应力图形。

I 形截面对称配筋偏心受压构件正截面受压承载力计算的应力图形如图 5-5 所示。图 5-5(a)、图 5-5(b)为大偏心受压破坏的应力图形，图 5-5(c)、图 5-5(d)为小偏心受压破坏的应力图形。

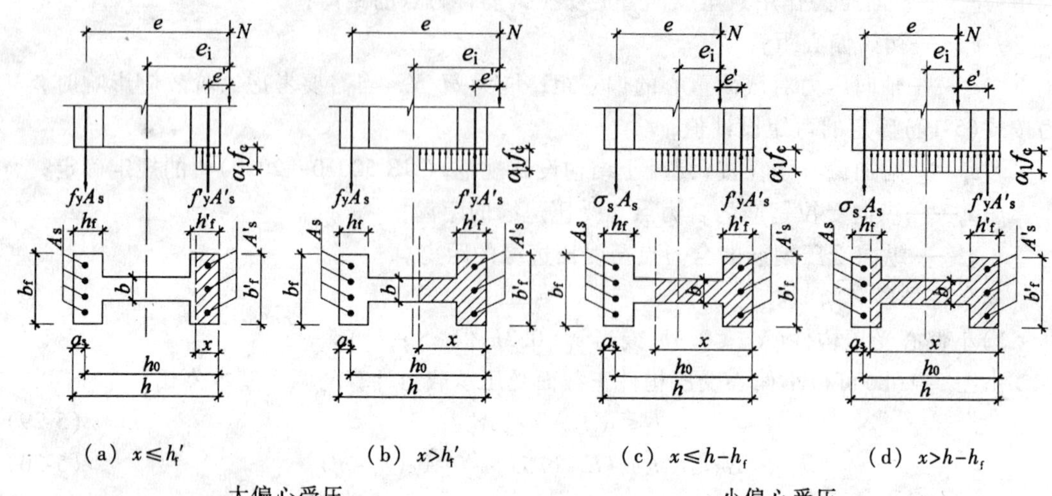

(a) $x\leqslant h'_f$　　(b) $x>h'_f$　　(c) $x\leqslant h-h_f$　　(d) $x>h-h_f$

大偏心受压　　小偏心受压

图 5-5　I 形截面偏心受压构件正截面受压承载力计算应力图形

(2)基本公式。

1)大偏心受压构件($e_i>0.3h_0$ 且 $x\leqslant\xi_bh_0$)。

①当 $x\leqslant h'_f$ 时，受压区为矩形，故可以按宽度为受压翼缘计算宽度 b'_f 的矩形截面由式(5-25) ~式(5-26)计算。此时，若受压区高度 $x<2a'_s$ 时，取 $x=2a'_s$，按式(5-34)进行计算。

②当 $x>h'_f$ 时，受压区为 T 形，正截面受压承载力的两个基本公式为

$$N\leqslant\alpha_1 f_c[bx+(b'_f-b)h'_f] \tag{5-37}$$

$$Ne\leqslant\alpha_1 f_c[bx(h_0-0.5x)+(b'_f-b)h'_f(h_0-0.5h'_f)]+f'_yA'_s(h_0-a'_s) \tag{5-38}$$

2)小偏心受压构件($e_i\leqslant0.3h_0$ 或当 $e_i>0.3h_0$ 但 $x>\xi_bh_0$)。

①当 $x\leqslant h-h_f$ 时，受压区为 T 形，其基本公式为

$$N\leqslant\alpha_1 f_c[bx+(b'_f-b)h'_f]+f'_yA'_s-\sigma_sA_s \tag{5-39}$$

$$Ne\leqslant\alpha_1 f_c[bx(h_0-0.5x)+(b'_f-b)h'_f(h_0-0.5h'_f)]+f'_yA'_s(h_0-a'_s) \tag{5-40}$$

②当 $h>x>h-h_f$ 时，受压区为 I 形，此时，应考虑远离轴向力一侧翼缘的受压作用，其基本公式为

$$N\leqslant\alpha_1 f_c[bx+(b'_f-b)h'_f+(b_f-b)(x-h+h_f)]+f'_yA'_s-\sigma_sA_s \tag{5-41}$$

$$Ne\leqslant\alpha_1 f_c[bx(h_0-0.5x)+(b'_f-b)h'_f(h_0-0.5h'_f)+(b_f-b)(x-h+h_f)(h_f/2+h/2-x/2-a_s)]+f'_yA'_s(h_0-a'_s) \tag{5-42}$$

与矩形截面相同，在上述公式中，远离轴向力一侧的钢筋应力 σ_s 按公式(5-31)计算。

③若 $x=\xi h_0>h$，全截面受压，此时近似取 $x=h$，根据力的平衡条件可得

$$Ne\leqslant\alpha_1 f_cA(0.5h-a_s)+f'_yA'_s(h_0-a'_s) \tag{5-43}$$

式中：A——受压构件全截面面积。

(3)适用条件。

1)大偏心受压构件。

为保证受拉钢筋A_s和受压钢筋A'_s在截面破坏时能达到相应的设计强度，上述规范规定$2a_s' \leqslant x \leqslant \xi_b h_0$。

2)小偏心受压构件。

I形截面小偏心受压构件正截面受压承载力计算公式的适用条件是

$$e_i \leqslant 0.3h_0 \text{或} e_i > 0.3h_0 \text{但} \xi > \xi_b \ (\text{或} x > \xi_b h_0) \tag{5-44}$$

6. 偏心受压构件弯矩作用平面外的正截面受压承载力复核

《混凝土结构设计规范》(GB 50010—2010)中规定，偏心受压构件除应计算弯矩作用平面的受压承载力外，尚应按轴心受压构件验算垂直于弯矩作用平面的受压承载力，此时，可以不计入弯矩的作用，但应考虑稳定系数φ的影响。在FSAP程序中，对于偏心受压构件采用对称配筋。根据设计经验，当采用对称配筋时，仅需对小偏心受压构件才需作弯矩作用平面外的计算。有关计算公式参见式(5-16)及式(5-17)。

5.5.4 计算方法与计算步骤

1. 矩形截面对称配筋的计算方法和计算步骤(以框架结构柱为例)

(1)首先按式(5-18)判断是否需要考虑二阶效应的影响。

(2)当需要考虑二阶效应影响时，按式(5-21)计算柱端截面弯矩增大系数η_{ns}；按式(5-19)计算考虑二阶效应影响的弯矩设计值M。

(3)计算初始偏心矩$e_i = e_0 + e_a$。，$e_0 = M/N$，e_a取为20mm和$h/30$两者中的较大值。

(4)判别大、小偏心。当$e_i > 0.3h_0$时，可以先按大偏心受压构件计算，转(5)；当$e_i \leqslant 0.3h_0$时，肯定是小偏心受压破坏，转(7)。

(5)由于采用对称配筋，故$f_y = f'_y$，$A_s = A'_s$，则由式(5-25)可得

$$x = \frac{N}{\alpha_1 f_c b} \tag{5-45}$$

当$x \leqslant \xi_b h_0$时，确为大偏心受压构件，转(6)；当$x > \xi_b h_0$时，则应按小偏心受压构件计算，转(7)。

(6)大偏心受压构件($e_i > 0.3h_0$且$x \leqslant \xi_b h_0$)。

1)若$x \geqslant 2a_s'$，则由式(5-26)可得

$$A_s = A'_s = \frac{Ne - \alpha_1 f_c bx(h_0 - 0.5x)}{f'_y(h_0 - a'_s)} \tag{5-46}$$

2)若$x < 2a_s'$，则取$x = 2a_s'$，由式(5-34)求得

$$A_s = A'_s = \frac{Ne'}{f'_y(h_0 - a'_s)} \tag{5-47}$$

3)若$x > \xi_b h_0$，则为小偏心受压，转(7)。

4)若$A_s = A_s' < \rho_{min} bh$，则取$A_s = A'_s = \rho_{min} bh$。

(7)小偏心受压构件($e_i \leqslant 0.3h_0$，或$e_i > 0.3h_0$但$x > \xi_b h_0$)。

1)当$e_i \leqslant 0.3h_0$，或$e_i > 0.3h_0$但$x > \xi_b h_0$时，为小偏心受压构件，需由小偏心受压的计算公式确定受压区高度。由式(5-29)、式(5-30)联立求解，得到一个关于ξ的三次方程，为避免求解三次方程，可以按《混凝土结构设计规范》(GB 50010—2010)中给出的近似公式计算相对受压区高度，即

$$\xi=\frac{N-\xi_b\alpha_1f_cbh_0}{\frac{Ne-0.43\alpha_1f_cbh_0^2}{(\beta_1-\xi_b)(h_0-a'_s)}+\alpha_1f_cbh_0}+\xi_b \tag{5-48}$$

2）将 ξ 代入基本公式(5-30)可得

$$A_s=A'_s=\frac{Ne-\alpha_1f_cbh_0^2\xi(1-0.5\xi)}{f'_y(h_0-a'_s)} \tag{5-49}$$

3）若 $A_s=A'_s<\rho_{min}bh$，取 $A_s=A'_s=\rho_{min}bh$。

4）按轴心受压构件由式(5-16)验算垂直于弯矩作用平面的受压承载力。若弯矩作用平面外的轴心受压承载力满足要求，则按上述小偏心受压的计算结果配筋，否则，按轴心受压的计算结果配筋。

2. I形截面对称配筋的计算方法和计算步骤

(1)首先按式(5-18)判断是否需要考虑二阶效应的影响。

(2)当需要考虑二阶效应影响时，按式(5-21)计算柱端截面弯矩增大系数 η_{ns}；按式(5-19)计算考虑二阶效应影响的弯矩设计值 M。

(3)计算初始偏心矩 $e_i=e_0+e_a$。，$e_0=M/N$，e_a取为20mm和 $h/30$ 两者中的较大值。

(4)判别大、小偏心，当 $e_i>0.3h_0$时，可以先按大偏心受压构件计算，转(5)；当 $e_i\leqslant0.3h_0$时，肯定是小偏心受压破坏，转(7)。

(5)首先假定 $x\leqslant h'_f$，因采用对称配筋，则由式(5-25)可得

$$x=\frac{N}{\alpha_1f_cb'_f} \tag{5-50}$$

当 $x\leqslant\xi_bh_0$时，确为大偏心受压构件，转(6)；当 $x>\xi_bh_0$时，则应按小偏心受压构件计算，转(7)。

(6)大偏心受压($e_i>0.3h_0$且 $x\leqslant\xi_bh_0$)。

1)若 $x<2a'_s$，取 $x=2a'_s$，则由式(5-34)求得

$$A_s=A'_s=\frac{Ne'}{f'_y(h_0-a'_s)} \tag{5-51}$$

2)若 $2a'_s\leqslant x\leqslant h'_f$，则由式(5-26)求得

$$A_s=A'_s=\frac{Ne-\alpha_1f_cb'_fx(h_0-0.5x)}{f'_y(h_0-a'_s)} \tag{5-52}$$

3)若 $x>h'_f$，受压区高度已进入腹板内，则应由式(5-37)重新计算 x。

$$x=\frac{N-\alpha_1f_c(b'_f-b)h'_f}{\alpha_1f_cb} \tag{5-53}$$

4)若 $x\leqslant\xi_bh_0$，则由式(5-38)可得

$$A_s=A'_s=\frac{Ne-\alpha_1f_c[bx(h_0-0.5x)+(b'_f-b)h'_f(h_0-0.5h'_f)]}{f'_y(h_0-a'_s)} \tag{5-54}$$

5)若 $x>\xi_bh_0$，则应按小偏心受压计算，转(7)。

6)若 $A_s=A'_s<\rho_{min}A$，取 $A_s=A'_s=\rho_{min}A$。

(7)小偏心受压($e_i\leqslant0.3h_0$，或 $e_i>0.3h_0$但 $x>\xi_bh_0$)。

1)当 $x>\xi_bh_0$时，为小偏心受压破坏，需由小偏心受压的计算公式确定受压区高度。

由基本公式(5-39)、式(5-40)联立求解，得到一个关于 ξ 的三次方程，为方便计算，参照《混凝土结构设计规范》(GB 50010—2010)中关于矩形截面对称配筋 ξ 的简化方法，可以推导出 I 形截面相对受压区高度 ξ 的近似计算公式如下

$$\xi=\frac{N-\alpha_1 f_c[bh_0\xi_b+(b'_f-b)h'_f]}{\dfrac{Ne-\alpha_1 f_c(b'_f-b)h'_f(h_0-h'_f/2)-0.43\alpha_1 f_c bh_0^2}{(\beta_1-\xi_b)(h_0-a'_s)}+\alpha_1 f_c bh_0}+\xi_b \tag{5-55}$$

2)若 $x=\xi h_0\leqslant h-h_f$，则将 ξ 代入式(5-38)，可得

$$A_s=A'_s=\frac{Ne-\alpha_1 f_c[bx(h_0-0.5x)+(b'_f-b)h'_f(h_0-0.5h'_f)]}{f'_y(h_0-a'_s)} \tag{5-56}$$

3)若 $h>x=\xi h_0>h-h_f$，受压区为 I 形，此时，虽由式(5-41)、式(5-42)也可以推导出一个关于 ξ 的三次方程，但目前对该方程上述规范未给出近似的简化方法，故一般采用迭代法求解 $A_s=A'_s$ 和 ξ。由式(5-41)、式(5-42)可以求得 ξ 和 A'_s 的迭代计算公式

$$\begin{aligned}A'_s=&\frac{Ne-\alpha_1 f_c[bh_0^2\xi(1-0.5\xi)+(b'_f-b)h'_f(h_0-0.5h'_f)]}{f'_y(h_0-a'_s)}\\&-\frac{\alpha_1 f_c(b_f-b)(\xi h_0-h+h_f)(h_f/2+h/2-\xi h_0/2-a_s)}{f'_y(h_0-a'_s)}\end{aligned} \tag{5-57}$$

$$\xi=\frac{(\xi_b-\beta_1)[N-\alpha_1 f_c(b'_f-b)h'_f+\alpha_1 f_c(b_f-b)(h-h_f)]-\xi_b f'_y A'_s}{(\xi_b-\beta_1)\alpha_1 f_c b_f h_0-f'_y A'_s} \tag{5-58}$$

对于小偏心受压构件，一般有 $\xi_b<\xi\leqslant 1.1$。故取 $\xi=\frac{1}{2}(\xi_b+1.1)$ 作为 ξ 的迭代初值 $[\xi]_0$；

①将 $[\xi]_0$ 代入式(5-57)求得 A'_s 的第一次迭代值 $[A'_s]_1$，然后将 $[A'_s]_1$ 代入式(5-58)求得 ξ 的第一次迭代值 $[\xi]_1$；

②将 $[\xi]_1$ 代入式(5-57)求得 A'_s 的第二次迭代值 $[A'_s]_2$，并将 $[A'_s]_2$ 代入式(5-58)求得 ξ 的第二次迭代值 $[\xi]_2$；

若两次求得的 A'_s 相差不大，一般取相差不大于5%，认为合格，迭代终止，并以本次迭代的结果作为 A'_s 的最终计算结果，否则，重复第①、②步，直到相邻两次求得的 A'_s 之差满足要求为止。

4)若 $x=\xi h_0>h$，由式(5-43)可得

$$A_s=A'_s=\frac{Ne-\alpha_1 f_c A(0.5h-a_s)}{f'_y(h_0-a'_s)} \tag{5-59}$$

5)若 $A_s=A'_s<\rho_{\min}A$，取 $A_s=A'_s=\rho_{\min}A$。

6)按轴心受压构件验算垂直于弯矩作用平面的受压承载力。若弯矩作用平面外的轴心受压承载力满足相关要求，则按上述小偏心受压的计算结果配筋，否则，按轴心受压的计算结果配筋。

5.5.5 计算程序 SUB. CAS1(K1)

```
      SUBROUTINE CAS1(K1)                         偏心受压构件配筋计算
      REAL M,N,NB
```

```
      COMMON/FY/FY,FYV/IET/IET/FE/FE(3)/A0M/A0M,CKB
      COMMON/BH/B,H,B1,H1/FT/E,FC,FT,C2,AG,H0,A,A0/NPJ/KTP,NPJ,
     NPJH(10)
      COMMON/ALX/ALX,ALY,AIX,AIY,AXL,AYL,ALH /AS/AS,AS1(7),AU1(7)
      M=ABS(FE(1))
      N=FE(3)
      IF(N. LT. 1. 0E-05)N=1. 0E-05
      E0=M/N
      EA=0. 02
      EA1=H/30.
      IF(EA1. GT. EA)EA=EA1
      EI=E0+EA
      EIH=EI/H0
      IF(KTP. EQ. 0)THEN                         框架结构
      IF(AXL. LE. 22. )THEN                      确定弯矩增大系数
      AT=1. 0
      ELSE
      CT1=. 5 * FC * A/N
      IF(CT1. GT. 1. )CT1=1.
      AT=1. +ALH * *2 * CT1/(1300. * EIH)
      IF(AT. LT. 1. )AT=1.
      ENDIF
      ELSE IF(KTP. EQ. 1)THEN                    框排架结构
      DO 5 IPJ=1,NPJ
      IPJH=NPJH(IPJ)
      IF(IE. EQ. IPJH)THEN
      IF(AXL. LE. 17. 5)THEN                     确定弯矩增大系数
      AT=1. 0
      ELSE
      CT1=. 5 * FC * A/N
      IF(CT1. GT. 1. )CT1=1.
      AT=1. +ALH * *2 * CT1/(1500. * EIH)
      IF(AT. LT. 1. )AT=1.
      ENDIF
      ELSE
      IF(AXL. LE. 22. )THEN
      AT=1. 0
      ELSE
```

```
      CT1=.5*FC*A/N
      IF(CT1.GT.1.)CT1=1.
      AT=1.+ALH**2*CT1/(1300.*EIH)
      IF(AT.LT.1.)AT=1.
      ENDIF
      ENDIF
    5 CONTINUE
      ELSE IF(KTP.EQ.2)THEN                        排架结构
      IF(AXL.LE.22.)THEN                           确定弯矩增大系数
      AT=1.0
      ELSE
      CT1=.5*FC*A/N
      IF(CT1.GT.1.)CT1=1.
      AT=1.+ALH**2*CT1/(1500.*EIH)
      IF(AT.LT.1.)AT=1.
      ENDIF
      ENDIF
      M=AT*M
      E0=M/N
      EI=E0+EA
      EIH=EI/H0
      E1=EI+0.5*H-AG
      X=N/(FC*B)
      RAG=FY*(H0-AG)
      IF(X.LT.2.0*AG)THEN
      E2=EI-0.5*H+AG
      AS=N*E2/RAG
      ELSE IF(IET.EQ.1.AND.X.LE.CKB*H0)THEN    矩形截面大偏压
      AS=(N*E1-FC*B*X*(H0-0.5*X))/RAG
      ELSE IF(IET.EQ.1.AND.X.GT.CKB*H0)THEN    矩形截面小偏压
      X1=FC*A0
      NB=CKB*X1
      X2=N*E1
      X3=X1*H0
      X4=X2-.43*X3
      X5=(.8-CKB)*(H0-AG)
      X4=X1+X4/X5
      CK=CKB+(N-NB)/X4
```

```
      X4=CK*(1.-.5*CK)*X3
      F1=(X2-X4)/RAG
      CALL QFI(FI)                                  弯矩作用平面外验算
      F2=.5*(N/FI-FC*A)/FY
      IF(F1.GE.F2)THEN
      AS=F1
      ELSE
      AS=F2
      ENDIF
      ELSE IF(IET.EQ.2.AND.X.LE.H1)THEN             I形截面大偏压 x≤h'_f
      AS=(N*E1-FC*B*X*(H0-.5*X))/RAG
      ELSE IF(IET.EQ.2.AND.X.GT.H1)THEN
      X=(N/FC-(B-B1)*H1)/B1
      IF(X.LE.CKB*H0)THEN                           I形截面大偏压 h'_f≤ x≤ ξ_b h_0
      AS=(N*E1-FC*(B1*X*(H0-.5*X)+(B-B1)*H1*(H0-.5*H1)))/RAG
      ELSE
      IF(X.GT.(H-H1).AND.X.LT.H)THEN                h - h'_f≤x≤ h 时按迭代法计算
      CK=(CKB+1.1)/2.0
      X1=B1*H0*H0*CK*(1.-.5*CK)
      X2=(B-B1)*H1*(H0-.5*H1)
      X3=(B-B1)*(CK*H0-H+H1)
      X4=(H1+H-CK*H0)/2.-AG
      X3=X3*X4
      F1=(N*E1-FC*(X1+X2+X3))/RAG
100   X5=(B-B1)*(H-2.*H1)
      X6=CKB-0.8
      X7=X6*FC*B*H0
      CK=(X6*(N+X5*FC)-CKB*FY*F1)/(X7-FY*F1)
      X1=B1*H0*H0*CK*(1.-.5*CK)
      X2=(B-B1)*H1*(H0-.5*H1)
      X3=(B-B1)*(CK*H0-H+H1)
      X4=(H1+H-CK*H0)/2.-AG
      X3=X3*X4
      F2=(N*E1-FC*(X1+X2+X3))/RAG
      F3=ABS(F1-F2)
      IF(F3.LE.1.0E-05)THEN
      F1=F2
      ELSE
```

```
      F1=F2
      GOTO 100
      ENDIF
      ELSE                                    对于 x≤ h-h'f 或 x>h 时,按规
                                              范公式计算
      NB=FC*(CKB*B1*H0+(B-B1)*H1)
      X1=FC*(.43*B1*H0**2+(B-B1)*H1*(H0-.5*H1))
      X2=(N*E1-X1)/((.8-CKB)*(H0-AG))+FC*B1*H0
      CK=(N-NB)/X2+CKB
      X=CK*H0
      IF(X.LE.(H-H1))THEN
      SC=FC*(B1*X*(H0-.5*X)+(B-B1)*H1*(H0-.5*H1))
      ELSE IF(X.GT.H)THEN
      SC=FC*A*(.5*H-AG)
      ENDIF
      F1=(N*E1-SC)/RAG
      ENDIF
      CALL QFI(FI)                            弯矩作用平面外验算
      F2=.5*(N/(0.9*FI)-FC*A)/FY
      IF(F1.GE.F2)THEN
      AS=F1
      ELSE
      AS=F2
      ENDIF
      ENDIF
      ENDIF
      U=AS/A
      IF(U.GT.0.025)THEN
      AS1(K1)=99999.
      AU1(K1)=99999.
      ELSE IF(U.LT.C2)THEN
      AS1(K1)=C2*A*1.0E+06
      AU1(K1)=C2*100.
      ELSE
      AS1(K1)=AS*1.0E+06
      AU1(K1)=U*100.
      ENDIF
      RETURN
      END
```

§5.6 偏心受拉构件的正截面受拉承载力计算

5.6.1 偏心受拉构件正截面受拉承载力的计算方法

1. 大、小偏心受拉的判别方法

偏心受拉构件根据轴向拉力偏心矩e_0的大小，可以分为大偏心受拉和小偏心受拉。当轴向拉力N作用在钢筋A_s与A'_s的合力点之间时，即$e_0 \leqslant \frac{h}{2}-a_s$，应按小偏心受拉构件计算；当轴向拉力作用在钢筋$A_s$与$A'_s$的合力点之外时，即$e_0 > \frac{h}{2}-a_s$，应按大偏心受拉构件计算。

2. 小偏心受拉构件

(1)应力图形。

小偏心受拉构件的截面应力图形如图5-6(a)所示。

(2)基本公式。

根据图5-6(a)可以求得小偏心受拉构件的基本公式

$$Ne \leqslant f_y A'_s(h_0-a'_s) \tag{5-60}$$

$$Ne' \leqslant f_y A_s(h'_0-a_s) \tag{5-61}$$

其中

$$e=\frac{h}{2}-a_s-e_0$$

$$e'=e_0+\frac{h}{2}-a'_s$$

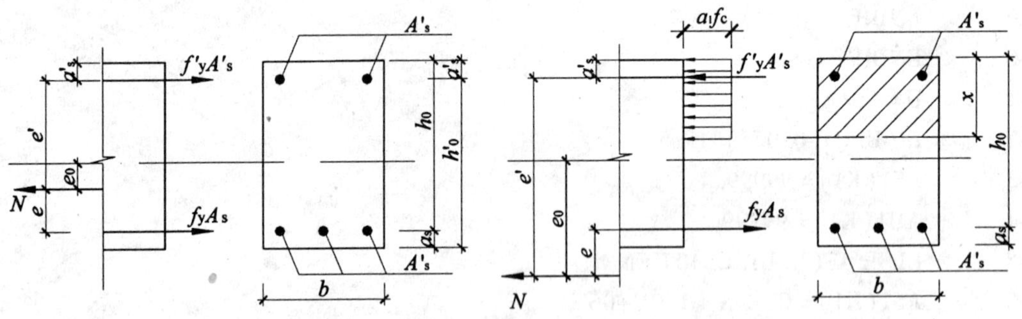

(a)小偏心受拉　(b)大偏心受拉

图5-6　偏心受拉构件正截面受拉承载力计算的应力图

3. 大偏心受拉构件

(1)应力图形。

大偏心受拉构件的截面应力图形如图5-6(b)所示。

(2)基本公式。

根据图 5-6(b)可以求得大偏心受拉构件的基本公式

$$N \leqslant f_y A_s - f'_y A'_s - \alpha_1 f_c bx \tag{5-62}$$

$$Ne \leqslant \alpha_1 f_c bx(h_0 - 0.5x) + f'_y A'_s (h_0 - a'_s) \tag{5-63}$$

(3)适用条件。

为保证截面破坏时，受拉钢筋和受压钢筋都能达到屈服强度，要求：$2a'_s \leqslant x \leqslant \xi_b h_0$。当 $x<2a'_s$ 时，按式(5-61)计算。

5.6.2　计算方法和计算步骤

对称配筋的矩形截面偏心受拉构件，不论大、小偏心，均按式(5-61)由子程序 SUB. CAS2(K1)来完成配筋计算。其计算方法和步骤如下。

(1)根据对应的内力组合结果 M 和 N 计算 e_0，并由上述公式计算 e'。

(2)按式(5-61)计算 A_s和 A'_s，即

$$A_s = A'_s = \frac{Ne'}{f_y(h_0 - a'_s)}\text{。}$$

(3)验算最小配筋率。若 $A_s = A'_s < \rho_{\min} bh$，取 $A_s = A'_s = \rho_{\min} bh$。

5.6.3　计算程序 SUB. CAS2(K1)

```
      SUBROUTINE CAS2(K1)                              偏心受拉构件配筋计算
      REAL M,N
      COMMON/FY/FY,FYV/FE/FE(3)/AS/AS,AS1(7),AU1(7)
      COMMON/BH/B,H,B1,H1/FT/E,FC,FT,C2,AG,H0,A,A0
      M=ABS(FE(1))
      N=-FE(3)
      IF(N.LT.1.0E-05)N=1.0E-05
      E0=M/N
      RAG=FY*(H0-AG)
      E2=E0+0.5*H-AG
      AS=N*E2/RAG
      U=AS/A0
      C1=0.45*FT/FY
      IF(C1.GT.C2)C2=C1
      IF(U.GT.0.025)THEN
      AS1(K1)=99999.
      AU1(K1)=99999.
      ELSE IF(U.LT.C2)THEN
      AS1(K1)=C2*A*1.0E+06
      AU1(K1)=C2*100.
      ELSE
      AS1(K1)=AS*1.0E+06
```

```
      AU1(K1)=U*100.
      ENDIF
      RETURN
      END
```

§5.7 梁、柱配箍计算程序设计

5.7.1 梁、柱配箍计算程序的计算内容和计算步骤

梁、柱配箍计算由配箍计算的总体程序 SUB. QLZASV(IE, I1)完成，其主要计算内容和步骤如下。

(1)确定梁的剪力包络图和各截面的箍筋截面面积。对于梁，首先对 IE 单元 I1 截面的静力组合结果与动力组合结果的剪力比较大小(注意此时动力组合的剪力已乘以梁的斜截面抗震承载力调整系数)，找出 I1 截面的最大剪力和最小剪力，然后调用子程序 SUB. CHEKS(IE)和 SUB. LASV(B)，分别验算截面尺寸和确定各截面受剪箍筋的截面面积。

(2)根据静力组合结果，调用子程序 SUB. CHEKS(IE)和 SUB. QASV(IE, K1)，验算梁、柱两端的截面尺寸是否满足相关要求，然后通过调用子程序 SUB. QASV(IE, K1)，计算梁、柱两端截面在 4 种内力组合目标下的箍筋截面面积 A_{sv} 与箍筋间距 s 的比值 A_{sv}/s 和配箍率 ρ_{sv}。当抗震设防烈度大于 6 度时，还要按动力组合结果调用子程序 SUB. CHEKSD(IE)和 SUB. QASV(IE, K1)，验算梁、柱两端的截面尺寸是否满足要求，并求出 4 种内力组合目标下的箍筋截面面积 A_{sv} 与箍筋间距 s 的比值 A_{sv}/s 和配箍率 ρ_{sv}。

5.7.2 计算程序 SUB. QLZASV(IE, I1)

```
      SUBROUTINE QLZASV(IE,I1)          梁、柱配箍计算的总体程序
      REAL*8 GL(3,100)
      COMMON/XW12/XX(7),W1(7),W2(7),V1(7),V2(7)/NEQ/NEQ,KE,MJ
      COMMON/NL/NL,NZ,NT,NLZ,NE,NJ/NFY/NFY/FY/FY,FYV/IT/IT/GL/GL
      COMMON/WO/WO(3,4),WMVN(3,4)/ASV/ASV,ASV1(7),PSV(7)
      COMMON/KC2/KC2,KC3,KC4,KC5,KC6/BH/B,H,B1,H1
      COMMON/D0/D0(3,4),DMVN(3,4)/IET/IET
      COMMON/FT/E,FC,FT,C2,AG,H0,A,A0/IK/IK/FE/FE(3)
      IF(IE.LE.NL)THEN                  计算梁的剪力包络图和各截面的箍筋
      V1(I1)=WMVN(2,3)
      V2(I1)=WMVN(2,4)
      I4=I1-1
      XX(I1)=SNGL(GL(1,IE))*FLOAT(I4)/6.
      IF(NEQ.GT.6)THEN
      A3=.85*DMVN(2,3)
```

```
      A4=.85*DMVN(2,4)
      IF(V1(I1).LT.A3)V1(I1)=A3           将静力组合与地震组合下的 Vmax、Vmin
      IF(V2(I1).GT.A4)V2(I1)=A4           进行比较,较大者送入 V1,较小者送入 V2
      ENDIF
      IF(NFY.GT.1)THEN                    要组合和配筋时计算各截面配箍
      ASV1(I1)=0.
      PSV(I1)=0.
      IF(ABS(V1(I1)).GE.ABS(V2(I1)))THEN
      FE(1)=V1(I1)
      ELSE
      FE(1)=V2(I1)
      ENDIF
      CALL CHEKS(IE)                      验算截面尺寸
      IF(ASV.EQ.99999.)THEN               如果梁截面尺寸不满足限制条件,
      ASV1(I1)=99999.                     则给出超筋信息
      PSV(I1)=99999.
      ELSE                                否则调用 SUB.LASV(B)计算各截面配箍
      IF(IET.EQ.1)THEN
      CALL LASV(B)
      ELSE
      CALL LASV(B1)
      ENDIF
      ASV1(I1)=ASV*1000.
      IF(IET.EQ.1)PSV(I1)=ASV/B*100.
      IF(IET.EQ.2)PSV(I1)=ASV/B1*100.
      ENDIF
      IF(I1.EQ.IK)THEN                    输出梁剪力包络图及相应配箍
      WRITE(9,920)
      CALL PRN('----')
      WRITE(9,925)(I2,XX(I2),V1(I2),V2(I2),ASV1(I2),PSV(I2),I2=1,7)
      ENDIF
      ENDIF
      ENDIF
      IF(I1.EQ.IK)THEN
      IF(NFY.EQ.1)THEN                    不配箍时,仅输出梁的剪力包络图
      IF(IE.LE.NL)THEN
      WRITE(9,900)
      WRITE(9,910)(I2,V1(I2),V2(I2),I2=1,7)
      ENDIF
```

```
      ELSE IF(NFY. GT. 1)THEN                 计算梁、柱两端截面的配箍
      WRITE(9,930)
      CALL PRN('----')
      DO 10 K1=1,4                            计算梁、柱 i 端截面在 4 种内力组合目标
      DO 20 J1=1,3                            下的静力配箍
 20   FE(J1)=WO(J1,K1)
      CALL CHEKS(IE)
      CALL QASV(IE,K1)
 10   CONTINUE
      WRITE(9,940)(K1,(WO(J1,K1),J1=1,3),ASV1(K1),PSV(K1),K1=1,4)
      IF(NEQ. GT. 6)THEN                      抗震设防烈度大于 6 度时,计算梁、柱 i 端
      DO 30 K1=1,4                            截面在 4 种内力组合目标下的动力配箍
      DO 35 J1=1,3
 35   FE(J1)=0.85*D0(J1,K1)
      DO 40 J1=1,3
 40   D0(J1,K1)=FE(J1)
      CALL CHEKSD(IE)
      CALL QASV(IE,K1)
 30   CONTINUE
      WRITE(9,950)(K1,(D0(J1,K1),J1=1,3),ASV1(K1),PSV(K1),K1=1,4)
      ENDIF
      DO 45 K1=1,4                            计算梁、柱 j 端截面在 4 种内力组合目标
      DO 50 J1=1,3                            下的静力配箍
 50   FE(J1)=WMVN(J1,K1)
      CALL CHEKS(IE)
      CALL QASV(IE,K1)
 45   CONTINUE
      WRITE(9,960)(K1,(WMVN(J1,K1),J1=1,3),ASV1(K1),PSV(K1),K1=1,4)
      IF(NEQ. GT. 6)THEN                      抗震设防烈度大于 6 度时,计算梁、柱 j 端截面
      DO 55 K1=1,4                            在 4 种内力组合目标下的动力配箍
      DO 60 J1=1,3
 60   FE(J1)=0.85*DMVN(J1,K1)
      DO 65 J1=1,3
 65   DMVN(J1,K1)=FE(J1)
      CALL CHEKSD(IE)
      CALL QASV(IE,K1)
 55   CONTINUE
      WRITE(9,970)(K1,(DMVN(J1,K1),J1=1,3),ASV1(K1),PSV(K1),K1=1,4)
      ENDIF
```

```
      CALL PRN('* * * *')
      ENDIF
      ENDIF
      RETURN
900   FORMAT(//1X,'SECTION',10X,'VMAX',13X,'VMIN')
910   FORMAT(1X,'I1 =',I3,2F17.5)
920   FORMAT(//1X,'SECTION',6X,' X ',10X,' VMAX',10X ,
     #'VMIN',8X,' ASV ',10X,' PSV% ')
925   FORMAT(1X,'I1 =',I3,F9.2,2F14.2,2F12.4)
930   FORMAT(//1X,'SECTION',1X,' CO.TYPE ',8X,' M ',10X,
     #'V',10X,'N',10X,'ASV',9X,' PSV% ')
940   FORMAT(1X,'I1 =   I'/(9X,'K1 =',I2,2X,3F11.2,2F12.4))
950   FORMAT(1X,'I1 =   I',4X,'(EATHEQUAKE COMBINATION CONDITION)',
     #/(9X,'K1 =',I2,2X,3F11.2,2F12.4))
960   FORMAT(1X,'I1 =   J'/(9X,'K1 =',I2,2X,3F11.2,2F12.4))
970   FORMAT(1X,'I1 =   J',4X,'(EATHEQUAKE COMBINATION CONDITION)',
     #/(9X,'K1 =',I2,2X,3F11.2,2F12.4))
      END
```

5.7.3 梁、柱配箍计算的过渡子程序 SUB. QASV(IE, KI)

1. 计算内容和步骤

子程序 SUB. QASV(IE, K1)仅是调用梁、柱配箍程序的中间过程。这一子程序是通过调用子程序 SUB. LASV(B)(梁配箍)、SUB. CASV(柱配箍)等来完成具体的配箍计算。

2. 计算程序 SUB. QASV(IE, K1)

计算梁、柱箍筋的过渡子程序 SUB. QASV(IE, I1)的计算步骤如下:

(1)配箍截面面积参数 A_{sv}/s 及配箍率数组送 0。

(2)调用子程序 SUB. CHEKS(IE)验算梁(或柱)截面尺寸。

若梁(或柱)截面尺寸不满足限制条件,取 A_{sv}/s =99999.,表示需增大截面尺寸或提高混凝土强度等级;若梁(或柱)截面尺寸满足限制条件,则转(3)或(4)。

(3)对于梁单元,调用子程序 SUB. LASV(B)计算梁箍筋用量。

(4)对于柱单元,调用子程序 SUB. CASV(B)计算柱箍筋用量。

(5)根据梁(或柱)截面形状计算配箍率。

```
      SUBROUTINE QASV(IE,K1)              梁、柱配箍计算的中间过程
      COMMON/FY/FY,FYV/IET/IET/ASV/ASV,ASV1(7),PSV(7)
      COMMON/NL/NL,NZ,NT,NLZ,NE,NJ/NEQ/NEQ,KE,MJ/IK/IK/FE/FE(3)
      COMMON/BH/B,H,B1,H1/FT/E,FC,FT,C2,AG,H0,A,A0
      ASV1(K1)= 0.
      PSV(K1)= 0.
```

```
      CALL CHEKS(IE)              验算截面尺寸
      IF(ASV.EQ.99999.)THEN       如果截面尺寸不满足限制条件,则
      ASV1(K1)=99999.             给出超筋信息
      PSV(K1)=99999.
      ELSE                        若截面尺寸满足要求
      IF(IE.LE.NL)THEN            对于梁
      IF(IET.EQ.1)THEN            若为矩形截面
      CALL LASV(B)                调用子程序 SUB.LASV 进行配箍计算
      ELSE                        若为T形截面
      CALL LASV(B1)               调用子程序 SUB.LASV 进行配箍计算
      ENDIF
      ELSE                        对于柱
      IF(IET.EQ.1)THEN            若为矩形截面
      CALL CASV(B)                调用子程序 SUB.CASV 进行配箍计算
      ELSE                        若为T形截面
      CALL CASV(B1)               调用子程序 SUB.CASV 进行配箍计算
      ENDIF
      ENDIF
      ASV1(K1)=ASV*1000.
      IF(IET.EQ.1)THEN
      PSV(K1)=ASV/B*100.
      ELSE
      PSV(K1)=ASV/B1*100.
      ENDIF
      ENDIF
      RETURN
      END
```

§5.8 斜截面受剪承载力计算的截面限制条件

为防止发生斜压破坏和限制使用阶段的斜裂缝开展宽度《混凝土结构设计规范》(GB 50010—2010)中对不同类形的受力构件在抗震与非抗震设计条件下的截面尺寸均提出了相应的限制条件。

5.8.1 非抗震设计

《混凝土结构设计规范》(GB 50010—2010)中规定，非抗震设计时，矩形、T形和I形截面的钢筋混凝土受弯构件和偏心受力构件，其受剪截面均应满足下列要求：

$$\text{当}\frac{h_w}{b}\leqslant 4\text{ 时}\quad V\leqslant 0.25\beta_c f_c b h_0 \tag{5-64a}$$

$$\text{当}\frac{h_w}{b}\geqslant 6\text{ 时}\quad V\leqslant 0.2\beta_c f_c b h_0 \tag{5-64b}$$

当 $4<\frac{h_w}{b}<6$ 时，按线性内插法确定，即

$$V\leqslant (0.35-0.025\ h_w/b)f_c b h_0 \tag{5-64c}$$

式中：V——构件斜截面上的最大剪力设计值；

β_c——混凝土强度影响系数，当混凝土强度等级不超过 C50 时，取 $\beta_c=1.0$，当混凝土强度等级为 C80 时，取 $\beta_c=0.8$，其间按线性内插法确定；

f_c——混凝土轴心抗压强度设计值；

b——矩形截面的宽度，T 形截面或 I 形截面的腹板宽度；

h_0——截面的有效高度；

h_w——截面的腹板高度，对矩形截面，取有效高度；对 T 形截面，取有效高度减去翼缘高度，对 I 形截面，取腹板净高。

5.8.2　抗震设计

1. 受弯构件的截面限制条件

考虑地震组合的框架梁，当跨高比 $\frac{l_0}{h}>2.5$ 时，其受剪截面应符合下列条件

$$V_b\leqslant \frac{1}{\gamma_{RE}}(0.20\beta_c f_c b h_0) \tag{5-65a}$$

当跨高比 $\frac{l_0}{h}\leqslant 2.5$ 时，其受剪截面应符合下列条件

$$V_b\leqslant \frac{1}{\gamma_{RE}}(0.15\beta_c f_c b h_0) \tag{5-65b}$$

式中：V_b——按“强剪弱弯”的原则调整后的剪力设计值；

γ_{RE}——承载力抗震调整系数，详见表 4-1。

其余符号意义同前。

2. 偏心受力构件的截面限制条件

考虑地震作用组合的框架柱的受剪截面应符合下列条件：

剪跨比 $\lambda>2$ 的框架柱
$$V_c\leqslant \frac{1}{\gamma_{RE}}(0.20\beta_c f_c b h_0) \tag{5-66a}$$

剪跨比 $\lambda\leqslant 2$ 的框架柱
$$V_c\leqslant \frac{1}{\gamma_{RE}}(0.15\beta_c f_c b h_0) \tag{5-66b}$$

式中：λ——偏心受压构件计算截面的剪跨比。对框架柱，取 $\lambda=M/(Vh_0)$，此处，M 宜取柱上、下端考虑地震组合的弯矩设计值的较大值，V 取与 M 对应的剪力设计值，当框架柱的反弯点在柱层高范围内时，可以取 $\lambda=H_n/(2h_0)$，此处，H_n 为柱净高，当 $\lambda<1.0$ 时，取 $\lambda=1.0$，当 $\lambda>3.0$ 时，取 $\lambda=3.0$；

V_c——按“强柱弱梁”和“强剪弱弯”的原则调整后的剪力设计值。

其余符号意义同前。

5.8.3 计算程序 SUB. CHEKS(IE)及 SUB. CHEKSD(IE)

1. 非抗震设计时的截面验算子程序 SUB. CHEKS(IE)

```
      SUBROUTINE CHEKS(IE)                              非抗震设计时的截面验算
      COMMON/FE/FE(3)/IET/IET/ASV/ASV, ASV1(7), PSV(7)
      COMMON/NL/NL, NZ, NT, NLZ, NE, NJ/NEQ/NEQ, KE, MJ
      COMMON/BH/B, H, B1, H1/FT/E, FC, FT, C2, AG, H0, A, A0
      V=ABS(FE(2))
      IF(IET.EQ.2)B=B1
      V0=FC  *B*H0
      IF(IET.EQ.1)THEN                                  对于矩形截面
      HW=H0/B
      ELSE                                              对于T形截面或I形截面
      IF(IE.LE.NL)HW=(H0-H1)/B
      IF(IE.GT.NL)HW=(H0-2.0*H1)/B
      ENDIF
      IF(HW.LE.4.)THEN                                  验算截面尺寸
      V1=0.25*V0
      ELSE IF(HW.GE.6.)THEN
      V1=0.20*V0
      ELSE
      V1=(0.35-0.025*HW)*V0
      ENDIF
      IF(V.GT.V1)ASV=99999.                             如果截面尺寸不满足限制条件，
      RETURN                                            则给出超筋信息
      END
```

2. 抗震设计时的截面验算子程序 SUB. CHEKSD(IE)

```
      SUBROUTINE CHEKSD(IE)                             抗震设计时的截面验算
      REAL*8 GL(3,100)
      REAL V,M,AMD
      COMMON/FE/FE(3)/IET/IET/ASV/ASV,ASV1(7),PSV(7)/GL/GL
      COMMON/NL/NL,NZ,NT,NLZ,NE,NJ/NEQ/NEQ,KE,MJ
      COMMON/BH/B,H,B1,H1/FT/E,FC,FT,C2,AG,H0,A,A0
      V=ABS(FE(2))
      IF(IET.EQ.2)B=B1
      V0=FC  *B*H0
      IF(IE.LE.NL)THEN                                  对于梁
```

```
      EL=GL(1,IE)
      ELH=EL/H
      IF(ELH.GT.2.5)THEN
      V1=0.20*V0                              验算截面尺寸
      ELSE
      V1=0.15*V0
      ENDIF
      ELSE                                    对于柱
      M=ABS(FE(1))                            验算截面尺寸
      AMD=M/(V*H0)
      IF(AMD.LE.2.)THEN
      V1=0.15*V0
      ELSE
      V1=0.2*V0
      ENDIF
      ENDIF
      IF(V.GT.V1)ASV=99999.                   如果截面尺寸不满足限制条件,
      RETURN                                  则给出超筋信息
      END
```

§5.9　受弯构件的斜截面受剪承载力计算

5.9.1　非抗震设计

1. 斜截面受剪承载力计算的基本公式

(1)仅配置箍筋的受弯构件。

《混凝土结构设计规范》(GB 50010—2010)中规定，矩形、T 形和 I 形截面的简支梁、连续梁和约束梁等一般受弯构件，当仅配置箍筋时，其斜截面的受剪承载力应按下式计算

$$V \leqslant V_{cs} = 0.7 f_t b h_0 + f_{yv} \frac{A_{sv}}{s} h_0 \tag{5-67}$$

式中：V_{cs}——构件斜截面上混凝土和箍筋的受剪承载力设计值；

A_{sv}——配置在同一截面内箍筋各肢的全部截面面积，$A_{sv}=nA_{sv1}$，此处，n 为在同一截面内箍筋的肢数，A_{sv1}为单肢箍筋的截面面积；

s——沿构件长度方向的箍筋间距；

f_{yv}——箍筋抗拉强度设计值。

其余符号意义同前。

(2)配置箍筋和弯起钢筋的受弯构件。

《混凝土结构设计规范》(GB 50010—2010)中规定，矩形、T 形和 I 形截面的受弯构件，当配置箍筋和弯起钢筋时，其斜截面的受剪承载力应按下式计算

$$V \leqslant V_{cs} + 0.8 f_y A_{sb} \sin\alpha_s \tag{5-68}$$

式中：V_{cs}——构件斜截面混凝土和箍筋的受剪承载力设计值，按式(5-67)计算；

A_{sb}——同一弯起平面内的弯起钢筋的截面面积；

α_s——斜截面上弯起钢筋的切线与构件纵向轴线的夹角。

其余符号意义同前。

2. 按构造要求配箍的条件

《混凝土结构设计规范》(GB 50010—2010)中规定，对矩形、T形和I形截面的一般受弯构件，当符合下列公式的要求时可以不进行斜截面的受剪承载力计算，而仅需根据上述规范的有关规定，按构造要求配置箍筋。

$$V \leqslant 0.7 f_t b h_0 \tag{5-69}$$

5.9.2 抗震设计

《混凝土结构设计规范》(GB 50010—2010)中规定，考虑地震组合的矩形、T形和I形截面的框架梁，其斜截面受剪承载力应按下式计算

$$V_b \leqslant \frac{1}{\gamma_{RE}}\left(0.42 f_t b h_0 + f_{yv}\frac{A_{sv}}{s}h_0\right) \tag{5-70}$$

式中符号意义同前。

5.9.3 计算方法与计算步骤

考虑到在实际工程中，框架梁一般与楼板整体浇筑，且以集中荷载为主的独立梁并不常见，故在FSAP程序中，仅对矩形、T形和I形截面的框架梁的受剪承载力进行配箍计算。

(1)验算截面尺寸。

非抗震设计时，按式(5-64)验算截面尺寸；抗震设计时，按式(5-65)、式(5-66)验算截面尺寸。如果截面尺寸不能满足相应的限制条件，则应加大截面尺寸或提高混凝土强度等级。

(2)验算是否按计算配置箍筋。

非抗震设计时，验算是否满足公式(5-69)的要求。当满足上述公式的要求时，仅需按照构造要求配置箍筋；当不满足上述要求时，则需按计算配置箍筋，转(3)。

(3)计算箍筋数量。

非抗震设计时，由式(5-67)计算箍筋用量，即

$$\frac{A_{sv}}{s} = \frac{V - 0.7 f_t b h_0}{1.25 f_{yv} h_0} \tag{5-71}$$

抗震设计时，由式(5-70)计算箍筋用量，即

$$\frac{A_{sv}}{s} = \frac{\gamma_{RE} V_b - 0.42 f_t b h_0}{1.25 f_{yv} h_0} \tag{5-72}$$

(4)验算最小配箍率。

若 $\rho_{sv} = \dfrac{A_{sv}}{bs} < \rho_{sv,\min}$，则取 $\dfrac{A_{sv}}{s} = b\rho_{sv,\min}$。

5.9.4　梁配箍计算子程序 SUB. LASV(B)

```
      SUBROUTINE LASV(B)                                   梁配箍计算
      COMMON/FY/FY,FYV/ASV/ASV,ASV1(7),PSV(7)/NEQ /NEQ,KE,MJ
      COMMON /FT/E,FC,FT,C2,AG,H0,A,A0/FE/FE(3)
      V=ABS(FE(2))
      V0=FT  * B * H0
      PV0=0.24 * FT/FYV                                    非抗震设计的最小配箍率
      IF(NEQ.GT.6)THEN
      IF(KE.EQ.1)THEN                                      抗震设计的最小配箍率
      P1=0.30
      ELSE IF(KE.EQ.2)THEN
      P1=0.28
      ELSE
      P1=0.26
      ENDIF
      PV0=P1 * FT/FYV
      ENDIF
      ALF1=0.7                                             配箍计算
      IF(NEQ.GT.6)ALF1=0.42
      VC=ALF1 * V0
      IF(V.GT.VC)THEN
      ASV=(V-VC)/( FYV * H0)
      PV1=ASV/B
      IF(PV1.LT.PV0)ASV=PV0 * B
      ELSE
      ASV=PV0 * B
      ENDIF
      RETURN
      END
```

§5.10　偏心受力构件的斜截面受剪承载力计算

5.10.1　非抗震设计

1. 偏心受压构件的斜截面受剪承载力计算公式

《混凝土结构设计规范》(GB 50010—2010)中规定，矩形、T 形和 I 形截面的钢筋混凝土偏心受压构件，其斜截面受剪承载力应按下式计算

$$V \leqslant \frac{1.75}{\lambda+1} f_t b h_0 + f_{yv} \frac{A_{sv}}{s} h_0 + 0.07N \tag{5-73}$$

式中：N——与剪力设计值 V 相应的轴向压力设计值，当 $N>0.3f_cA$ 时，取 $N=0.3f_cA$。

其余符号意义同前。

《混凝土结构设计规范》(GB 50010—2010)中规定，矩形、T形和I形截面的偏心受压构件，若满足下列公式要求时，可以不进行斜截面受剪承载力计算，而仅需根据上述规范的有关规定，按构造要求配置箍筋。

$$V \leqslant \frac{1.75}{\lambda+1} f_t b h_0 + 0.07N \tag{5-74}$$

2. 偏心受拉构件的斜截面受剪承载力计算公式

《混凝土结构设计规范》(GB 50010—2010)中规定，矩形、T形和I形截面的钢筋混凝土偏心受拉构件，其斜截面的受剪承载力应按下式计算

$$V \leqslant \frac{1.75}{\lambda+1} f_t b h_0 + f_{yv} \frac{A_{sv}}{s} h_0 - 0.2N \tag{5-75}$$

式中：λ——计算截面的剪跨比，按上述对偏心受压构件的规定取用；

N——与剪力设计值 V 相应的轴向拉力设计值。

其余符号意义同前。

当式(5-75)右边的计算值小于 $f_{yv}\frac{A_{sv}}{s}h_0$ 时，应取 $V=f_{yv}\frac{A_{sv}}{s}h_0$，同时 $f_{yv}\frac{A_{sv}}{s}h_0$ 值不应小于 $0.36f_tbh_0$。

5.10.2 抗震设计

1. 偏心受压构件的斜截面受剪抗震承载力计算公式

《混凝土结构设计规范》(GB 50010—2010)中规定，考虑地震组合的框架柱，其斜截面的受剪承载力应符合下列规定：

$$V_c \leqslant \frac{1}{\gamma_{RE}} \left[\frac{1.05}{\lambda+1} f_t b h_0 + f_{yv} \frac{A_{sv}}{s} h_0 + 0.056N \right] \tag{5-76}$$

式中：V_c——按"强柱弱梁"和"强剪弱弯"的原则调整后的剪力设计值；

N——考虑地震组合的轴向压力设计值，当 $N>0.3f_cA$ 时，取 $N=0.3f_cA$。

其余符号意义同前。

2. 偏心受拉构件斜截面受剪抗震承载力计算公式

《混凝土结构设计规范》(GB 50010—2010)中规定，考虑地震组合的框架柱出现拉力时，其斜截面受剪承载力应按下式计算

$$V_c \leqslant \frac{1}{\gamma_{RE}} \left(\frac{1.05}{\lambda+1} f_t b h_0 + f_{yv} \frac{A_{sv}}{s} h_0 - 0.2N \right) \tag{5-77}$$

式中：N——考虑地震组合的框架柱轴向拉力设计值。

其余符号意义同前。

当上式右边括号内的计算值小于 $f_{yv}\frac{A_{sv}}{s}h_0$ 时，取 $V_c=\frac{1}{\gamma_{RE}}f_{yv}\frac{A_{sv}}{s}h_0$，同时上述规范还规

定，$f_{yv}\frac{A_{sv}}{s}h_0$值不应小于$0.36f_tbh_0$。

5.10.3　计算方法与计算步骤

(1)截面尺寸校核。

非抗震设计时，按式(5-64)验算截面尺寸；抗震设计时，按式(5-65)、式(5-66)验算截面尺寸。如果截面尺寸不能满足相应的限制条件，则应加大截面尺寸或提高混凝土强度等级。

(2)验算是否按计算配置箍筋。

偏心受压构件非抗震设计时，验算是否满足公式(5-74)的要求。当满足上述公式的要求时，仅需按照构造要求配置箍筋；当不满足上述要求时，则需按计算配置箍筋，转(3)。

(3)计算箍筋数量。

非抗震设计时，对偏心受压构件和偏心受拉构件分别按式(5-73)和式(5-75)计算$\frac{A_{sv}}{s}$，即：

偏心受压
$$\frac{A_{sv}}{s}=\frac{V-\frac{1.75}{\lambda+1}f_tbh_0-0.07N}{f_{yv}h_0}\tag{5-78}$$

偏心受拉
$$\frac{A_{sv}}{s}=\frac{V-\frac{1.75}{\lambda+1}f_tbh_0+0.2N}{f_{yv}h_0}\tag{5-79}$$

考虑地震组合时，偏心受压构件和偏心受拉构件应分别按式(5-76)和式(5-77)计算$\frac{A_{sv}}{s}$，即：

偏心受压
$$\frac{A_{sv}}{s}=\frac{\gamma_{RE}V_c-\frac{1.05}{\lambda+1}f_tbh_0-0.056N}{f_{yv}h_0}\tag{5-80}$$

偏心受拉
$$\frac{A_{sv}}{s}=\frac{\gamma_{RE}V_c-\frac{1.05}{\lambda+1}f_tbh_0+0.2N}{f_{yv}h_0}\tag{5-81}$$

(4)验算柱的最小体积配箍率。

若$\rho_v=\frac{A_{sv1}u_{cor}}{A_{cor}s}<\rho_{v,\min}$，则取$\rho_v=\frac{A_{sv1}u_{cor}}{A_{cor}s}=\rho_{v,\min}$，即$\frac{A_{sv1}}{s}=\rho_{v,\min}\frac{A_{cor}}{u_{cor}}$。

5.10.4　偏心受力构件配箍计算子程序 SUB. CASV(B)

```
      SUBROUTINECASV(B)                          偏心受力构件配箍计算
      COMMON/FY/FY, FYV/ASV/ASV, ASV1(7), PSV(7)/NEQ /NEQ, KE, MJ
      COMMON /FT/E, FC, FT, C2, AG, H0, A, A0/FE/FE(3)
      M=ABS(FE(1))
      V=ABS(FE(2))
```

```
N=FE(3)
PV0=0.24*FT/FYV                          非抗震设计的最小配箍率
IF(NEQ.GT.6)THEN
BCOR=B-0.1
HCOR=H0+AG-0.1
UCOR=(BCOR+HCOR)*2.
ACOR=BCOR*HCOR
IF(KE.EQ.1)THEN                          抗震设计的最小配箍率
P1=0.008
ELSE IF(KE.EQ.2)THEN
P1=0.006
ELSE
P1=0.004
ENDIF
IF(B.LT.0.4)THEN
PV0=P1*ACOR/(2.*UCOR*B)
ELSE
PV0=P1*ACOR/(4.*UCOR*B)
ENDIF
ENDIF
AMD=M/(V*H0)                             确定配箍计算参数
IF(AMD.GT.3.)AMD=3.0
IF(AMD.LT.1.)AMD=1.0
V0=FT *B*H0
ALF1=1.75
ALF2=0.07
IF(NEQ.GT.6)THEN
ALF1=1.05
ALF2=0.056
ENDIF
VC=ALF1/(AMD+1.)*V0
IF(N.GT.0)THEN                           偏心受压构件配箍计算
ZYB=N/(FC*A)
IF(ZYB.GT.0.3)N=0.3*FC*A
VCN=VC+ALF2*N
IF(V.GT.VCN)THEN
ASV=(V-VCN)/(FYV*H0)
PV1=ASV/B
IF(PV1.LT.PV0)ASV=PV0*B
```

```
      ELSE
      ASV=PV1*B
      ENDIF
      ELSE                                    偏心受拉构件配箍计算
      VCN=VC+0.2*N
      IF(VCN.LT.0.)VCN=0.
      IF(V.GT.VCN)THEN
      ASV=(V-VCN)/(FYV*H0)
      PV1=ASV/B
      PV2=0.36*V0/(FYV*H0)
      IF(PV1.LT.PV2)ASV=PV2*B
      IF(PV1.LT.PV0)ASV=PV0*B
      ELSE
      ASV=PV1*B
      ENDIF
      ENDIF
      RETURN
      END
```

§5.11　框架梁柱节点核心区抗震受剪承载力校核

为了体现框架结构“强节点”的抗震设计原则，《混凝土结构设计规范》(GB 50010—2010)和《建筑抗震设计规范》(GB 50011—2010)中规定，一、二、三级抗震等级的框架应进行节点核心区抗震受剪承载力验算，四级抗震等级的框架节点核心区，可以不进行抗震验算，但应符合抗震构造措施的要求。

框架梁、柱节点核心区考虑抗震等级的剪力设计值 V_j 应按第 4 章中的有关规定及公式(4-15)计算确定。

5.11.1　截面限制条件

为防止节点核心区混凝土首先被压碎而使节点破坏，《混凝土结构设计规范》(GB 50010—2010)和《建筑抗震设计规范》(GB 50011—2010)中规定，框架梁、柱节点核心区受剪的水平截面应满足下列截面限制条件

$$V_j \leqslant \frac{1}{\gamma_{RE}}(0.3\eta_j\beta_c f_c b_j h_j) \tag{5-82}$$

式中：h_j——框架节点核心区的截面高度，可以取验算方向的柱截面高度，即 $h_j=h_c$；

b_j——框架节点核心区的截面有效验算宽度，当 $b_b \geqslant \frac{b_c}{2}$ 时，可以取 $b_j=b_c$；当 $b_b<\frac{b_c}{2}$ 时，可以取 $(b_b+0.5h_c)$ 和 b_c 中的较小值。当梁与柱的中线不重合，且偏心距 $e_0 \leqslant \frac{b_c}{4}$ 时，

可以取 $0.5(b_b+b_c)+0.25h_c-e_0$、$b_b+0.5h_c$和 b_c三者中的最小值，此处，b_b为验算方向梁截面宽度，b_c为该侧柱截面宽度；

η_j——正交梁对节点的约束影响系数，当楼板为现浇、梁柱中线重合、四侧各梁截面宽度不小于该侧柱截面宽度的$\frac{1}{2}$，且正交方向梁高度不小于较高框架梁高度的$\frac{3}{4}$时，才考虑梁与现浇板对节点的约束影响，取 $\eta_j=1.5$，对 9 度设防烈度，宜取 $\eta_j=1.25$，当不满足上述约束条件时，应取 $\eta_j=1.0$。

其余符号意义同前。

5.11.2 节点核心区的抗震受剪承载力验算

框架梁、柱节点核心区截面抗震受剪承载力，应符合下列要求：

9 度设防烈度
$$V_j \leqslant \frac{1}{\gamma_{RE}}\left[0.9\eta_j f_t b_j h_j + f_{yv}A_{svj}\frac{h_{b0}-a'_s}{s}\right] \tag{5-83}$$

其他情况
$$V_j \leqslant \frac{1}{\gamma_{RE}}\left[1.1\eta_j f_t b_j h_j + 0.05\eta_j N\frac{b_j}{b_c} + f_{yv}A_{svj}\frac{h_{b0}-a'_s}{s}\right] \tag{5-84}$$

式中：N——对应于考虑地震作用组合剪力设计值的节点上柱底部的轴向力设计值，当 N 为压力时，取轴向压力设计值的较小值，且当 $N>0.5f_c b_c h_c$时，取 $N=0.5f_c b_c h_c$，当 N 为拉力时，取 $N=0$；

A_{svj}——核心区有效验算宽度范围内同一截面验算方向箍筋各肢的全部截面面积；

h_{b0}——梁截面有效高度，节点两侧梁截面高度不等时取平均值。

根据现行规范《混凝土结构设计规范》(GB 50010—2010)和《建筑抗震设计规范》(GB 50011—2010)中的有关规定，读者不难写出框架梁柱节点核心区抗震受剪承载力的计算程序，这里从略。

第 6 章　程序使用说明及工程实例

根据子程序 SUB. INPUT 所输入的原始数据，运行前面几章所介绍的 FSAP 主程序及其他相关子程序，即可对平面框架结构以及能简化为平面杆系的其他结构进行内力分析和配筋计算。本章首先介绍 FSAP 程序的使用说明，然后结合几个典型的工程实例，说明程序的使用方法。书中所给实例都是作者在调试程序的过程中作为程序的考题试算过的，这里将数据填写实例及计算结果一并给出，供读者上机实习之用。

§6.1　原始数据的输入说明

对有限单元法计算程序，在运行程序之前都要输入结构计算所需要的原始数据。FSAP 程序所需的原始数据都是从计算机系统内的数据文件中读写的，因此，在进行结构计算前首先建立一个存贮原始数据的文件。下面按数据的输入顺序介绍数据文件的填写方法，并对各类数据的意义加以说明。

6.1.1　控制参数

FSAP 程序的控制参数由 22 个整型变量组成。

(1) NL——梁数。

(2) NZ——柱数。

(3) NT——刚性杆数。

说明：刚性杆是指为了反映结构的实际受力状态而假设的刚度很大的杆件，如单层工业厂房中的屋架、柱变阶处均可以简化为刚性杆。程序中取刚性杆的刚度值为 10^{12}。

(4) NCE——斜杆数。

说明：在输入数据时，为便于计算，斜杆数应计入梁总数 NL 或柱总数 NZ 中。

(5) NJ——节点总数。

说明：各杆件的交接点、杆件的自由端及支座等都是节点，根据计算需要人为划分的杆件分段点也可以作为节点。

(6) NR——约束个数。

说明：NR 表示被约束的位移个数(即自由度数)，而并非有约束的节点数。

(7) NRC——相关节点位移个数。

说明：主要用来处理铰节点的未知量编号问题，无铰节点时 NRC = 0。

(8) NMT——截面材料组数。

说明：将结构中截面尺寸和材料强度均相同的单元划分为一组。

(9) NHZ——荷载组数。

说明：恒载为第 1 组，活载则从第 2 组至第 NHZ 组。活载的分组原则是凡能单独存在的算一组。荷载编号顺序：先编吊车荷载，然后编一般活载，最后编风载。每跨吊车占 4 个活载组号。

(10) NGR——自重信息。

说明：不计自重或由人工计算输入自重时填 0；由机器计算自重时填 1。

(11) NCR——吊车信息。

说明：无吊车时填 0；有吊车时填吊车跨数，如当 NCR = 1 时，表示一跨有吊车；当 NCR = 2 时，表示二跨有吊车；其余类推。

(12) NWD——风载信息。

说明：无风时填 0；有风时填 1。

(13) NEQ——地震信息。

说明：当 NEQ = 0 时，表示不计算地震；当需进行抗震计算时填写抗震设防烈度。

(14) NFY——组合及配筋信息。

说明：当 NFY = 0 时，表示不组合不配筋；当 NFY = 1 时，表示要组合但不配筋；当 NFY>1 时，表示要进行荷载组合和配筋计算。

(15) NLR——需对支座弯矩进行削减的梁的个数。

说明：当 NLR = 0 时，表示不考虑支座弯矩削减。

(16) KC1——是否考虑轴向变形的控制参数。

说明：KC1 = 0 表示考虑轴向变形；KC1 = 1 表示不考虑轴向变形。

(17) KC2——输出固端力的控制参数。

说明：KC2 = 20 表示输出固端力；KC2 = 0 表示不输出固端力

(18) KC3——是否输出节点位移的控制参数。

说明：当 KC3 = 30 时，表示要输出节点位移；当 KC3 = 0 时，表示不输出节点位移。

(19) KC4——输出杆端力的控制参数。

说明：当 KC4 = 40 时，表示要输出杆端力；当 KC3 = 0 时，表示不输出杆端力。

(20) KC5——输出各截面分组内力的控制参数。

说明：当 KC5 = 50 时，表示要输出各截面分组内力；当 KC5 = 0 时，表示不输出各截面分组内力。

(21) KC6——输出所有中间结果的控制参数。

说明：当 KC6 = 100 时，表示要输出所有中间结果；当 KC6 = 0 时，表示不输出中间结果。该参数主要在调试程序时使用，对用户来说，KC6 一般应填为 0。

(22) KTP——结构类型控制参数。

说明：当 KTP = 0 时，表示框架结构；当 KTP = 1 时，表示框排架结构；当 KTP = 2 时，表示排架结构。当 NFY<2(不作配筋计算)时，无论何种结构类型 KTP 均可填 0；当 NFY = 2(需要作配筋计算)时，KTP 应按结构类型分别选填 0 或 1 或 2。引入这一控制参数，主要是由于排架结构柱考虑二阶效应影响的 $P-\Delta$ 效应增大系数 η_s 的计算公式与框架结构柱考虑二阶效应($P-\delta$ 效应)影响的弯矩增大系数 η_{ns} 的计算公式是不同的，引入这一控制参数便于配筋计算时加以区别。

6.1.2 单元信息

根据单元编号顺序，依次输入梁、柱和刚性杆单元的单元信息。每个单元输入 8 个参数，各参数意义如下：

(1) IE——单元编号。

说明：单元编号应遵循先梁后柱再刚性杆的原则。同类构件中次序不限。

(2) JH(1, IE)——IE 单元 i 端(梁左端或柱下端)节点编号。

(3) JH(2, IE)——IE 单元 j 端(梁右端或柱上端)节点编号。

说明：节点编号的顺序原则上可以自定，但为便于分析计算结果，一般按从下至上、自左至右的顺序。

(4) MP(1, IE)——单元截面形状类别号。

说明：对任意截面输 0；矩形截面输 1；T 形(梁)或 I 形(柱)截面输 2。

(5) MP(2, IE)——单元截面材料组号。

(6) GL(1, IE)——单元长度。

(7) GL(2, IE)——柱单元平面内计算长度系数或梁单元惯性矩增大系数。

(8) GL(3, IE)——柱单元平面外计算长度系数，对于梁单元可输为 0.0。

说明：各单元的 8 个单元信息中，前 5 个为整型变量，后 3 个为实型变量。

当斜杆根数 NCE>0 时，需要输入斜杆的有关信息。每个斜杆需要输入 3 个数：

(1) 斜杆的杆号 NCH(I)；

(2) 斜杆的 $\Delta x = x_j - x_i$；

(3) 斜杆的 $\Delta y = y_j - y_i$。

其中，斜杆的杆号为整型量，Δx、Δy 为实型量。

当 NFY>1，且结构类型号 KTP=1 或 2，即结构类型为框排架结构或排架结构时，尚应补充输入排架柱的单元个数和杆件编号：

(1) 排架柱的单元个数 NPJ；

(2) 排架柱的杆号 NPJH(I)。

这里排架柱的单元个数和排架柱的杆号均为整型量。

6.1.3 约束信息

当控制参数 NR=0 时，不输约束信息，表示支座均为固定端；当 NR>0 时，输入约束信息。每个约束输入 2 个参数，其意义如下：

(1) NJR(1, IR)——被约束的节点号。

(2) NJR(2, IR)——被约束的方向号。

说明：被约束的方向有 3 个，分别是 x 方向、y 方向和转角。x 方向有约束输 1；y 方向有约束输 2；转角方向有约束输 3。每个约束的 2 个参数均为整型变量。

6.1.4 相关节点位移信息

当结构中无铰节点时，不输该项内容。当结构中有铰节点，即当控制参数 NRC>0 时，输入相关节点的位移信息。相关节点位移采用主从关系表示。每个相关节点输 3 个数，其分别为：

(1)NHG(1，IRC)——从节点号；

(2)NHG(2，IRC)——主节点号；

(3)NHG(1，IRC)——方向号。

说明：此处，方向号可以输 1 或 2。当从节点 x 方向与主节点 x 方向的位移相同时输 1；当从节点 y 方向与主节点 y 方向的位移相同时输 2。

另外，程序中允许一主多从，即一个主节点可以有多个从节点，而不允许一从多主。

6.1.5 截面材料信息

根据截面形状类别号，每一组截面材料，依次输入 3 个实型量。对于不同的截面形状类别号，这 3 个数的要求是不同的。

(1)0 类——是指任意截面形状和材料的杆件(此类截面不作配筋计算)。

①EAI(1，IMT)——第 IMT 组材料的弹性模量 $E(\mathrm{kN/m^2})$；

②EAI(2，IMT)——构件截面面积 $A(\mathrm{m^2})$；

③EAI(3，IMT)——构件截面惯性矩 $I(\mathrm{m^4})$。

(2)1 类——是指钢筋混凝土矩形截面杆件。

①EAI(1，IMT)——矩形截面宽度 $B(\mathrm{m})$；

②EAI(2，IMT)——矩形截面高度 $H(\mathrm{m})$；

③EAI(3，IMT)——混凝土强度等级 $f_{cu}(\mathrm{N/mm^2})$。

(3)2 类——是指钢筋混凝土 T 形截面梁或 I 形截面柱，其截面尺寸采用压缩存贮形式输入。

①EAI(1，IMT)——构件翼缘及腹板的宽度 $\frac{*\ \times\times}{B}\cdot\frac{*\ \times\times}{B1}(\mathrm{m})$；

②EAI(2，IMT)——构件腹板及翼缘的高度 $\frac{*\ \times\times}{H}\cdot\frac{*\ \times\times}{H1}(\mathrm{m})$；

③EAI(3，IMT)——混凝土强度等级 $f_{cu,k}(\mathrm{N/mm^2})$。

说明：在上述压缩存贮形式中，* 是指截面尺寸以 m 为单位的整数部分；××是指截面尺寸以 m 为单位的小数部分。

6.1.6 荷载信息

荷载信息的输入包括两项内容：

1. 每组荷载的荷载个数

要输入每组荷载的荷载个数，先需根据前述荷载分组原则对各类荷载进行分组。恒载编为第 1 组；活载组号应遵循“先吊车荷载，再一般活载，最后风荷载”的顺序依次编号。有吊车时，每跨吊车占 4 个活载组号，因此，一般活载应从 4×NCR+2 开始编号；无吊车时，一般活载从 2 开始编号。风荷载应先编左风，再编右风。

一般来说，同一杆上的活载算一组，但也可以根据实际情况，同一杆上的活载编不同的组号或不同杆上的活载编同一组号，具体编号应根据组合意图确定。

按所编荷载组号，依次输入每组荷载的荷载个数 NEP(1：NHZ)。荷载个数为一整型量。

2. 每个荷载的具体信息

每个荷载的具体信息应输入 4 个参数，其意义如下：

(1) NEPH(1，IEP)——第 IEP 个荷载的作用杆号；

(2) NEPH(2，IEP)——第 IEP 个荷载的类型号；

(3) PQ(1，IEP)——第 IEP 个荷载的大小；

(4) PQ(2，IEP)——第 IEP 个荷载的分布长度或荷载作用点距 i 端的距离。

说明：

①每个荷载的 4 个参数中，前 2 个为整型量，后 2 个为实型量。

②荷载个数 IEP＝1～NEPX，其中 NEPX 为所有荷载的总个数，即

$$NEPX = NEP(1) + NEP(2) + \cdots + NEP(NHZ)$$

由程序累加而得。

③荷载必须按组号依次输入，同组荷载的先后顺序不限，但为了避免重复和遗漏，同组荷载宜按单元顺序输入。

④荷载类型共 6 类，详见表 3-2。表 3-2 还同时给出了各类荷载的固端反力(载常数)。

⑤节点荷载可以视为作用在与该节点相交的任意单元上的单元荷载，此时只要将节点荷载距 i 端的距离按节点荷载作用位置的不同输为 0 或杆长 l 即可。

⑥荷载正负号规定，垂直于杆轴的荷载，向下(梁)和向右(柱)为正，沿杆轴的荷载，向左(梁)和向下(柱)为正，力偶沿顺时针旋转为正；否则为负。

⑦刚性杆上不允许作用有荷载，若有荷载必须平移到节点上，使其作用在其他杆件的端部。

6.1.7　荷载组合及配筋信息

当控制参数 NFY＝1 时，表示要进行荷载组合，需输入每一组荷载的荷载分项系数；当控制参数 NFY>1 时，表示要进行荷载组合和配筋计算，除要输入每一组荷载的荷载分项系数外，还应输入纵向受力钢筋和箍筋的抗拉强度设计值。

1. 荷载分项系数

D2(IP)——第 IP 组荷载的荷载分项系数，IP＝1～NHZ，共需填 NHZ 个数。

2. 纵向受力钢筋和箍筋的抗拉强度设计值

(1) FY——纵向受力钢筋的抗拉强度设计值(N/mm^2)；

(2) FYV——箍筋的抗拉强度设计值(N/mm^2)。

说明：每一组荷载的分项系数及钢筋抗拉强度设计值均为实型量。

6.1.8　地震信息

当控制参数 NEQ>6 时，输入地震信息。各变量的意义如下：

(1) KE——结构抗震等级。

(2) MJ——计算振型个数。

说明：需要计算的振型个数，对一般结构物输 3；高耸建筑物输 5。

(3) TDP——周期折减系数。

说明：由于按理论计算结构自振周期时，忽略了次要结构(如填充墙等)和结构空间作用的影响以及材料的实际弹模与计算弹模的不同等因素，导致结构的理论计算周期一般比实际周期偏长，故计算周期应乘以一个小于或等于 1 的修正系数。

(4) TG——场地特征周期。

说明：根据建筑场地类别和设计地震分组，按《建筑抗震设计规范》(GB 50011—2010)中表 5.1.4-2 确定。

(5) D1(IP)——地震组合时，第 IP 组荷载的组合值系数；

说明：按《建筑抗震设计规范》(GB 50011—2010)中第 5.1.3 条和第 5.4.1 条的有关规定确定，参见本书第 4 章中表 4-3。

(6) FW——地震组合时，风载的组合值系数；

说明：《建筑抗震设计规范》(GB 50011—2010)中规定，对于一般结构可以不考虑，取 FW=0.0；高耸结构可以取 FW=0.2。

在上述地震信息的各变量中，前 2 个为整型量，后 4 个为实型量。

6.1.9 支座弯矩削减信息

对于框架梁，当控制参数 NLR>0 时，输入考虑支座弯矩削减的信息。每根需要考虑支座弯矩削减的梁需填 3 个数：

(1) NRL(ILR)——需要考虑支座弯矩削减的梁号；

(2) RL(1, ILR)——左支座削减宽度(m)；

(3) RL(2, ILR)——右支座削减宽度(m)。

说明：在支座弯矩削减的 3 个信息中，第 1 个为整型量，第 2、3 个为实型量。

以上就是 FSAP 程序算题所必需的原始数据。在计算机中建立原始数据文件之后，即可运行程序 FSAP，计算结构的内力、位移和配筋等。

§6.2 计算结果的输出说明

运行程序 FSAP，当程序提示‘DATA INPUT FILE NAME=’时，用户即可输入上述原始数据文件的文件名(由用户自定义)，接着程序进一步提示‘OUTPUT FILE NAME=’，要求用户自定义“输出文件名”，程序运行完毕，计算结果就存入该输出文件中。然后由用户根据需要，在计算机终端发出命令，从系统内的输出设备(显示器或打印机)将计算结果输出。现将计算结果按照输出顺序依次介绍如下。

6.2.1 原始数据的输出

为便于核查原始数据或作为结构设计资料存档，程序 FSAP 又将原始数据文件中的全部数据按一定格式依次输出，输出结果如下。

ORIGINAL DATA FOR CHECK

1. 输出控制参数

1.　　* * * * * CONTRON PARMETERS * * * * *

NL=×	NZ=×	NCE=×	NT=×	NJ=×	NR=×
NRC=×	NMT=×	NHZ=×	NGR=×	NCR=×	NWD=×
NEQ=×	NFY=×	NLR=×	KC1=×	KC2=×	KC3=×
KC4=×	KC5=×	KC6=×	KTP=×		

说明：首先输出的是原始数据中的 21 个控制变量，各变量的含义与原始数据中的相同。

2. 输出单元信息

2.　　* * * * * ELEMENT INFORMANTION * * * * *

ELEMENT	NODE NUM	FORM NUM	GROUP NUM	LENGTH	L0/LX	L0/LY
×	× ×	×	×	×	×	×

说明：输出各单元的单元信息。从左至右依次为单元编号、两节点编号、截面形状类别号、截面材料组号、杆件长度、平面内计算长度系数(或惯性矩增大系数)和平面外计算长度系数等 8 个参数。

当斜杆根数 NCE>0 时，还将输出斜杆的杆号和斜杆的 Δx 、Δy 。

当配筋控制参数 NFY>1 且结构类型号 KTP=1(框排架结构)或 KTP=2(排架结构)时，还将输出排架柱的单元个数和排架柱的杆号。

3. 输出约束信息

3.　　* * * * * RESTRINED INFORMATION * * * * *

NODE	DIRECTION	NODE	DIRECTION
×	×	×	×

说明：分别输出约束的节点号和方向号。

4. 输出相关节点位移信息

4.　　* * * * * CORRELATIVE NODES DISPLACEMENT INFORMATION * * * * *

CORRELATIVE NODE	DIRECTION	CORRELATIVE NODE	DIRECTION
× ×	×	× ×	×

说明：分别输出相关节点位移的从节点号和主节点号以及方向号等信息。无相关节点时，即 NRC=0 时，这项内容不输出。

5. 输出截面材料特征信息

5.　* * * * * SECTION MATERIAL AND GEOMETRIC PROPERTIESE * * * * *

NUMBER　　　　PROPERTIES

×　×　　　　×　　　　×

说明：根据截面形状类别号，分别输出截面材料组号 NUMBER 以及截面几何特征和材料特征信息。

6. 输出荷载信息

6.　　＊＊＊＊＊ LOAD INFORMATION ＊＊＊＊＊

NUMBER OF LOADS IN EVERY LOAD GROUP:

IP　　　　NEP

×　　　　×

⋮　　　　⋮

TOTAL NUMBER OF LOADS IN ALL LOAD GROUPS= ×

ELE.　　　LOAD TYPE　LOAD VALUE　A

×　　　×　　　×　　　×

说明：首先按荷载分组输出第 IP 组荷载的荷载个数 NEP；然后输出总的荷载个数；最后分别输出每一个荷载作用的单元号、荷载类型号、荷载值的大小和荷载分布长度或荷载距 i 端的距离。

7. 输出荷载分项系数

7.　　＊＊＊＊＊ COMBINATION INFORMATION ＊＊＊＊

＊＊＊ D2 ARRAY ＊＊＊

IP= ×　　　　RG= ×

IP= ×　　　　RQ= ×

说明：输出第 IP 组荷载的分项系数。RG 表示恒载分项系数；RQ 表示活载分项系数。

8. 输出配筋信息

8.　　＊＊＊＊＊ REINFORECEMENT INFORMATION ＊＊＊＊＊

FY= ×　　　FYV= ×

说明：截面配筋计算时，输出纵向钢筋和箍筋的抗拉强度设计值(单位：N/mm^2)。当不进行截面配筋计算时，即 NFY=0 时，这项内容不输出。

9. 输出地震信息

9.　　＊＊＊＊＊ EARTHQUAKE INFORMATION ＊＊＊＊＊

KE= ×　　　MJ= ×　　　TDP= ×　　　TG= ×

＊＊＊ D1 ARRAY ＊＊＊

IP= ×　　　Fi= ×

FW= ×

说明：当考虑地震作用时，根据原始数据首先输出结构的抗震等级 KE、计算地震作用需考虑的振型个数 MJ、周期折减系数 TDP 和场地特征周期 TG；其次，输出第 IP 组荷载的组合值系数 Fi 和风荷载的组合值系数 FW。当不考虑抗震时，即 NEQ=0 时，不输出这项内容。

10. 输出支座弯矩削减信息

10.　　* * * * * SUPPORTER MOMENTS DECREASE INFORMATION * * * * *

BEAM NUMBER　　　LEFT WIDTH　　　RIGHT WIDTH

×　　　×　　　×

说明：依次输出需要考虑支座弯矩削减的梁号以及该梁的左、右支座的削减宽度。

6.2.2 计算结果的输出

程序 FSAP 将计算结果按一定格式输出，首先输出标题，然后根据控制参数 KC2 ~ KC6 的不同取值输出不同内容(详见本章 §6.1)。对用户来说，KC6 一般应填为 0，所以为便于介绍，这里认为 KC6=0，不输出中间计算结果，而其余输出控制参数 KC2 ~ KC5 均不为 0，输出结果如下。

1. 标题及总信息

RESULTS OF CALCULATION

TOTAL NUMBER OF EQUATIONS　：NN=×

TOTAL NUMBER OF ZK ELEMENTS：ME=×

说明：总信息中输出方程总数 NN 和总刚元素个数 ME。

2. 输出固端力

IP=×　　* * * * * FIXED ROD END FORCES----FNVM * * * * *

ELEMENT	NI	VI	MI	NJ	VJ	MJ
IE= ×	×	×	×	×	×	×

说明：当 KC2=20 时，输出第 IP 组荷载下梁、柱单元在固定状态下的轴向力(单位：kN)、剪力(单位：kN)和弯矩(单位：kN·m)，其中，NI、VI、MI 为 i 端(梁左端或柱下端)的轴向力、剪力和弯矩，NJ、VJ、MJ 为 j 端(梁右端或柱上端)的轴向力、剪力和弯矩(下同)，IE 为梁、柱单元编号；当 KC2=0 时，不输出固端力。

3. 输出节点位移

IP=×　　* * * * * NODE DISPLACEMENTS * * * * *

NODE	U　(M)	V　(M)	W　(RAD)
×	×	×	×

说明：当 KC3=30 时，输出第 IP 组荷载下每一个节点的节点位移，其中，U 为水平位移(单位：m)，V 为竖向位移(单位：m)，W 为转角(单位：弧度)；当 KC3=0 时，不输出节点位移。

4. 输出杆端力

* * * * * ROD END FORCES---NVM * * * * *

* * * IP=× DEAD LOAD * * *

或 * * * IP= × LIVE LOAD * * *

或 * * * IP= × LEFT WIND * * *

或 * * * IP= × RIGHT WIND * * *

ELEMENTS	NI	VI	MI	NJ	VJ	MJ
BEAM=×	×	×	×	×	×	×

⋮ ⋮ ⋮ ⋮ ⋮ ⋮ ⋮

COLM=× × × × × × ×

⋮ ⋮ ⋮ ⋮ ⋮ ⋮ ⋮

STIF=× × × × × × ×

说明：当 KC4=40 时，输出梁、柱及刚性杆单元在第 IP 组荷载作用下的杆端力，没有刚性杆时，则不输出"STIF= ×"及这行内容；当 KC4=0 时，不输出杆端力。在内力计算中，杆端力的正负号规定：弯矩以顺时针方向为正，剪力以下(梁)或向右(柱)为正，轴向力以向右(梁)或向上(柱)为正，如图 6-1 所示；反之，则为负。图 6-1 中 i 端为梁左端或柱下端，j 端为梁右端或柱上端。

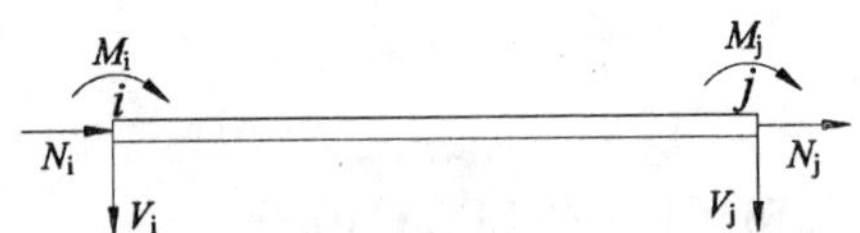

图 6-1 内力计算时杆端正向内力

5. 输出水平剪力和水平荷载的平衡校核结果

* * * * * CHACK HORIZONTAL SHEAR BALANCED * * * * *

HZ NO: HOR. LOAD HOR. SHEAR HZ NO: HOR. LOAD HOR. SHEAR

IP=× × × × × ×

说明：输出第 IP 组荷载中的水平荷载以及本组荷载作用下柱中产生的水平剪力，用以校核水平荷载与水平剪力是否平衡，这也是检验计算结果是否正确的方法之一。

6. 输出动力分析结果

当控制参数 NEQ>6 时，输出动力分析结果。首先输出标题：

* * * * * RESULTS OF DYNAMIC ANALYSIS * * * * *

然后输出以下内容：

(1)输出节点质量数组

* * * SM ARRAY * * *

× × × × × ×

说明：以节点位移未知量编号的顺序，依次输出各节点的节点质量，节点质量的单位为 t。

(2)输出自振频率

* * * BASIC FREQUENCY * * *

W1(RAD/SEC) W2(RAD/SEC) W3(RAD/SEC)

× × ×

说明：此处输出的是每一个振型的自振圆频率，其单位是：弧度/秒(rad/s)。在原始数据文件的地震信息中，输入的振型个数有几个，这里就输出几个自振圆频率。对一般结构考虑 3 个振型。

(3)输出自振周期

* * * NATURAL PERIODS * * *

T1 (SEC)　　T2 (SEC)　　T3 (SEC)

×　　×　　×

说明：自振周期与上面的自振圆频率是一一对应的，其单位是：秒(s)。

(4)输出水平地震作用

* * * EARTHLOAD * * *

NODE　NO. 1　NO. 2　NO. 3　JWH　NO. 1　NO. 2　NO. 3

×　×　×　×　×　×　×　×

说明：按节点位移未知量编号 JWH，依次输出水平地震作用。上述 NO. 1、NO. 2、NO. 3 分别是指第一振型、第二振型和第三振型的水平地震作用。

(5)输出地震作用下的位移

* * * * * DYANMIC NODE DISPLANCEMENTS (MODE-SHAPES NO. 1) * * * * *

NODE　U　(M)　V　(M)　W　(RAD)

×　×　×　×

说明：按节点编号依次输出各节点在地震作用下的 3 个位移。上面"MODE-SHAPES NO. 1"是指第一振型下各节点的位移，第二、第三振型下的位移输出类同。

(6)输出地震作用下的杆端力

* * * * * DYNAMIC ROD END FORCES * * * * *

* * * MODE-SHAPES NO. 1 * * *

ELE.　MI　VI　NI　ELE.　MI　VI　NI

IE=×　×　×　×　IE=×　×　×　×

说明：按单元编号依次输出梁、柱及刚性杆单元在地震作用下 i 端的杆端力。上面"MODE-SHAPES NO. 1"是指第一振型下各单元的杆端力，第二振型和第三振型下的杆端力输出类同。此时，杆端内力符号规定如下：i 端弯矩以顺时针方向旋转为正，j 端弯矩以逆时针方向旋转为正，剪力以绕杆端顺时针方向旋转为正，轴向力以使杆件受压为正，如图 6-2 所示；反之，则为负。

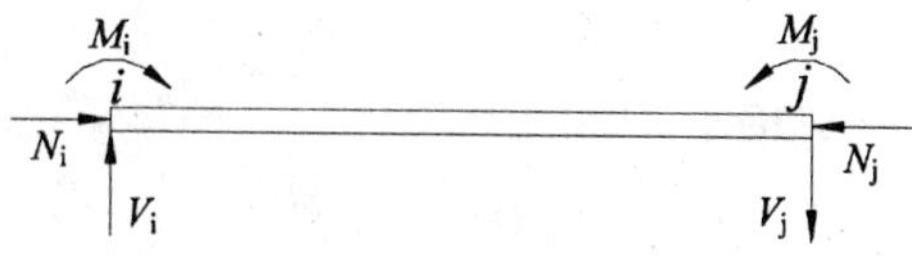

图 6-2　内力组合前的杆端正向内力

7. 输出荷载组合和配筋计算结果

当控制参数 NFY=1 时，则只输出内力组合结果；当控制参数 NFY>1 时，则输出内力组合和配筋计算结果。首先输出标题：

* * * * INTERNAL FORCES COMBINATION AND REINFORCMENT CALCULATION RESULTS * * * *

然后依次输出下述内容：

(1)输出分组荷载作用下各截面内力

```
* * *   BEAM = ×   * * *    I= ×    J= ×    BXH=× X ×(m)
或* * * COLM = ×   * * *    I= ×    J= ×    BXH=× X ×(m)
I1 = ×  * * * FB * *
HZ NO:     M     V     N     HZ NO:     M     V     N
IP=×       ×     ×     ×     IP=×       ×     ×     ×
```

说明：按单元编号依次输出第IP组荷载作用下各截面内力。第一行输出梁(或柱)单元编号、i端节点号和j端节点号以及梁(或柱)的截面尺寸；第二行输出梁(或柱)的截面编号I1(对于梁I1=1~7，对于柱I1=1~2)和截面内力的标题符号FB；第二行以下则按荷载编号依次输出第IP组荷载作用下，梁(或柱)的第I1个截面的3个内力分量。此时，杆端内力的正向符号规定如图6-2所示(下同)。

(2)输出静力组合下杆件两端的内力

```
STATIC COMBINNATION. NO. ×
COM. TYPE   MI   VI   NI   MJ   VJ   NI
K1=×        ×    ×    ×    ×    ×    ×
```

说明：按三大类静力组合，依次输出每一类静力组合下的4种组合目标的内力。这里仅输出杆件两端的组合内力，对于跨中截面，则按力的平衡原理由用户计算确定。

(3)输出三大类静力组合的最终结果

```
FINAL RESULTS OF STATIC COMBINNATION
COM. TYPE   MI   VI   NI   MJ   VJ   NI
K1=×        ×    ×    ×    ×    ×    ×
```

(4)输出梁单元经支座弯矩削减后的内力组合结果

```
STATIC COMBINATION AFTER SUPPORTER MOMENTS DECREASE
COM. TYPE   MI   VI   NI   MJ   VJ   NI
K1=×        ×    ×    ×    ×    ×    ×
```

说明：如果控制参数NLR>0，则程序对梁支座弯矩进行削减，为便于用户阅读程序，这里给出梁单元经支座弯矩削减后的内力组合结果。

(5)输出地震组合结果

```
EATHEQUAKE COMBINATION RESULTS
COM. TYPE   MI   VI   NI   MJ   VJ   NI
K1=×        ×    ×    ×    ×    ×    ×
```

说明：输出地震组合下的4种组合目标的内力。

(6)输出梁单元经支座弯矩削减后的动内力组合结果

```
EATHEQUAKE COMBINATION AFTER SUPPORTER MOMENTS DECREASE
COM. TYPE   MI   VI   NI   MJ   VJ   NI
K1=×        ×    ×    ×    ×    ×    ×
```

说明：如果控制参数NLR>0，则程序对梁支座的动力弯矩也进行削减，对于柱，没有这项内容。

(7)输出调整后的地震组合内力设计值

ADJUSTED EATHEQUAKE COMBINATION RESULTS

COM. TYPE	MI	VI	NI	MJ	VJ	NI
K1 = ×	×	×	×	×	×	×

说明：对于一、二、三级框架结构，动力组合后的内力还应按“强柱弱梁”和“强剪弱弯”的规定进行调整，且梁、柱截面配筋是以调整后的内力进行的，故这里输出调整后的地震组合内力。

(8)输出梁的弯矩包络图及配筋

SECTION	X	MMAX	AS	P%	MMIN	AS	P%
I1 = ×	×	×	×	×	×	×	×

说明：

①输出内容依次为梁单元第 I1 个截面的编号、该截面距 i 端的距离(单位：m)、该截面的最大或最小弯矩及相应的配筋计算结果。

②当 NFY = 1 时，仅输出梁的弯矩包络图；当 NFY>1 时，则输出梁的弯矩包络图及相应的配筋计算结果。

(9)输出梁、柱两端截面的组合内力及配筋

	SECTION	CO. TYPE	M	V	N	AS	P%
或·	SECTION	CO. TYPE	M	V	N	AS = AS′	P% N/FC * A
	I1 = ×	K1 = 2	×	×	×	×	×
		K1 = 2	×	×	×	×	×
		K1 = 3	×	×	×	×	×
		K1 = 4	×	×	×	×	×

说明：

①输出梁、柱 i 端(或 j 端)在 4 种组合目标下的内力及相应的配筋截面面积和配筋率；

②对于柱子，采用对称配筋的情况，故对柱截面配筋注明“AS = AS′”；

③当控制参数 NEQ>6 时，输出梁、柱动力组合结果及相应的配筋截面面积和配筋率，并在最右边一列输出柱子的轴压比。

(10)输出梁的剪力包络图及配箍

SECTION	X	VMAX	VMIN	ASV	PSV%
I1 = ×	×	×	×	×	×

说明：

①输出内容依次为梁单元的第 I1 个截面的编号、该截面距 i 端的距离(单位：m)、该截面的最大和最小剪力及相应的配箍计算结果。

②当 NFY = 1 时，仅输出梁的剪力包络图；当 NFY>1 时，则输出梁的剪力包络图及相应的配箍计算结果。

③ASV 是指截面箍筋单肢箍的截面面积与箍筋间距的比值，PSV% 是指截面配箍率(下同)。

(11)输出梁、柱两端截面的组合内力及配箍

SECTION	CO. TYPE	M	V	N	ASV	PSV%
I1 = ×	K1 = 1	×	×	×	×	×
	K1 = 2	×	×	×	×	×
	K1 = 3	×	×	×	×	×
	K1 = 4	×	×	×	×	×

说明：输出梁、柱 i 端(或 j 端)在 4 种组合目标下的内力及相应的配箍计算结果。

§6.3 工程实例

为方便读者自学和上机实习，本节结合工程实例，进一步说明结构分析程序 FSAP 的使用方法及使用技巧。

[实例 6-1] 计算如图 6-3 所示结构的内力和节点位移。已知各杆材料的弹性模量 $E=3\times10^7$ kN/mm²，截面面积 $A=b\times h=0.5\times1.0=0.5$ m²，截面惯性矩 $I=0.0416667$ m⁴，杆件计算长度 $l=5.0$m。

1. 梁、柱单元及节点编号

根据前述单元及节点编号原则对梁、柱单元及节点编号，如图 6-3 所示，图中圆圈内数字为单元编号。

2. 建立原始数据文件

任意建立一个原始数据文件(如，DAT1)，在原始数据文件中按本章 §6.1 中所介绍的数据输入顺序填写数据。由于本程序数据输入全部采用自由格式，各数字之间用“,”或空格分隔均可。

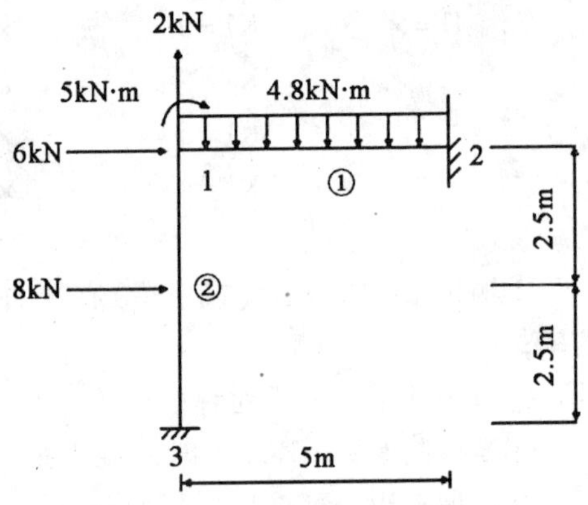

图 6-3 单元编号及节点编号

(1)控制参数(22 个整型变量)

1, 1, 0, 0, 3, 6, 0, 1, 1, 0, 0, 0, 0, 0, 0, 0, 20, 30, 40, 0, 0, 0

当有多个数据相同时，可以将多个数据简写，如上述数据中，中间有 7 个 0，可以简写为 7 * 0，即上述数据亦可以写为：

1, 1, 0, 0, 3, 6, 0, 1, 1, 7 * 0, 20, 30, 40, 3 * 0

(2)单元信息(每个单元输入 8 个参数)

1, 1, 2, 0, 1, 5.0, 2 * 1.0
2, 3, 1, 0, 1, 5.0, 2 * 1.0

(3)约束信息(每个约束输入 2 个参数)

因 NR=6>0，故输入 6 个约束信息。

2, 1, 2, 2, 2, 3
3, 1, 3, 2, 3, 3

(4)相关节点位移信息

因 NRC=0，无相关节点位移，故不输入任何内容。

(5)截面材料信息

由已知条件知，梁、柱为同一种截面材料，即 NMT=1，且其截面形状类别为 0 类，故输入 0 类截面材料的 3 个数。

3.0e+07，0.5，0.0416667

(6)荷载信息(输入每组荷载的个数和每个荷载的 4 个参数)

5
1，1，4.8，5.0
1，2，-2.0，0.
1，3，5.0，0.
2，2，8.0，2.5
1，5，-6.0，0.0

(7)荷载组合及配筋信息

控制参数 NFY=0，不进行荷载组合和配筋计算，所以这项内容不输入。

(8)地震信息

控制参数 NEQ=0<7，不需进行地震作用计算，故不输入地震信息。

(9)支座弯矩削减信息

因梁、柱不进行配筋计算，且 NLR=0，故不输入支座弯矩削减信息。

至此，计算本实例所需要的原始数据全部填写完毕。

3. 计算结果

根据原始数据文件中输入的上述内容，运行程序 FSAP，即可求得该结构的内力和节点位移。其计算结果如下。

(1)固端力(如表 6-1 所示)

表 6-1 **各单元固端力**

单元号	$\bar{N}_i$/(kN)	$\bar{V}_i$/(kN)	$\bar{M}_i$/(kN·m)	$\bar{N}_j$/(kN)	$\bar{V}_j$/(kN)	$\bar{M}_j$/(kN·m)
①	0.00	-12.00	-10.00	0.00	-12.00	10.00
②	0.00	-4.00	-5.00	0.00	-4.00	5.00

(2)自由项

自由项亦即节点荷载列阵{FF}=$[10.00, 10.00, 10.00]^T$。

(3)节点位移(如表 6-2 所示)

表 6-2 **各节点的节点位移计算结果**

节点号	$u\times10^{-5}$/(m)	$v\times10^{-5}$/(m)	$\theta\times10^{-5}$/(rad)
1	0.370	0.271	0.515
2	0.000	0.000	0.000
3	0.000	0.000	0.000

(4)杆端力(如表 6-3 所示)

表 6-3 各单元杆端力

单元号	N_i/(kN)	V_i/(kN)	M_i/(kN·m)	N_j/(kN)	V_j/(kN)	M_j/(kN·m)
①	11.10	-10.13	-4.04	-11.10	-13.87	13.39
②	8.13	-2.90	-3.54	-8.13	-5.10	9.04

[实例 6-2] 试求如图 6-4 所示三层框架的内力。已知梁、柱均采用 C25 混凝土，其弹性模量为 $E_c=2.8\times10^7\text{kN/m}^2$，梁、柱均为矩形截面，其截面尺寸分别为：梁 $b\times h=0.3\times0.5\text{m}$、柱 $b\times h=0.3\times0.6\text{m}$，各梁上作用的均布荷载标准值为 3.0 kN/m。

1. 梁、柱单元及节点编号

根据单元及节点编号原则对梁、柱单元及节点编号，如图 6-4 所示。

2. 建立原始数据文件

(1)控制参数(22 个整型变量)

3, 6, 0, 0, 8, 6, 0, 2, 1, 7 * 0, 20, 30, 40, 3 * 0

(2)单元信息(每个单元输入 8 个参数)

1, 1, 2, 1, 1, 6.0, 2 * 1.0
2, 3, 4, 1, 1, 6.0, 2 * 1.0
3, 5, 6, 1, 1, 6.0, 2 * 1.0
4, 7, 1, 1, 2, 4.0, 2 * 1.0
5, 8, 2, 1, 2, 4.0, 2 * 1.0
6, 1, 3, 1, 2, 3.0, 2 * 1.0
7, 2, 4, 1, 2, 3.0, 2 * 1.0
8, 3, 5, 1, 2, 3.0, 2 * 1.0
9, 4, 6, 1, 2, 3.0, 2 * 1.0

(3)约束信息(每个约束输入 2 个参数)

7, 1, 7, 2, 7, 3
8, 1, 8, 2, 8, 3

(4)相关节点位移信息

因 NRC=0，无相关节点位移，故不输入此项内容。

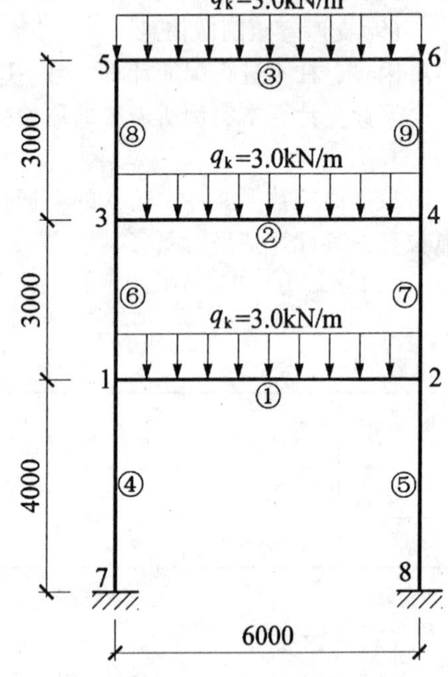

图 6-4 三层框架的计算简图

(5)截面材料信息

梁、柱均为矩形截面，截面形状类别为 1 类，但两者截面尺寸不同，即 NMT=2，故分别输入 1 类梁、柱截面的 3 个参数。

0.3, 0.5, 25.0
0.3, 0.6, 25.0

(6)荷载信息(输入每组荷载的个数和每个荷载的 4 个参数)

3
1，1，3.0，6.0
2，1，3.0，6.0
3，1，3.0，6.0

因控制参数 NFY、NEQ、NLR 均为 0，故不需输入荷载组合及配筋信息、地震信息和支座弯矩削减信息。

3. 计算结果

根据输入的原始数据文件，运行程序，即可得到图 6-4 所示结构的节点位移和杆端力，计算结果如表 6-4 和表 6-5 所示。

表 6-4　各节点的节点位移计算结果

节点号	$u\times10^{-5}$/(m)	$v\times10^{-5}$/(m)	$\theta\times10^{-5}$/(rad)
1	-0.122	2.143	-2.129
2	-0.122	2.143	-2.129
3	-0.096	3.214	0.818
4	0.096	3.214	-0.818
5	0.307	3.750	3.719
6	-0.307	3.750	-3.719
7	0.000	0.000	0.000
8	0.000	0.000	0.000

表 6-5　各单元的杆端力

单元号	N_i/(kN)	V_i/(kN)	M_i/(kN·m)	N_j/(kN)	V_j/(kN)	M_j/(kN·m)
①	-1.71	-9.00	-8.38	1.71	-9.00	8.38
②	-1.35	-9.00	-8.76	1.35	-9.00	8.76
③	4.30	-9.00	-7.92	-4.30	-9.00	7.92
④	27.00	1.24	1.68	-27.00	-1.24	3.29
⑤	27.00	-1.24	-1.68	-27.00	1.24	-3.29
⑥	18.00	2.95	5.09	-18.00	-2.95	3.77
⑦	18.00	-2.95	-5.09	-18.00	2.95	-3.77
⑧	9.00	4.30	4.99	-9.00	-4.30	7.92
⑨	9.00	4.30	-4.99	-9.00	4.30	-7.92

[实例 6-3]　已知各杆弹性模量均为 $E=2.0\times10^6\text{kN/m}^2$，截面面积 $A=0.18\text{m}^2$、截面惯性矩 $I=0.0054\text{m}^4$，各杆上作用的荷载标准值如图 6-5 所示。试求该结构的内力。

1. 梁、柱单元及节点编号

梁、柱单元及节点编号，如图 6-5 所示。

2. 建立原始数据文件

(1)控制参数

2, 4, 0, 0, 8, 9, 2, 1, 1,
7 * 0, 20, 30, 40, 3 * 0

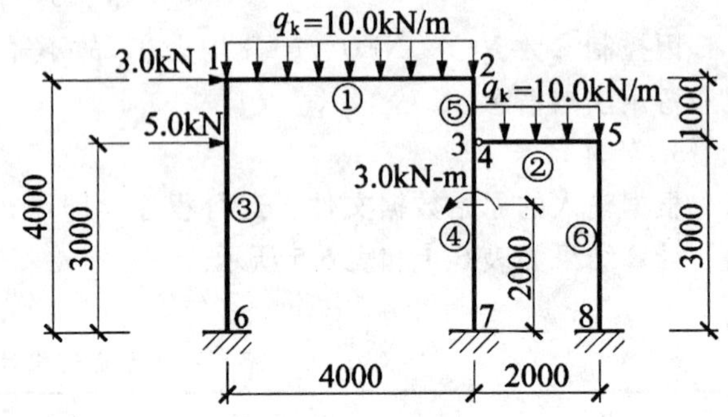

图 6-5 例 6-3 的计算简图

(2)单元信息

1, 1, 2, 0, 1, 4.0, 2 * 1.0
2, 4, 5, 0, 1, 2.0, 2 * 1.0
3, 6, 1, 0, 1, 4.0, 2 * 1.0
4, 7, 3, 0, 1, 3.0, 2 * 1.0
5, 3, 2, 0, 1, 1.0, 2 * 1.0
6, 8, 5, 0, 1, 3.0, 2 * 1.0

(3)约束信息

6, 1, 6, 2, 6, 3
7, 1, 7, 2, 7, 3
8, 1, 8, 2, 8, 3

(4)相关节点位移信息

由于图 6-5 所示结构中有铰节点，即控制参数 NRC = 2>0，故需输入相关节点的位移信息。每个相关节点输入 3 个参数。

4, 3, 1
4, 3, 2

(5)截面材料信息(0 类截面)

2. 0e+06, 0. 18, 0. 0054

(6)荷载信息

5
1, 1, 10. 0, 4. 0
2, 1, 10. 0, 2. 0
3, 2, 5. 0, 3. 0
3, 2, 3. 0, 4. 0
4, 3, -3. 0, 2. 0

控制参数 NFY、NEQ、NLR 均为 0，故不需输入荷载组合及配筋信息、地震信息和支座弯矩削减信息。

3. 计算结果

根据原始数据文件，运行程序，即可求得如图 6-5 所示结构的节点位移和杆端力，计算结果如表 6-6 和表 6-7 所示。

表 6-6 各节点的节点位移计算结果

节点号	$u\times10^{-4}$/(m)	$v\times10^{-4}$/(m)	$\theta\times10^{-4}$/(rad)
1	9.760	2.098	8.086
2	8.814	2.915	-4.926
3	9.477	2.328	2.286
4	9.477	2.329	0.513
5	9.239	1.098	0.214
6	0.000	0.000	0.000
7	0.000	0.000	0.000
8	0.000	0.000	0.000

表 6-7 各单元的杆端力

单元号	N_i/(kN)	V_i/(kN)	M_i/(kN·m)	N_j/(kN)	V_j/(kN)	M_j/(kN·m)
①	8.52	-18.89	-7.59	-8.52	-21.11	12.05
②	4.28	-6.83	0.00	-4.28	-13.17	6.34
③	18.89	0.52	-0.52	-18.89	-5.52	7.59
④	27.94	-4.24	-6.18	-27.94	4.24	-3.53
⑤	21.11	-8.52	3.53	-21.11	8.52	-12.05
⑥	13.17	-4.28	-6.50	-13.17	4.28	-6.34

以上实例都是结构分析程序 FSAP 进行结构静力计算方面的应用，下面结合一计算实例，说明结构分析程序 FSAP 在动力计算方面的应用。

[实例 6-4] 已知各杆弹性模量均为 $E=2.6\times10^7\text{kN/m}^2$，截面面积 $A=0.4\times0.8=0.32\text{m}^2$、截面惯性矩 $I=0.0171\text{m}^4$，杆上作用的荷载标准值为 48.07kN(不计各杆自重)，如图 6-6 所示。试求该结构的自振频率和周期。

1. 梁、柱单元及节点编号

梁、柱单元及节点编号，如图 6-6 所示。

2. 建立原始数据文件

(1)控制参数。

1, 1, 0, 0, 3, 4, 0, 1, 1, 3*0, 7, 9*0

(2)单元信息。

1, 1, 2, 0, 1, 3.0, 2*1.0

2, 3, 1, 0, 1, 6.0, 2*1.0

(3)约束信息。

2，2，3，1，3，2，3，3

(4)相关节点位移信息

本例中，无相关节点，故不输这项内容。

(5)截面材料信息(1 类截面)

2. 6e+07，0. 32，0. 0171

(6)荷载信息

1

2，5，48. 067，6. 0

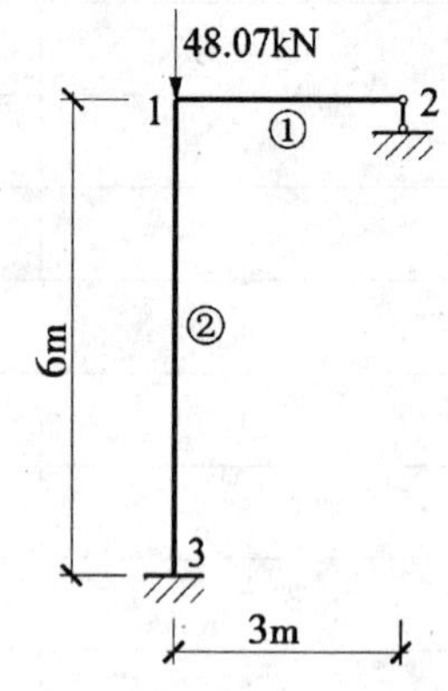

图 6-6 例 6-4 计算简图

(7)内力组合及配筋信息

本例对内力和配筋计算不作要求，故不输入这项内容。

(8)地震信息

因控制参数 NEQ=7>6，故应输入地震信息。

4，3，1. 0，0. 4，1. 0，0. 0

(9)支座弯矩削减信息

因梁、柱不作配筋计算，且 NLR=0，故不输入支座弯矩削减信息。

3. 计算结果

根据上述原始数据，运行程序，求得如图 6-6 所示结构的自振频率和周期，如表 6-8 所示。

表 6-8 结构自振频率和自振周期的计算结果

振　　型	第一振型	第二振型	第三振型
自振频率（rad/sec.）	59. 1296	535. 7780	43784. 9076
自振周期（sec.）	0. 10626	0. 01173	0. 00014

[实例 6-5] 某 4 层商场，营业厅柱网平面布置如图 6-7 所示，采用预制楼板、现浇框架承重。根据使用要求，取层高为 5. 1m。商场设计资料如下：

地震设防烈度：该建筑物位于非地震区，不考虑抗震设防。

风荷载：冬季主导风向东北风，夏季盛行东南风，基本风压 0. 35 kN/m^2。

雪荷载：基本雪压为 0. 4kN/m^2。

活荷载：楼层活荷载标准值为 3. 5kN/m^2，屋面活荷载标准值为 1. 0kN/m^2(按不上人屋面考虑)。

楼屋面建筑作法：

屋面(自下而上)：架空隔热层(采用 30mm×400mm×400mm 的预制钢筋混凝土平板搁置在纵横间距为 400mm 的浆砌砖墩上制作而成，砖墩尺寸为 120mm×120mm×120mm)；

二布三胶(或二毡三油)防水层；20mm 厚水泥砂浆找平层；水泥焦渣找坡层(平均厚度 120mm)；120mm 厚预应力空心板；铝合金龙骨吊顶。

楼面(自下而上)：水磨石地面(10mm 厚面层，20mm 厚水泥砂浆打底)；35mm 厚细石混凝土整浇层；120mm 厚预应力空心板；铝合金龙骨吊顶。

外纵墙：3.6m 高 5.0m 宽的铝合金玻璃窗，窗下 240mm 厚 900mm 高混凝土砌块墙体，外墙面采用水刷石，内墙面采用中级摸灰。

材料：梁、柱均采用 C20 混凝土；纵向受力钢筋采用 HRB335 级钢筋，箍筋及其他构造钢筋采用 HPB235 级钢筋。

根据柱网布置特点，选择一典型的横向平面框架为计算单元，如图 6-7 所示。荷载计算从略，这里直接给出结构的计算简图，如图 6-8 所示。横梁截面尺寸为 $b\times h=300\text{mm}\times 750\text{mm}$，内柱截面尺寸为 $b\times h=400\text{mm}\times 400\text{mm}$，外柱截面尺寸为 $b\times h=400\text{mm}\times 500\text{mm}$。

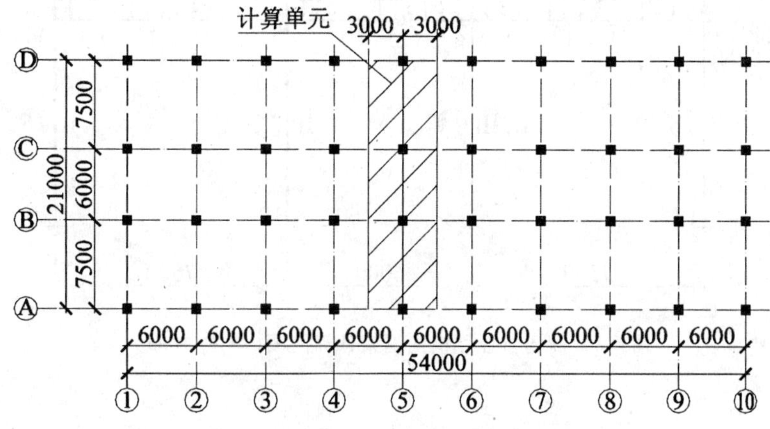

图 6-7　商场营业厅柱网平面布置图(单位：mm)

1. 梁、柱单元及节点编号

梁、柱单元及节点编号如图 6-8 所示。图 6-8 中圆圈内数字编号为单元编号，单元编号旁边的罗马字母为截面材料组号。

2. 建立原始数据文件

(1)控制参数。

由已知条件可知，梁、柱截面形状均为矩形，梁截面尺寸都相同，外柱和内柱截面尺寸不同，故截面材料组数共分 3 组。

荷载组数共有 15 组：所有恒载为第 1 组；因无吊车荷载，故活载从第 2 组开始编号，每层每跨的楼(屋)面活载分别为 1 组，共 12 组，即活载编号从第 2 组到第 13 组；左风为第 14 组，右风为第 15 组。

12，16，0，0，20，12，0，3，15，1，0，1，0，2，0，0，0，30，40，50，2＊0

(2)单元信息。

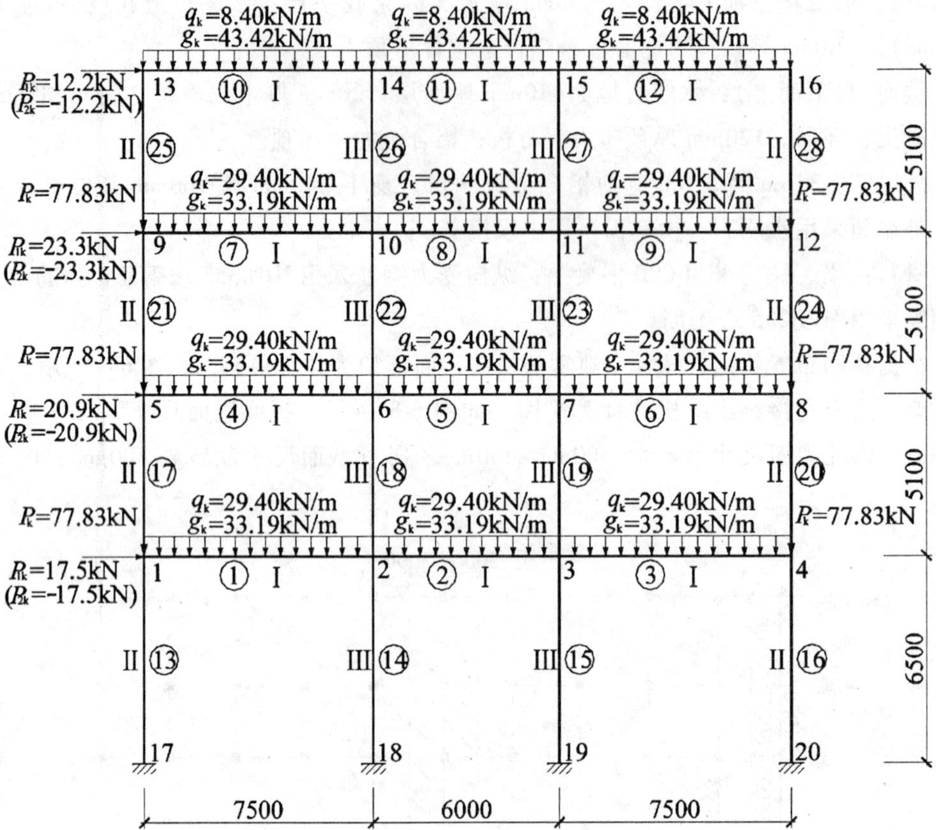

图 6-8 商场营业厅横向框架计算简图(单位：mm)

1，1，2，1，1，7.5，2＊1.0
2，2，3，1，1，6.0，2＊1.0
3，3，4，1，1，7.5，2＊1.0
4，5，6，1，1，7.5，2＊1.0
5，6，7，1，1，6.0，2＊1.0
6，7，8，1，1，7.5，2＊1.0
7，9，10，1，1，7.5，2＊1.0
8，10，11，1，1，6.0，2＊1.0
9，11，12，1，1，7.5，2＊1.0
10，13，14，1，1，7.5，2＊1.0
11，14，15，1，1，6.0，2＊1.0
12，15，16，1，1，7.5，2＊1.0
13，17，1，1，2，6.5，2＊1.25
14，18，2，1，3，6.5，2＊1.25
15，19，3，1，3，6.5，2＊1.25

16，20，4，1，2，6.5，2 * 1.25
17，1，5，1，2，5.1，2 * 1.5
18，2，6，1，3，5.1，2 * 1.5
19，3，7，1，3，5.1，2 * 1.5
20，4，8，1，2，5.1，2 * 1.5
21，5，9，1，2，5.1，2 * 1.5
22，6，10，1，3，5.1，2 * 1.5
23，7，11，1，3，5.1，2 * 1.5
24，8，12，1，2，5.1，2 * 1.5
25，9，13，1，2，5.1，2 * 1.5
26，10，14，1，3，5.1，2 * 1.5
27，11，15，1，3，5.1，2 * 1.5
28，12，16，1，2，5.1，2 * 1.5

(3)约束信息。

17，1，17，2，17，3
18，1，18，2，18，3
19，1，19，2，19，3
20，1，20，2，20，3

(4)相关节点位移信息。

本例中，亦无相关节点，故不输这项内容。

(5)截面材料信息(1 类截面)。

0.3，0.75，20.0，0.4，0.5，20.0，0.4，0.4，20.0

(6)荷载信息。

在 15 组荷载中，第 1 组荷载(恒载)有 18 个荷载；第 2 组 ~ 第 13 组荷载(一般活荷载)中，每组有 1 个荷载；第 14 组荷载(左风)有 4 个荷载；第 15 组荷载(右风)有 4 个荷载。

值得注意的是，同一组荷载可以输在同一行上，也可以分行输入，但如果不是同一组荷载必须分行输入。为方便数据的校核，建议同一组荷载可以在同一行上输入 3 ~ 4 个荷载的全部信息。

①按荷载组号依次填每组荷载的个数

18，12 * 1，4，4

②每个荷载的具体信息(每个荷载输入 4 个参数)

第 1 组：恒载(18 个)

1，1，33.19，7.5，2，1，33.19，6.0，3，1，33.19，7.5
4，1，33.19，7.5，5，1，33.19，6.0，6，1，33.19，7.5
7，1，33.19，7.5，8，1，33.19，6.0，9，1，33.19，7.5
10，1，43.42，7.5，11，1，43.42，6.0，12，1，43.42，7.5
13，5，77.83，6.5，16，5，77.83，6.5，17，5，77.83，5.1
20，5，77.83，5.1，21，5，77.83，5.1，24，5，77.83，5.1

第 2 ~13 组：各跨跨间的一般活荷载（每组活载 1 个，各组活载分行输入）

1，1，29.4，7.5

2，1，29.4，6.0

3，1，29.4，7.5

4，1，29.4，7.5

5，1，29.4，6.0

6，1，29.4，7.5

7，1，29.4，7.5

8，1，29.4，6.0

9，1，29.4，7.5

10，1，8.4，7.5

11，1，8.4，6.0

12，1，8.4，7.5

第 14 组：左风（4 个）

13，2，17.5，6.5，17，2，20.9，5.1

21，2，23.3，5.1，25，2，12.2，5.1

第 15 组：右风（4 个）

13，2，-17.5，6.5，17，2，-20.9，5.1

21，2，-23.3，5.1，25，2，-12.2，5.1

（7）荷载组合及配筋信息。

本例中，控制参数 NFY=2>0，要进行荷载组合和配筋计算，故需输入各组荷载的分项系数以及纵向钢筋和箍筋的抗拉强度设计值。

1.2，12＊1.4，1.4，1.4

300.0，210.0

（8）地震信息。

控制参数 NEQ=0<7，不需进行地震作用计算，故不输入地震信息。

（9）支座弯矩削减信息。

因控制参数 NLR=0，故不输入支座弯矩削减信息。

3. 计算结果

根据上述数据文件，运行程序，即可得到图 6-8 所示结构在各组荷载作用下的节点位移、杆端力以及各控制截面的内力组合和配筋（包括纵向受力钢筋和抗剪箍筋）计算结果。限于篇幅，这里仅给出恒载作用下的节点位移和杆端内力以及 1 号梁和 15 号柱的配筋结果，如表 6-9 ~ 表 6-13 所示。

（1）节点位移。

恒载标准值作用下各节点的节点位移计算结果见表 6-9。

表 6-9　恒载(IP=1)标准值作用下各节点的节点位移

节点号	$u\times10^{-4}$/(m)	$v\times10^{-4}$/(m)	$\theta\times10^{-4}$/(rad)	节点号	$u\times10^{-4}$/(m)	$v\times10^{-4}$/(m)	$\theta\times10^{-4}$/(rad)
1	-0.349	11.85	6.845	2	-0.085	19.250	-2.879
3	0.085	19.250	2.879	4	0.349	11.850	-6.845
5	0.053	18.680	5.837	6	0.008	30.720	-2001
7	-0.008	30.720	2.001	8	-0.053	18.680	-5.837
9	-0.280	23.040	5.157	10	-0.068	38.640	-1.379
11	0.068	38.640	1.379	12	0.280	23.040	-5.157
13	0.757	24.890	12.980	14	0.189	43.040	-4.371
15	-0.189	43.040	4.371	16	-0.757	24.890	-12.980
17	0.000	0.000	0.000	18	0.000	0.000	0.000
19	0.000	0.000	0.000	20	0.000	0.000	0.000

(2)杆端力。

恒载作用下各单元杆端力如表 6-10 所示。

表 6-10　恒载(IP=1)作用下各单元的杆端力

单元号	N_i/(kN)	V_i/(kN)	M_i/(kN·m)	N_j/(kN)	V_j/(kN)	M_j/(kN·m)
①	-20.21	-139.84	-125.66	20.21	-151.27	168.50
②	-16.24	-116.44	-142.26	16.24	-116.44	142.26
③	-20.21	-151.27	-168.50	20.21	-139.84	125.66
④	3.43	-143.76	-147.12	-3.43	-147.35	160.56
⑤	1.47	-116.45	-134.38	-1.47	-116.44	134.38
⑥	3.43	-147.35	-160.56	-3.43	-143.76	147.12
⑦	-16.19	-147.65	-162.63	16.19	-144.46	154.39
⑧	-13.05	-116.45	-128.80	13.05	-116.44	128.80
⑨	-16.19	-144.46	-154.39	16.19	-146.65	162.63
⑩	43.46	-173.10	-127.12	-43.46	-194.73	208.24
⑪	36.12	-147.13	-186.32	-36.12	-147.13	186.32
⑫	43.46	-194.73	-208.24	-43.46	-173.10	127.12
⑬	945.86	10.49	22.90	-913.36	-10.49	45.28
⑭	1221.48	-2.20	-4.75	-1195.48	2.20	-9.57
⑮	1221.48	2.20	4.75	-1195.48	-2.20	9.57
⑯	945.86	-10.49	-22.90	-913.36	10.49	-45.28

续表

单元号	N_i/(kN)	V_i/(kN)	M_i/(kN·m)	N_j/(kN)	V_j/(kN)	M_j/(kN·m)
⑰	695.68	30.70	80.38	-670.18	-30.70	76.18
⑱	927.77	-6.17	-16.67	-907.37	6.17	-14.79
⑲	927.77	6.17	16.67	-907.37	-6.17	14.79
⑳	695.68	-30.70	-80.38	-670.18	30.70	-76.18
㉑	448.59	27.27	70.94	-423.09	-27.27	68.11
㉒	643.57	-4.20	-11.38	-623.17	4.20	-10.06
㉓	643.57	4.20	11.38	-623.17	-4.20	10.06
㉔	448.59	-27.27	-70.94	-423.09	27.27	-68.11
㉕	198.60	43.46	94.52	-173.10	-43.46	127.12
㉖	362.27	-7.34	-15.53	-341.87	7.34	-21.91
㉗	362.27	7.34	15.53	-341.87	-7.34	21.91
㉘	198.60	-43.46	-94.52	-173.10	43.46	-127.12

(3)荷载组合及配筋计算结果。

单元1(1号梁)在分组荷载作用下各截面的内力如表6-11所示，各截面的组合内力及相应的配筋和配箍结果如表6-12和表6-13所示，单元两端截面的四种内力组合及配筋和配箍结果见表6-14。

表6-11　　1号梁在分组荷载作用下各截面的内力

截面编号	荷载组号	M/(kN·m)	V/(kN)	N/(kN)	荷载组号	M/(kN·m)	V/(kN)	N/(kN)
I1=1	IP=1	-125.66	139.84	-20.21	IP=2	-78.37	105.47	-3.15
	IP=3	8.77	-5.99	0.00	IP=4	-11.65	3.81	-0.11
	IP=5	-8.08	1.16	-11.20	IP=6	-1.53	0.79	1.12
	IP=7	-2.39	0.05	-2.56	IP=8	-0.63	0.47	0.95
	IP=9	-2.31	0.56	-0.81	IP=10	1.68	-0.55	0.98
	IP=11	-0.54	0.19	-0.18	IP=12	-0.58	0.16	-0.12
	IP=13	0.30	-0.14	0.03	IP=14	89.59	-19.37	8.01
	IP=15	-89.59	19.37	-8.01				

续表

截面编号	荷载组号	M /(kN·m)	V /(kN)	N /(kN)	荷载组号	M /(kN·m)	V /(kN)	N /(kN)
I1=2	IP=1	18.82	91.33	-20.21	IP=2	30.50	68.72	-3.15
	IP=3	1.28	-5.99	0.00	IP=4	-6.88	3.81	-0.11
	IP=5	-6.62	1.16	-11.20	IP=6	-0.54	0.79	1.12
	IP=7	-2.33	0.05	-2.56	IP=8	-0.04	0.47	0.95
	IP=9	-1.61	0.56	-0.81	IP=10	1.00	-0.55	0.98
	IP=11	-0.30	0.19	-0.18	IP=12	-0.39	0.16	-0.12
	IP=13	0.13	-0.14	0.03	IP=14	65.38	-19.37	8.01
	IP=15	-65.38	19.37	-8.01				
I1=3	IP=1	102.66	42.81	-20.21	IP=2	93.44	31.97	-3.15
	IP=3	-6.21	-5.99	.00	IP=4	-2.11	3.81	-0.11
	IP=5	-5.17	1.16	-11.20	IP=6	0.44	0.79	1.12
	IP=7	-2.27	0.05	-2.56	IP=8	0.55	0.47	0.95
	IP=9	-0.90	0.56	-0.81	IP=10	0.31	-0.55	0.98
	IP=11	-0.06	0.19	-.18	IP=12	-0.19	0.16	-0.12
	IP=13	-0.04	-0.14	0.03	IP=14	41.17	-19.37	8.01
	IP=15	-41.17	19.37	-8.01				
I1=4	IP=1	125.84	-5.71	-20.21	IP=2	110.43	-4.78	-3.15
	IP=3	-13.70	-5.99	0.00	IP=4	2.65	3.81	-0.11
	IP=5	-3.71	1.16	-11.20	IP=6	1.43	0.79	1.12
	IP=7	-2.21	0.05	-2.56	IP=8	1.14	0.47	0.95
	IP=9	-0.19	0.56	-0.81	IP=10	-0.37	-0.55	0.98
	IP=11	0.17	0.19	-0.18	IP=12	0.00	0.16	-0.12
	IP=13	-0.22	-0.14	0.03	IP=14	16.95	-19.37	8.01
	IP=15	-16.95	19.37	-8.01				
I1=5	IP=1	88.38	-54.23	-20.21	IP=2	81.49	-41.53	-3.15
	IP=3	-21.19	-5.99	0.00	IP=4	7.42	3.81	-0.11
	IP=5	-2.26	1.16	-11.20	IP=6	2.42	0.79	1.12
	IP=7	-2.16	0.05	-2.56	IP=8	1.73	0.47	0.95
	IP=9	0.51	0.56	-0.81	IP=10	-1.05	-0.55	0.98
	IP=11	0.41	0.19	-0.18	IP=12	0.20	0.16	-0.12
	IP=13	-0.39	-0.14	0.03	IP=14	-7.26	-19.37	8.01
	IP=15	7.26	19.37	-8.01				

续表

截面编号	荷载组号	M /(kN·m)	V /(kN)	N /(kN)	荷载组号	M /(kN·m)	V /(kN)	N /(kN)
I1=6	IP=1	-9.74	-102.75	-20.21	IP=2	6.61	-78.28	-3.15
	IP=3	-28.68	-5.99	0.00	IP=4	12.19	3.81	-0.11
	IP=5	-0.81	1.16	-11.20	IP=6	3.40	0.79	1.12
	IP=7	-2.10	0.05	-2.56	IP=8	2.32	0.47	0.95
	IP=9	1.22	0.56	-0.81	IP=10	-1.74	-0.55	0.98
	IP=11	0.65	0.19	-0.18	IP=12	0.39	0.16	-0.12
	IP=13	-0.56	-0.14	0.03	IP=14	-31.47	-19.37	8.01
	IP=15	31.47	19.37	-8.01				
I1=7	IP=1	-168.50	-151.27	-20.21	IP=2	-114.20	-115.03	-3.15
	IP=3	-36.17	-5.99	0.00	IP=4	16.96	3.81	-0.11
	IP=5	0.65	1.16	-11.20	IP=6	4.39	0.79	1.12
	IP=7	-2.04	0.06	-2.56	IP=8	2.91	0.47	0.95
	IP=9	1.92	0.56	-0.81	IP=10	-2.42	-0.55	0.98
	IP=11	0.89	0.19	-0.18	IP=12	0.59	0.16	-0.12
	IP=13	-0.73	-0.14	0.03	IP=14	-55.69	-19.37	8.01
	IP=15	55.69	19.37	-8.01				

表 6-12　　1 号梁的弯矩包络图及其配筋

截面编号	距 i 端距离/(m)	M_{max}/(kN·m)	A_s/(mm^2)	ρ/(%)	M_{min}/(kN·m)	A_s/(mm^2)	ρ/(%)
I1=1	0.00	-24.35	0.0	0.000	-397.34	2230.34	1.047
I1=2	1.25	146.44	726.18	0.341	-83.37	0.00	0.000
I1=3	2.50	294.44	1561.13	0.733	49.94	0.00	0.000
I1=4	3.75	318.33	1708.66	0.802	103.94	0.00	0.000
I1=5	5.00	233.87	1204.42	0.565	62.83	0.00	0.000
I1=6	6.25	61.73	0.00	0.000	-94.02	456.73	0.214
I1=7	7.50	-96.36	0.00	0.000	-468.37	2756.15	1.294

表 6-13　　1 号梁各截面的剪力包络图及其配箍

截面编号	距 i 端距离/(m)	V_{max}/(kN)	V_{min}/(kN)	A_{sv}/s/(mm^2/mm)	ρ_{sv}/(%)
I1 = 1	0.00	334.18	134.99	0.3771	0.1257
I1 = 2	1.25	229.66	76.77	0.3771	0.1257
I1 = 3	2.50	125.13	18.55	0.3771	0.1257
I1 = 4	3.75	26.62	-45.69	0.3771	0.1257
I1 = 5	5.00	-31.60	-150.22	0.3771	0.1257
I1 = 6	6.25	-89.82	-254.75	0.3771	0.1257
I1 = 7	7.50	-148.05	-359.28	1.0477	0.3492

表 6-14　　1 号梁两端截面的四种组合内力及相应的配筋和配箍

截面编号	组合类型	M/(kN·m)	V/(kN)	N/(kN)	A_s/(mm^2)	ρ/(%)	A_{sv}/s/(mm^2/mm)	ρ_{sv}/(%)
梁左端截面 (I1 = I)	M_{max}(K1 = 1)	-24.35	134.99	-12.87	450.00	0.2000	0.3771	0.1257
	M_{min}(K1 = 2)	-397.34	334.18	-54.56	2230.34	1.0471	0.9131	0.3044
	V_{max}(K1 = 3)	-397.34	334.18	-54.56	2230.34	1.0471	0.9131	0.3044
	V_{min}(K1 = 4)	-24.35	134.99	-12.87	450.00	0.2000	0.3771	0.1257
梁右端截面 (I1 = J)	M_{max}(K1 = 1)	-96.36	-148.10	-47.37	468.49	0.2199	0.3771	0.1257
	M_{min}(K1 = 2)	-468.37	-359.22	-20.07	2756.15	1.2940	1.0474	0.3491
	V_{max}(K1 = 3)	-98.93	-148.05	-50.59	481.45	0.2260	0.3771	0.1257
	V_{min}(K1 = 4)	-465.80	-359.28	-16.84	2735.96	1.2845	1.0477	0.3492

单元 15(15 号柱)在分组荷载作用下各截面的内力如表 6-15 所示，单元两端截面的四种内力组合及配筋和配箍结果如表 6-16 所示。

表 6-15　　15 号柱在分组荷载作用下两端截面的内力

截面编号	荷载组号	M/(kN·m)	V/(kN)	N/(kN)	荷载组号	M/(kN·m)	V/(kN)	N/(kN)
柱上端截面 (I1 = 1)	IP = 1	4.75	-2.20	1221.48	IP = 2	-2.44	0.48	-11.12
	IP = 3	-5.29	2.44	92.36	IP = 4	12.39	-5.07	121.04
	IP = 5	-0.28	0.16	-5.16	IP = 6	0.22	-0.10	90.76
	IP = 7	-0.85	0.36	113.67	IP = 8	-0.16	0.09	-2.53
	IP = 9	-0.21	0.10	90.02	IP = 10	0.26	-0.13	110.43
	IP = 11	-0.06	0.03	-1.25	IP = 12	-0.05	0.02	25.78
	IP = 13	0.04	-0.02	33.14	IP = 14	-49.39	14.91	-12.55
	IP = 15	49.39	-14.91	12.55				

续表

截面编号	荷载组号	M /(kN·m)	V /(kN)	N /(kN)	荷载组号	M /(kN·m)	V /(kN)	N /(kN)
柱下端截面(I1=2)	IP=1	-9.57	-2.20	1195.48	IP=2	0.66	0.48	-11.12
	IP=3	10.58	2.44	92.36	IP=4	-20.56	-5.07	121.04
	IP=5	0.76	0.16	-5.16	IP=6	-0.46	-0.10	90.76
	IP=7	1.47	0.36	113.67	IP=8	0.39	0.09	-2.53
	IP=9	0.41	0.10	90.02	IP=10	-0.59	-0.13	110.43
	IP=11	0.15	0.03	-1.25	IP=12	0.09	0.02	25.78
	IP=13	-0.11	-0.02	33.14	IP=14	47.54	14.91	-12.55
	IP=15	-47.54	-14.91	12.55				

表 6-16　　15 号柱两端截面的四种组合内力及相应的配筋和配箍

截面编号	组合类型	M /(kN·m)	V /(kN)	N /(kN)	$A_s=A_s'$ /(mm^2)	ρ /(%)	A_{sv}/s /(mm^2/mm)	ρ_{sv} /(%)
柱上端截面(I1=I)	M_{max}(K1=1)	84.21	-28.15	1929.35	2602.10	1.626	0.5029	0.1257
	M_{min}(K1=2)	-68.29	20.77	1830.20	2222.45	1.389	0.5029	0.1257
	N_{max}(K1=3)	76.15	-24.47	2334.86	3179.27	1.987	0.5029	0.1257
	N_{min}(K1=4)	-60.23	17.09	1424.69	1468.02	0.918	0.5029	0.1257
柱下端截面(I1=J)	M_{max}(K1=1)	66.69	20.77	1799.00	2148.97	1.343	0.5029	0.1257
	M_{min}(K1=2)	-98.74	-28.15	1898.15	2738.39	1.712	0.5029	0.1257
	N_{max}(K1=3)	-82.93	-24.47	2303.66	3216.72	2.011	0.5029	0.1257
	N_{min}(K1=4)	50.87	17.09	1393.49	1281.17	0.801	0.5029	0.1257

[实例 6-6]　某单层厂房排架结构，设有两台 100kN 的桥式吊车，其计算简图如图 6-9所示，上柱截面为矩形，下柱截面为 I 字形，截面尺寸见图 6-9，上柱和下柱均采用 C20 混凝土，柱中纵向钢筋采用 HRB335 级钢筋，箍筋及其他构造钢筋采用 HPB235 级钢筋。不考虑地震，试求排架内力和配筋。

1. 梁、柱单元及节点编号

梁、柱单元及节点编号如图 6-9 所示。图中方框内数字为截面材料组号，圆圈内数字为单元编号，其中⑤、⑥、⑦号单元为刚性杆。

2. 建立原始数据文件

(1)控制参数

由已知条件可知，上柱截面形状均为矩形，下柱截面形状为 I 形，且均采用 C20 混凝土，故截面材料组数共分 2 组。

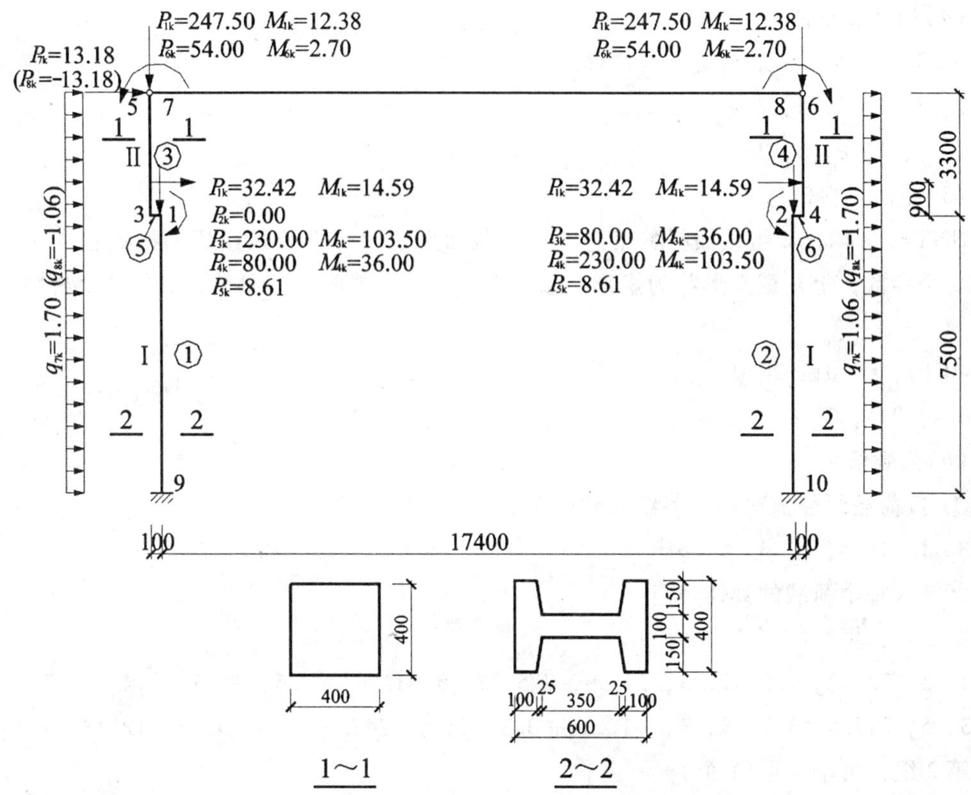

图 6-9　单层厂房排架结构计算简图(单位：mm)

荷载组数共有 8 组：所有恒载为第 1 组；吊车荷载占 4 组编号，即从第 2 组到第 5 组，活荷载为第 6 组；左风为第 7 组，右风为第 8 组。

0，4，0，3，10，6，4，2，8，0，1，1，0，2，0，1，20，30，40，50，0，2

(2)单元信息

本实例有 4 个柱单元，3 个刚性杆，共有 7 个单元，其单元信息如下：

1，9，1，2，1，7.5，1.0，0.8

2，10，2，2，1，7.5，1.0，0.8

3，3，5，1，2，3.3，2.0，1.25

4，4，6，1，2，3.3，2.0，1.25

5，3，1，0，0，0.1，2 * 1.0

6，2，4，0，0，0.1，2 * 1.0

7，7，8，0，0，17.6，2 * 1.0

(3)约束信息

NR=6，输入 6 个约束信息。

9，1，9，2，9，3

10，1，10，2，10，3

(4)相关节点位移信息

NRC=4，即有4组相关节点位移。

7，5，1，7，5，2

8，6，1，8，6，2

(5)截面材料信息

NMT=2，输入2组截面材料信息。下柱截面形状为I形，采用压缩格式输入I形截面的3个参数；上柱截面形状为矩形，输入1类截面材料的3个参数，具体截面材料信息如下：

40.01，60.01，20.0

0.4，0.4，20.0

(6)荷载信息

① 按荷载组号依次输入各组荷载的个数

8，1，4，4，2，4，5，5

②输入每个荷载的具体信息

第1组：恒载(8个)

1，5，32.42，7.5，1，3，14.59，7.5，2，5，32.42，7.5，2，3，-14.59，7.5

3，5，247.5，3.3，3，3，-12.38，3.3，4，5，247.5，3.3，4，3，12.38，3.3

第2组：吊车自重(1个)

1，5，0.0，7.5

第3组：吊车竖向荷载左大右小(4个)

1，5，230.，7.5，1，3，103.5，7.5，2，5，80.，7.5，2，3，-36.0，7.5

第4组：吊车竖向荷载右大左小(4个)

1，5，80.，7.5，1，3，36.0，7.5，2，5，230.，7.5，2，3，-103.5，7.5

第5组：吊车横向水平荷载(2个)

3，2，8.61，0.9，4，2，8.61，0.9

第6组：一般活荷载(4个)

3，5，54.0，3.3，3，3，-2.7，3.3，4，5，54.0，3.3，3，3，2.7，3.3

第7组：左风(5个)

1，1，1.7，7.5，2，1，1.06，7.5，3，1，1.7，3.3，4，1，1.06，3.3，3，2，13.18，3.3

第8组：右风(5个)

1，1，-1.06，7.5，2，1，-1.7，7.5，3，1，-1.06，3.3，4，1，-1.7，3.3，3，2，-13.18，3.3

(7)荷载组合及配筋信息

NFY=2>0，要进行内力组合和配筋计算，故输入各组荷载的分项系数以及纵向钢筋和箍筋的抗拉强度设计值。

1.2，7＊1.4

300.0，210.0

(8)地震信息

NEQ=0<7，不输入地震信息。

(9)支座弯矩削减信息

NLR=0，不输入支座弯矩削减信息。

3. 计算结果

根据结构的对称性，这里仅给出该排架结构一根下柱和一根上柱在分组荷载作用下的内力、各柱内力组合的最终结果和配筋及配箍计算结果，分别如表 6-17 ~ 表 6-18 所示。

表 6-17　　1 号柱和 3 号柱在分组荷载作用下两端截面的内力

单元编号	截面编号	荷载组号	*M* /(kN·m)	*V* /(kN)	*N* /(kN)	荷载组号	*M* /(kN·m)	*V* /(kN)	*N* /(kN)
①(下柱)	柱上端截面(I1=1)	IP=1	-11.10	3.12	279.92	IP=2	0.00	0.00	0.00
		IP=3	-12.85	-8.39	230.00	IP=4	54.65	-8.39	80.00
		IP=5	-72.32	8.61	0.00	IP=6	-1.62	.65	54.00
		IP=7	-156.75	23.69	0.00	IP=8	146.56	-19.29	0.00
	柱下端截面(I1=2)	IP=1	12.26	3.12	279.92	IP=2	0.00	0.00	0.00
		IP=3	-75.80	-8.39	230.00	IP=4	-8.30	-8.39	80.00
		IP=5	-7.75	8.61	0.00	IP=6	3.26	.65	54.00
		IP=7	-26.86	10.94	0.00	IP=8	31.66	-11.34	0.00
③(上柱)	柱上端截面(I1=1)	IP=1	2.10	3.12	247.50	IP=2	0.00	0.00	0.00
		IP=3	27.70	-8.39	0.00	IP=4	27.70	-8.39	0.00
		IP=5	-7.75	8.61	0.00	IP=6	-2.14	0.65	54.00
		IP=7	-26.86	10.94	0.00	IP=8	31.66	-11.34	0.00
	柱下端截面(I1=2)	IP=1	12.38	3.12	247.50	IP=2	0.00	0.00	0.00
		IP=3	0.00	-8.39	0.00	IP=4	0.00	-8.39	0.00
		IP=5	0.00	0.00	0.00	IP=6	0.00	.65	54.00
		IP=7	0.00	5.33	0.00	IP=8	0.00	-7.85	0.00

表 6-18 排架柱内力组合及配筋和配箍计算结果

单元编号	截面编号	组合类型	M /(kN·m)	V /(kN)	N /(kN)	$A_s=A'_s$ /(mm^2)	ρ /(%)	A_{sv}/s/ (mm^2/mm)	ρ_{sv} /(%)
①②(下柱)	柱上端截面(I1=I)	M_{max}(K1=1)	320.18	-34.68	693.74	1758.20	1.465	0.1257	0.1257
		M_{min}(K1=2)	-331.33	42.00	436.70	1665.32	1.388	0.1257	0.1257
		N_{max}(K1=3)	320.18	-34.68	693.74	1758.20	1.465	0.1257	0.1257
		N_{min}(K1=4)	-171.34	20.57	335.90	710.45	0.592	0.1257	0.1257
	柱下端截面(I1=J)	M_{max}(K1=1)	124.40	-17.80	625.70	368.66	0.307	0.1257	0.1257
		M_{min}(K1=2)	-59.04	12.14	335.90	360.00	0.300	0.1257	0.1257
		N_{max}(K1=3)	120.30	-18.62	693.74	418.83	0.349	0.1257	0.1257
		N_{min}(K1=4)	-54.61	10.56	335.90	360.00	0.300	0.1257	0.1257
③④(上柱)	柱上端截面(I1=I)	M_{max}(K1=1)	87.08	-31.98	297.00	641.68	0.401	0.5029	0.1257
		M_{min}(K1=2)	-35.08	19.06	297.00	480.00	0.300	0.5029	0.1257
		N_{max}(K1=3)	27.88	-3.38	387.04	480.00	0.300	0.5029	0.1257
		N_{min}(K1=4)	87.08	-31.98	297.00	641.68	0.401	0.5029	0.1257
	柱下端截面(I1=J)	M_{max}(K1=1)	16.71	-4.02	334.13	480.00	0.300	0.5029	0.1257
		M_{min}(K1=2)	14.86	0.70	365.04	480.00	0.300	0.5029	0.1257
		N_{max}(K1=3)	16.71	-3.38	387.04	480.00	0.300	0.5029	0.1257
		N_{min}(K1=4)	14.86	-16.72	297.00	480.00	0.300	0.5029	0.1257

[实例 6-7] 某火电厂主厂房框排架，所受荷载如图 6-10 所示，地震设防烈度为 7 度，结构抗震等级为 2 级，采用 C30 级混凝土，梁、柱纵向钢筋为 HRB335 级钢筋，箍筋及其他构造钢筋采用 HPB235 级钢筋，截面形式均为矩形，要求计算内力且进行配筋。

1. 对梁、柱单元及节点编号

梁、柱单元及节点编号如图 6-10 所示。图中圆圈内数字为单元编号，其中⑯～⑲为刚性杆。单元编号旁边的罗马字母为截面材料组号。

2. 建立原始数据文件

(1)控制参数。

除刚性杆外，梁、柱截面形状均为矩形，故都属 1 类构件；梁、柱均采用 C30 混凝土，根据截面尺寸的不同，截面材料组数共分 6 组。

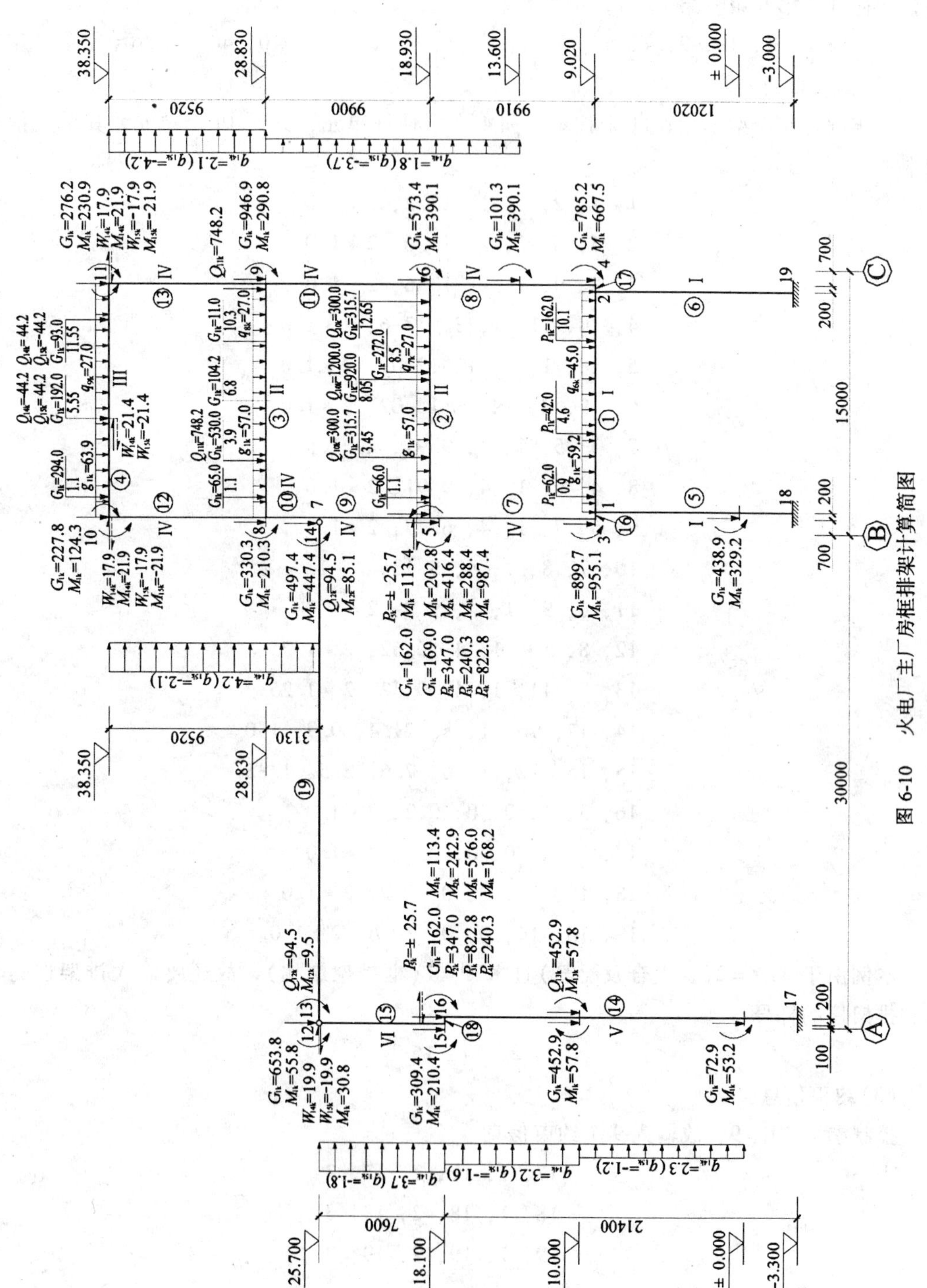

图 6-10　火电厂主厂房框排架计算简图

荷载组数共有 15 组：所有恒载为第 1 组；吊车荷载占 4 组编号，即从第 2 组到第 5 组，活荷载从第 6 组～第 13 组，左风为第 14 组，右风为第 15 组。

4，11，0，4，19，9，4，6，15，1，1，1，7，2，4，3*0，40，50，0，1

(2)单元信息。

本实例有 4 个梁单元、11 个柱单元和 4 个刚性杆单元，共计 19 个单元，其单元信息如下：

1，1，2，1，1，13.2，2*1.0
2，5，6，1，2，13.6，2*1.0
3，8，9，1，2，13.6，2*1.0
4，10，11，1，3，13.6，2*1.0
5，18，1，1，1，12.02，2*1.0
6，19，2，1，1，12.02，2*1.0
7，3，5，1，4，9.91，2*1.0
8，4，6，1，4，9.91，2*1.0
9，5，7，1，4，6.77，2*1.0
10，7，8，1，4，3.13，2*1.0
11，6，9，1，4，9.9，2*1.0
12，8，10，1，4，9.52，2*1.25
13，9，11，1，4，9.52，2*1.25
14，17，16，1，5，21.4，0.9，1.0
15，15，12，1，6，7.6，2.5，1.25
16，3，1，0，0，0.2，2*1.0
17，2，4，0，0，0.2，2*1.0
18，15，16，0，0，0.2，2*1.0
19，13，14，0，0，30.6，2*1.0

本例由于 NFY=2(要组合及配筋)且 KTP=1(框排架结构)，故还要输入排架柱的个数和排架柱的杆号：

2，14，15

(3)约束信息。

控制参数 NR=9，故输入 9 个约束信息。

17，1，17，2，17，3
18，1，18，2，18，3
19，1，19，2，19，3

(4)相关节点位移信息。

控制参数 NRC=4，即有 4 组相关节点位移。

13，12，1，13，12，2
14，7，1，14，7，2

(5)截面材料信息。

NMT=6，故输入 6 组截面材料信息，具体截面材料信息如下：

0.6，1.8，30.0，0.6，2.2，30.0，0.6，1.6，30.0

0.6，1.4，30.0，0.6，1.2，30.0，0.6，0.8，30.0

(6)荷载信息。

①按荷载组号依次输入各组荷载的个数(共 15 组荷载)

53，3*4，2，4*1，3，2，4，6，20，20

②输入每个荷载的具体信息

第 1 组：恒载(53 个)

1，1，59.2，13.2，1，2，62.0，0.9，1，2，42.0，4.6，1，2，162.0，10.1

2，1，57.0，13.6，2，2，66.0，1.1，2，2，315.7，3.45，2，2，920.0，8.05

2，2，272.0，8.5，2，2，315.7，12.65，3，1，57.0，13.6，3，2，65.0，1.1

3，2，530.0，3.9，3，2，104.2，6.8，3，2，11.0，10.3，4，1，63.9，13.6

4，2，294.0，1.1，4，2，192.0，5.55，4，2，93.0，11.55

5，5，438.9，3.0，5，3，-329.2，3.0，7，5，899.7，0.0，7，3，-955.1，0.0

7，5，169.0，9.08，7，3，-202.8，9.08，8，5，785.2，0.0，8，3，667.5，0.0

8，5，101.3，4.58，8，3，390.1，4.58，9，5，448.4，0.0，9，3，-164.2，0.0

9，5，497.4，6.77，9，3，-447.4，6.77，11，5，573.4，0.0，11，3，390.1，0.0

12，5，330.3，0.0，12，3，-210.3，0.0，12，5，227.8，9.52，12，3，-124.3，9.52

13，5，946.9，0.0，13，3，290.8，0.0，13，5，276.2，9.52，13，3，230.9，9.52

14，5，72.9，3.30，14，3，-53.2，3.3，14，5，452.9，13.3，14，3，-57.8，13.3

14，5，162.0，21.4，14，3，113.4，21.4，15，5，309.4，0.0，15，3，-210.4，0.0

15，5，653.8，7.6，15，3，-55.8，7.6

第 2 组：吊车自重(4 个)

14，5，347.0，21.4，14，3，242.9，21.4，7，5，347.0，9.08，7，3，-416.4，9.08

第 3 组：吊车竖向荷载左大右小(4 个)

14，5，822.8，21.4，14，3，576.0，21.4，7，5，240.3，9.08，7，3，-288.4，9.08

第 4 组：吊车竖向荷载右大左小(4 个)

14，5，240.3，21.4，14，3，168.2，21.4，7，5，822.8，9.08，7，3，-987.4，9.08

第 5 组：吊车横向水平荷载(2 个)

15，2，25.7，1.5，9，2，25.7，0.67

第 6 组：10.0m 层楼面活荷载(1 个)

1，1，45.0，13.2

第 7 组：20.1m 层楼面活荷载(1 个)

2，1，27.0，13.6

第 8 组：30.0m 层楼面活荷载(1 个)

3，1，27.0，13.6

第 9 组：屋顶层屋面活荷载(1 个)

4，1，27.0，13.6

第 10 组：20.1m 层煤重(3 个)

2，2，300.0，3.45，2，2，1200.0，8.05，2，2，300.0，12.65

第 11 组：30.0m 层煤重(2 个)

3，2，748.2，3.9，3，2，748.2，13.6

第 12 组：汽机间屋面活荷载(4 个)

15，5，94.5，7.6，15，3，9.5，7.6，9，5，94.5，6.77，9，3，-85.1，6.77

第 13 组：10.0m 平台活荷载(6 个)

14，5，84.3，13.3，14，3，77.5，13.3，7，5，94.5，0.0，7，3，-184.3，0.0

8，5，243.0，0.0，8，3，267.3，0.0

第 14 组：左风(20 个)

14，1，2.3，13.3，14，1，-2.3，3.3，14，1，3.23，21.4，14，1，-3.23，13.3

15，1，3.7，7.6，15，2，19.9，7.6，15，3，30.8，7.6，10，1，4.2，3.13

12，1，4.2，9.52，12，2，17.9，9.52，12，3，21.9，9.52，8，1，1.83，9.91

8，1，-1.83，4.58，11，1，1.83，9.9，13，1，2.12，9.52，13，2，17.9，9.52

13，3，21.9，9.52，4，2，-44.2，5.55，4，2，44.2，11.55，4，5，21.4，5.55

第 15 组：右风(20 个)

14，1，-1.2，13.3，14，1，1.2，3.3，14，1，-1.61，21.4，14，1，1.61，13.3

15，1，-1.84，7.6，15，2，-19.9，7.6，15，3，-30.8，7.6，10，1，-2.09，3.13

12，1，-2.09，9.52，12，2，-17.9，9.52，12，3，-21.9，9.52，8，1，-3.66，9.91

8，1，3.66，4.58，11，1，-3.66，9.9，13，1，-4.23，9.52，13，2，-17.9，9.52

13，3，-21.9，9.52，4，2，44.2，5.55，4，2，-44.2，11.55，4，5，-21.4，5.55

(7)荷载组合及配筋信息。

控制参数 NFY=2>0，需进行荷载组合和配筋计算，故依次输入各组荷载的分项系数以及纵向钢筋和箍筋的强度设计值。

①各组荷载的分项系数

1.2，4＊1.4，1.3，3＊1.4，2＊1.4，1.4，1.3，2＊1.4

②钢筋抗拉强度设计值

300.0，210.0

(8)地震信息

控制参数 NEQ=7>6，输入地震作用计算参数及各组荷载与风荷载的组合值系数。

①地震作用计算参数(4 个)

2，3，0.8，0.3

②各组荷载的组合值系数

1.0，1.0，3＊0.0，3＊0.7，0.0，2＊0.8，0.0，0.7，0.0，0.0，

③风荷载组合值系数

0.0

(9)支座弯矩削减信息

控制参数 NLR=4，需输入 4 根梁支座弯矩的削减信息。

1，0.6，0.6，2，0.47，0.47，3，0.47，0.47，4，0.47，0.47

3. 计算结果输出

为节省篇幅，这里仅给出该框排架结构在恒载作用下的内力、动力分析结果、一根梁和一根柱的荷载组合结果及其配筋计算结果，分别如表 6-19～表 6-25 所示。

表 6-19　　恒载(IP=1)作用下各单元的杆端力

杆件类型	单元号	N_i/(kN)	V_i/(kN)	M_i/(kN·m)	N_j/(kN)	V_j/(kN)	M_j/(kN·m)
梁	①	-161.92	-716.19	-1927.80	161.92	-687.65	1609.84
	②	-99.13	-1412.08	-2413.46	99.13	-1701.32	2354.85
	③	-37.33	-1126.42	-2061.91	37.33	-807.78	1764.20
	④	210.50	-989.71	-1318.40	-210.50	-784.73	1398.60
柱	⑤	8196.37	-68.34	11.45	-7432.93	68.34	-503.75
	⑥	7604.95	87.89	444.05	-7280.41	-87.89	612.36
	⑦	5817.04	93.57	133.11	-5439.93	-93.57	997.01
	⑧	5807.56	-74.03	-236.15	-5498.15	74.03	-887.59
	⑨	3579.45	192.71	1252.26	-3437.28	-192.71	52.38

续表

杆件类型	单元号	N_i/(kN)	V_i/(kN)	M_i/(kN·m)	N_j/(kN)	V_j/(kN)	M_j/(kN·m)
柱	⑩	2939.88	173.16	-499.78	-2874.15	-173.16	1041.79
	⑪	3223.43	-173.16	-1077.16	-3015.53	173.16	-637.17
	⑫	1417.43	210.50	809.83	-1217.51	-210.50	1194.10
	⑬	1260.85	-210.50	-836.23	-1060.93	210.50	-1167.70
	⑭	2127.40	-19.54	-92.09	-1216.40	19.54	-215.15
	⑮	745.00	-19.54	-92.73	-653.80	19.54	-55.80
刚性杆	⑯	-93.57	6716.74	-1088.21	93.57	-6716.74	2431.55
	⑰	-74.03	-6592.76	-2222.20	74.03	6592.76	903.65
	⑱	19.54	1054.40	-117.67	-19.54	-1054.40	328.55
	⑲	-19.54	.00	.00	19.54	.00	.00

表 6-20 节点质量计算结果

节点位移编号	节点质量/(t)	节点位移编号	节点质量/(t)	节点位移编号	节点质量/(t)	节点位移编号	节点质量/(t)	节点位移编号	节点质量/(t)	节点位移编号	节点质量/(t)
1	118.52	2	118.52	3	0.00	4	111.22	5	111.22	6	0.00
7	113.47	8	113.47	9	0.00	10	113.54	11	113.54	12	0.00
13	320.67	14	320.67	15	0.00	16	365.88	17	365.88	18	0.00
19	61.30	20	61.30	21	0.00	22	226.76	23	226.76	24	0.00
25	283.16	26	283.16	27	0.00	28	136.79	29	136.79	30	0.00
31	115.85	32	115.85	33	0.00	34	71.29	35	71.29	36	0.00
37	0 .00	38	0.00	39	36.19	40	36.19	41	0.00	42	105.10
43	105.10	44	0.00								

表 6-21 结构的自振频率和周期

第一振型		第二振型		第三振型	
W1(RAD/SEC)	T1 (SEC)	W2(RAD/SEC)	T2 (SEC)	W3(RAD/SEC)	T3 (SEC)
3.69861339	1.35903587	7.83018968	0.64194463	12.40559622	0.40518393

表 6-22　　水平地震作用计算结果

节点位移编号	第一振型	第二振型	第三振型	节点位移编号	第一振型	第二振型	第三振型
1	9.49	-0.22	16.43	2	-0.36	0.01	0.61
3	0.00	0.00	0.00	4	8.90	-0.21	15.42
5	0.33	-0.01	-0.57	6	0.00	0.00	0.00
7	9.08	-0.21	15.73	8	-0.48	0.01	0.44
9	0.00	0.00	0.00	10	9.09	-0.21	15.74
11	0.48	-0.01	-0.44	12	0.00	0.00	0.00
13	56.14	-1.11	52.97	14	-1.95	0.05	3.52
15	0.00	0.00	0.00	16	64.06	-1.28	60.51
17	2.23	-0.05	-4.02	18	0.00	0.00	0.00
19	13.45	-0.22	0.09	20	-0.40	0.01	0.89
21	0.00	0.00	0.00	22	52.97	-0.93	-14.76
23	-1.54	0.04	3.67	24	0.00	0.00	0.00
25	66.13	-1.17	-18.45	26	1.92	-0.05	-4.58
27	0.00	0.00	0.00	28	35.77	-0.79	-35.33
29	-0.94	0.03	2.41	30	0.00	0.00	0.00
31	30.29	-0.67	-29.89	32	0.80	-0.02	-2.04
33	0.00	0.00	0.00	34	15.64	-0.25	0.10
35	-0.14	0.01	0.00	36	0.00	0.00	0.00
37	0.00	0.00	0.00	38	0.00	0.00	0.00
39	6.10	2.22	-0.05	40	-0.07	0.00	0.00
41	0.00	0.00	0.00	42	17.70	6.45	-0.15
43	0.00	0.00	0.00	44	0.00	0.00	0.00

表 6-23　　地震作用下的位移(第一振型)

节点编号	水平位移/(M)	竖向位移/(M)	转角/(RAD)	节点编号	水平位移/(M)	竖向位移/(M)	转角/(RAD)
1	.5852D-02	-.2201D-03	.4500D-03	2	.5852D-02	.2202D-03	.4509D-03
3	.5852D-02	-.3101D-03	.4500D-03	4	.5852D-02	.3104D-03	.4509D-03
5	.1280D-01	-.4443D-03	.2715D-03	6	.1280D-01	.4446D-03	.2650D-03
7	.1604D-01	-.4790D-03	.4682D-03	8	.1708D-01	-.4950D-03	.1646D-03
9	.1707D-01	.4952D-03	.1758D-03	10	.1912D-01	-.5048D-03	.1392D-03

续表

节点编号	水平位移/(M)	竖向位移/(M)	转角/(RAD)	节点编号	水平位移/(M)	竖向位移/(M)	转角/(RAD)
11	.1912D-01	.5050D-03	.1358D-03	12	.1604D-01	-.1442D-03	.3752D-03
13	.1604D-01	-.1442D-03	-.1094D-04	14	.1604D-01	-.4790D-03	-.1094D-04
15	.1231D-01	-.1441D-03	.7195D-03	16	.1231D-01	-.2103D-06	.7195D-03
17	.0000D+00	.0000D+00	.0000D+00	18	.0000D+00	.0000D+00	.0000D+00
19	.0000D+00	.0000D+00	.0000D+00				

注：第二振型、第三振型的节点位移从略。

表 6-24　　地震作用(第一振型)下的杆端力(*i* 端)

单元号	MI	VI	NI	单元号	MI	VI	NI
①	1658.00	-251.30	-0.55	②	1437.33	-210.25	1.90
③	673.25	-100.94	8.36	④	172.96	-25.20	1.74
⑤	-1470.91	190.25	-593.37	⑥	-1469.69	189.94	593.46
⑦	-773.80	171.13	-341.23	⑧	-777.47	172.49	341.35
⑨	-515.23	116.89	-129.03	⑩	276.10	78.64	-128.63
⑪	-490.23	106.53	128.87	⑫	-151.00	34.03	-26.15
⑬	-135.17	32.04	26.00	⑭	-243.84	14.64	-0.21
⑮	69.58	-9.16	-0.14	⑯	773.80	341.71	180.21
⑰	-845.84	341.83	-181.58	⑱	-69.58	0.21	-3.06
⑲	0.00	0.00	24.80				

注：第二振型、第三振型的杆端力从略。

表 6-25　　1 号梁在分组荷载作用下各截面的内力

截面编号	荷载组号	$M/(kN\cdot m)$	$V/(kN)$	$N/(kN)$	荷载组号	$M/(kN-m)$	$V/(kN)$	$N/(kN)$
I1=1	IP=1	-1927.80	716.19	-161.92	IP=2	6.43	-0.40	15.96
	IP=3	89.37	-13.18	10.66	IP=4	-69.67	11.97	38.24
	IP=5	189.62	-28.79	-0.60	IP=6	-502.99	297.00	16.86
	IP=7	-23.03	0.02	-21.07	IP=8	-6.27	-0.03	1.94
	IP=9	-9.10	0.01	-1.80	IP=10	-116.75	-1.71	-125.05
	IP=11	1.50	-4.68	3.35	IP=12	-11.96	1.42	-0.87
	IP=13	-6.25	-8.11	-6.75	IP=14	785.07	-119.16	-2.16
	IP=15	-797.76	121.15	2.86				

续表

截面编号	荷载组号	M/(kN·m)	V/(kN)	N/(kN)	荷载组号	M/(kN-m)	V/(kN)	N/(kN)
I1=2	IP=1	-641.39	464.55	-161.92	IP=2	5.55	-0.40	15.96
	IP=3	60.37	-13.18	10.66	IP=4	-43.35	11.97	38.24
	IP=5	126.28	-28.79	-0.60	IP=6	41.51	198.00	16.86
	IP=7	-22.99	0.02	-21.07	IP=8	-6.32	-0.03	1.94
	IP=9	-9.08	0.01	-1.80	IP=10	-120.51	-1.71	-125.05
	IP=11	-8.80	-4.68	3.35	IP=12	-8.85	1.42	-0.87
	IP=13	-24.09	-8.11	-6.75	IP=14	524.53	-119.54	-2.16
	IP=15	-531.68	121.25	2.87				
I1=3	IP=1	172.02	274.91	-161.92	IP=2	4.68	-0.40	15.96
	IP=3	31.37	-13.18	10.66	IP=4	-17.02	11.97	38.24
	IP=5	62.95	-28.79	-0.60	IP=6	368.20	99.00	16.86
	IP=7	-22.96	0.02	-21.07	IP=8	-6.38	-0.03	1.94
	IP=9	-9.06	0.01	-1.80	IP=10	-124.27	-1.71	-125.05
	IP=11	-19.10	-4.68	3.35	IP=12	-5.73	1.42	-0.87
	IP=13	-41.94	-8.11	-6.75	IP=14	261.55	-119.54	-2.16
	IP=15	-264.70	121.15	2.86				
I1=4	IP=1	484.21	43.27	-161.92	IP=2	3.81	-0.40	15.96
	IP=3	2.36	-13.18	10.66	IP=4	9.30	11.97	38.24
	IP=5	-0.38	-28.79	-0.60	IP=6	477.09	0.00	16.86
	IP=7	-22.93	0.02	-21.07	IP=8	-6.44	-0.03	1.94
	IP=9	-9.05	0.01	-1.80	IP=10	-128.03	-1.71	-125.05
	IP=11	-29.40	-4.68	3.35	IP=12	-2.61	1.42	-0.87
	IP=13	-59.78	-8.11	-6.75	IP=14	-1.42	-119.54	-2.16
	IP=15	1.82	121.15	2.86				
I1=5	IP=1	370.80	-146.37	-161.92	IP=2	2.93	-0.40	15.96
	IP=3	-26.64	-13.18	10.66	IP=4	35.63	11.97	38.24
	IP=5	-63.72	-28.79	-0.60	IP=6	368.19	-99.00	16.86
	IP=7	-22.89	0.02	-21.07	IP=8	-6.49	-0.03	1.94
	IP=9	-9.03	0.01	-1.80	IP=10	-131.79	-1.71	-125.05
	IP=11	-39.70	-4.68	3.35	IP=12	0.51	1.42	-0.87
	IP=13	-77.62	-8.11	-6.75	IP=14	-264.40	-119.54	-2.16
	IP=15	268.35	121.15	2.86				

续表

截面编号	荷载组号	$M/(\mathrm{kN\cdot m})$	$V/(\mathrm{kN})$	$N/(\mathrm{kN})$	荷载组号	$M/(\mathrm{kN-m})$	$V/(\mathrm{kN})$	$N/(\mathrm{kN})$
I1 = 6	IP = 1	-305.62	-498.01	-161.92	IP = 2	2.06	-0.40	15.96
	IP = 3	-55.64	-13.18	10.66	IP = 4	61.95	11.97	38.24
	IP = 5	-127.05	-28.79	-0.60	IP = 6	41.48	-198.00	16.86
	IP = 7	-22.86	0.02	-21.07	IP = 8	-6.55	-0.03	1.94
	IP = 9	-9.02	0.01	-1.80	IP = 10	-135.55	-1.71	-125.05
	IP = 11	-50.00	-4.68	3.35	IP = 12	3.63	1.42	-0.87
	IP = 13	-95.47	-8.11	-6.75	IP = 14	-527.38	-119.54	-2.16
	IP = 15	534.88	121.15	2.86				
I1 = 7	IP = 1	-1609.84	-687.65	-161.92	IP = 2	1.19	-0.40	15.96
	IP = 3	-84.64	-13.18	10.66	IP = 4	88.27	11.97	38.24
	IP = 5	-190.39	-28.79	-0.60	IP = 6	-503.03	-297.00	16.86
	IP = 7	-22.83	0.02	-21.07	IP = 8	-6.60	-0.03	1.94
	IP = 9	-9.00	0.01	-1.80	IP = 10	-139.31	-1.71	-125.05
	IP = 11	-60.30	-4.68	3.35	IP = 12	6.74	1.42	-0.87
	IP = 13	-113.31	-8.11	-6.75	IP = 14	-790.36	-119.54	-2.16
	IP = 15	801.41	121.15	2.86				

1 号梁的荷载组合结果及配筋：

```
STATIC  COMBINATION. NO.   1(第一类静力组合结果)
COM. TYPE          MI          VI          NI          MJ          VJ          NI
----------------------------------------------------------------------------------
K1 = 1        -967.69      650.03     -180.12     -562.43     -619.40     -142.87
K1 = 2       -4451.60     1401.05     -314.99    -4295.23    -1393.72     -352.24
K1 = 3       -4289.29     1412.73     -151.97     -602.53     -619.37     -171.69
K1 = 4       -1130.00      638.36     -343.14    -4255.13    -1393.75     -323.42

STATIC  COMBINATION. NO.   2(第二类静力组合结果)
COM. TYPE          MI          VI          NI          MJ          VJ          NI
----------------------------------------------------------------------------------
K1 = 1       -1210.85      692.08     -197.33     -809.84     -655.57     -190.30
K1 = 2       -3430.23     1029.04     -190.30    -3038.31     -992.53     -197.33
K1 = 3       -2967.24     1245.52     -172.39     -809.84     -655.57     -190.30
K1 = 4       -1210.85      692.08     -197.33    -2585.74    -1211.28     -172.39
```

STATIC COMBINATION. NO. 3(第三类静力组合结果)

COM. TYPE	MI	VI	NI	MJ	VJ	NI
K1 = 1	-2513.48	949.35	-204.85	-2080.17	-915.21	-181.97
K1 = 2	-3297.97	1241.18	-315.84	-3050.37	-1225.17	-338.72
K1 = 3	-3171.73	1250.26	-189.05	-2111.36	-915.19	-204.39
K1 = 4	-2639.73	940.27	-331.65	-3019.19	-1225.19	-316.31

FINAL RESULTS OF STATIC COMBINNATION(静力组合最终结果)

COM. TYPE	MI	VI	NI	MI	VI	NI
K1 = 1	-967.69	650.03	-180.12	-562.43	-619.40	-142.87
K1 = 2	-4451.60	1401.05	-314.99	-4295.23	-1393.72	-352.24
K1 = 3	-4289.29	1412.73	-151.97	-602.53	-619.37	-171.69
K1 = 4	-1130.00	638.36	-343.14	-4255.13	-1393.75	-323.42

STATIC COMBINATION AFTER SUPPORTER MOMENTS DECREASE(支座弯矩削减后的结果)

CO. TYPE	MI	VI	NI	MJ	VJ	NJ
K1 = 1	-677.38	650.03	-180.12	-393.70	-619.40	-142.87
K1 = 2	-3610.97	1401.05	-314.99	-3459.00	-1393.72	-352.24
K1 = 3	-3441.65	1412.73	-151.97	-421.77	-619.37	-171.69
K1 = 4	-791.00	638.36	-343.14	-3418.88	-1393.75	-323.42

EATHEQUAKE COMBINATION RESULTS(第四类地震组合结果)

CO. TYPE	MI	VI	NI	MJ	VJ	NJ
K1 = 1	-35.67	510.36	-179.22	344.66	-482.07	-147.49
K1 = 2	-5130.42	1443.56	-275.12	-4937.99	-1432.19	-306.85
K1 = 3	-5007.83	1452.03	-151.02	325.49	-482.05	-165.19
K1 = 4	-158.26	501.89	-303.31	-4918.81	-1432.21	-289.15

EATHEQUAKE COMBINATION AFTER SUPPORTER MOMENTS DECREASE(支座弯矩削减后的结果)

CO. TYPE	MI	VI	NI	MJ	VJ	NJ
K1 = 1	.00	985.35	-179.22	344.66	-482.07	-147.49
K1 = 2	-4264.29	1918.55	-275.12	-4078.67	-1432.19	-306.85
K1 = 3	-4136.61	1452.03	-151.02	325.49	-482.05	-165.19

K1 = 4	.00	501.89	-303.31	-4059.49	-1432.21	-289.15

ADJUSTED EATHEQUAKE COMBINATION RESULTS(地震组合内力调整后的结果)

CO. TYPE	MI	VI	NI	MJ	VJ	NJ
K1 = 1	.00	1055.18	-179.22	344.66	-551.90	-147.49
K1 = 2	-4264.29	1988.38	-275.12	-4078.67	-1502.03	-306.85
K1 = 3	-4136.61	1452.03	-151.02	325.49	-482.05	-165.19
K1 = 4	.00	501.89	-303.31	-4059.49	-1432.21	-289.15

弯矩包络图及配筋

SECTION	X	MMAX	AS	P%	MMIN	AS	P%
I1 = 1	.00	.00	.00	.000	-3610.97	7530.63	.725
I1 = 2	2.20	587.54	.00	.000	-1903.39	3814.46	.367
I1 = 3	4.40	1085.61	2831.40	.262	-550.50	.00	.000
I1 = 4	6.60	1201.28	2831.40	.262	259.28	.00	.000
I1 = 5	8.80	1339.68	2831.40	.262	-424.16	.00	.000
I1 = 6	11.00	892.30	.00	.000	-1655.32	3299.46	.318
I1 = 7	13.20	258.50	.00	.000	-3459.00	7186.67	.692

1 号梁两端截面在 4 种内力组合目标下的配筋

SECTION	CO. TYPE	M	V	N	AS	P%
I1 = I						
	K1 = 1	-677.38	650.03	-180.12	3346.20	.3098
	K1 = 2	-3610.97	1401.05	-314.99	7530.63	.7255
	K1 = 3	-3441.65	1412.73	-151.97	7147.58	.6886
	K1 = 4	-791.00	638.36	-343.14	3346.20	.3098
I1 = I	(EATHEQUAKE COMBINATION CONDITION)					
	K1 = 1	.00	843.76	-134.42	3346.20	.3098
	K1 = 2	-3198.21	1543.66	-206.34	6602.84	.6361
	K1 = 3	-3102.46	1089.02	-113.27	6390.44	.6156
	K1 = 4	.00	376.41	-227.48	3346.20	.3098
I1 = J						
	K1 = 1	-393.70	-619.40	-142.87	3346.20	.3098
	K1 = 2	-3459.00	-1393.72	-352.24	7186.67	.6924
	K1 = 3	-421.77	-619.37	-171.69	3346.20	.3098
	K1 = 4	-3418.88	-1393.75	-323.42	7096.34	.6837

```
I1 =  J     (EATHEQUAKE COMBINATION CONDITION)
          K1 = 1     258.50     -466.30    -110.61    3346.20     .3098
          K1 = 2   -3059.00    -1178.89    -230.14    6294.41     .6064
          K1 = 3     244.12     -361.54    -123.89    3346.20     .3098
          K1 = 4   -3044.62    -1074.15    -216.86    6262.66     .6033
*****************************************************
```

剪力包络图及配箍

```
SECTION     X           VMAX          VMIN          ASV        PSV%
--------------------------------------------------------------------------------
I1 =  1     .00       1412.73        426.60        .9806      .1634
I1 =  2    2.20        994.93        169.93        .9806      .1634
I1 =  3    4.40        651.53        -23.50        .9806      .1634
I1 =  4    6.60        335.79       -259.78        .9806      .1634
I1 =  5    8.80        142.36       -523.90        .9806      .1634
I1 =  6   11.00       -216.31      -1050.35        .9806      .1634
I1 =  7   13.20       -307.31      -1393.75        .9806      .1634
```

1 号梁两端截面在 4 种内力组合目标下的配箍

```
SECTION CO. TYPE         M            V            N            ASV          PSV%
--------------------------------------------------------------------------------
I1 =  I
          K1 = 1      -677.38      650.03      -180.12        .9806        .1634
          K1 = 2     -3610.97     1401.05      -314.99        .9806        .1634
          K1 = 3     -3441.65     1412.73      -151.97        .9806        .1634
          K1 = 4      -791.00      638.36      -343.14        .9806        .1634
I1 =  I     (EATHEQUAKE COMBINATION CONDITION)
          K1 = 1          .00      717.20      -114.25       1.1440        .1907
          K1 = 2     -2718.48     1312.11      -175.39       1.5165        .2528
          K1 = 3     -2637.09      925.67       -96.28       1.1440        .1907
          K1 = 4          .00      319.95      -193.36       1.1440        .1907
I1 =  J
          K1 = 1      -393.70     -619.40      -142.87        .9806        .1634
          K1 = 2     -3459.00    -1393.72      -352.24        .9806        .1634
          K1 = 3      -421.77     -619.37      -171.69        .9806        .1634
          K1 = 4     -3418.88    -1393.75      -323.42        .9806        .1634
I1 =  J     (EATHEQUAKE COMBINATION CONDITION)
          K1 = 1       219.72     -396.35       -94.02       1.1440        .1907
          K1 = 2     -2600.15    -1002.06      -195.62       1.1440        .1907
          K1 = 3       207.50     -307.31      -105.31       1.1440        .1907
```

```
        K1=4     -2587.93    -913.03    -184.33     1.1440     .1907
************************************************************
5号柱的荷载组合结果及配筋
**  COLM=  5  ***  I=  18  J=   1     BXH=    .60000 X   1.80000(m)
************************************************************
各截面在分组荷载作用下的内力
I1=  1   ***  FB  ***

HZ NO:        M        V        N    HZ NO:        M        V        N
---------------------------------------------------------------------------
IP= 1      11.45    68.34   8196.37   IP= 2     -23.85     4.83   363.18
IP= 3     -89.38    12.70    222.13   IP= 4      16.32     2.10   890.54
IP= 5    -164.26    21.21    -55.08   IP= 6     163.89   -41.01   296.99
IP= 7     -23.53     6.01    183.63   IP= 8      -7.36     1.81   183.54
IP= 9      -9.76     2.45    183.62   IP=10    -139.91    33.48   731.14
IP=11     -46.77     8.04    529.56   IP=12       1.92      .58   102.21
IP=13     -86.27    17.61     83.49   IP=14    -671.79    85.61  -334.37
IP=15     684.18   -87.41    329.71   IP=

I1=  2   ***  FB  ***
HZ NO:        M        V        N    HZ NO:        M        V        N
---------------------------------------------------------------------------
IP= 1     503.75    68.34   7432.93   IP= 2      34.22     4.83   363.18
IP= 3      63.28    12.70    222.13   IP= 4      41.58     2.10   890.54
IP= 5      90.63    21.21    -55.08   IP= 6    -329.06   -41.01   296.99
IP= 7      48.75     6.01    183.63   IP= 8      14.36     1.81   183.54
IP= 9      19.72     2.45    183.62   IP=10     262.57    33.48   731.14
IP=11      49.86     8.04    529.56   IP=12       8.87      .58   102.21
IP=13     125.35    17.61     83.49   IP=14     357.20    85.61  -334.37
IP=15    -366.51   -87.41    329.71   IP=
STATIC COMBINATION. NO.  1(第一类静力组合结果)
COM. TYPE     MI        VI         NI         MJ         VJ         NI
---------------------------------------------------------------------------
K1=1      1297.52    -99.45   11918.82    1904.34    319.19   11217.64
K1=2     -1539.68    318.46   12004.98    -304.11   -100.18   10873.90
K1=3       910.14    -13.59   14298.98     351.73    -13.59   13382.85
K1=4      -832.71    189.88    9414.34    1054.58    189.88    8498.21

STATIC COMBINATION. NO.  2(第二类静力组合结果)
```

COM. TYPE	MI	VI	NI	MJ	VJ	NI
K1 = 1	971.60	-40.36	10297.23	1104.59	201.86	8451.40
K1 = 2	-926.77	201.86	9367.53	91.38	-40.36	9381.10
K1 = 3	266.56	55.27	11159.50	535.83	55.27	10243.38
K1 = 4	-926.77	201.86	9367.53	1104.59	201.86	8451.40

STATIC COMBINATION. NO. 3(第三类静力组合结果)

COM. TYPE	MI	VI	NI	MJ	VJ	NI
K1 = 1	182.48	57.57	12308.26	1252.17	172.06	12203.54
K1 = 2	-373.42	171.49	13134.02	380.62	54.94	10304.71
K1 = 3	-118.82	124.35	14159.49	931.46	124.35	13128.85
K1 = 4	15.46	92.26	11065.09	680.06	92.26	10034.45

FINAL RESULTS OF STATIC COMBINNATION(静力组合最终结果)

COM. TYPE	MI	VI	NI	MJ	VJ	NI
K1 = 1	1297.52	-99.45	11918.82	1904.34	319.19	11217.64
K1 = 2	-1539.68	318.46	12004.98	-304.11	-100.18	10873.90
K1 = 3	910.14	-13.59	14298.98	351.73	-13.59	13382.85
K1 = 4	-926.77	201.86	9367.53	1104.59	201.86	8451.40

EATHEQUAKE COMBINATION RESULTS(第四类地震组合结果)

COM. TYPE	MI	VI	NI	MJ	VJ	NI
K1 = 1	2114.27	-202.45	11934.02	2232.40	411.00	9994.63
K1 = 2	-2314.42	411.00	10910.76	-765.65	-204.97	9949.25
K1 = 3	1836.64	-141.23	13522.85	-257.53	-141.23	12606.72
K1 = 4	-1929.53	334.54	9055.38	1698.24	334.54	8139.25

ADJUSTED EATHEQUAKE COMBINATION RESULTS(地震组合内力调整后的结果)

COM. TYPE	MI	VI	NI	MJ	VJ	NI
K1 = 1	3171.41	616.91	11934.02	2232.40	616.91	9994.63
K1 = 2	-3471.63	616.91	10910.76	-765.65	616.91	9949.25
K1 = 3	2754.96	-141.23	13522.85	-257.53	-141.23	12606.72
K1 = 4	-2894.30	334.54	9055.38	1698.24	334.54	8139.25

5 号柱两端截面在 4 种内力组合目标下的配筋

```
SECTION  CO. TYPE       M           V           N         AS=AS'        P%        N/FC * A
----------------------------------------------------------------------------
I1 =   I
            K1=1    1297.52      -99.45   11918.82    4320.00      .4000
            K1=2   -1539.68      318.46   12004.98    4320.00      .4000
            K1=3     910.14      -13.59   14298.98    4993.32      .4623
            K1=4    -926.77      201.86    9367.53    4320.00      .4000
I1 =   I    (EATHEQUAKE  COMBINATION  CONDITION)
            K1=1    2537.13      493.53    9547.22    4320.00      .4000      .7727
            K1=2   -2777.30      493.53    8728.61    4320.00      .4000      .7065
            K1=3    2203.97     -112.98   10818.28    4320.00      .4000      .8756
            K1=4   -2315.44      267.63    7244.30    4320.00      .4000      .5863
I1 =   J
            K1=1    1904.34      319.19   11217.64    4320.00      .4000
            K1=2    -304.11     -100.18   10873.90    4320.00      .4000
            K1=3     351.73      -13.59   13382.85    4320.00      .4000
            K1=4    1104.59      201.86    8451.40    4320.00      .4000
I1 =   J    (EATHEQUAKE  COMBINATION  CONDITION)
            K1=1    1785.92      493.53    7995.71    4320.00      .4000      .6472
            K1=2    -612.52      493.53    7959.40    4320.00      .4000      .6442
            K1=3    -206.03     -112.98   10085.38    4320.00      .4000      .8163
            K1=4    1358.59      267.63    6511.40    4320.00      .4000      .5270
***********************************************************************
```

5 号柱两端截面在 4 种内力组合目标下的配箍

```
SECTION  CO. TYPE       M           V           N           ASV          PSV%
----------------------------------------------------------------------------
I1 =   I
            K1=1      1297.52      -99.45   11918.82      .9806        .1634
            K1=2     -1539.68      318.46   12004.98      .9806        .1634
            K1=3       910.14      -13.59   14298.98      .9806        .1634
            K1=4      -926.77      201.86    9367.53      .9806        .1634
I1 =   I    (EATHEQUAKE  COMBINATION  CONDITION)
            K1=1      2156.56      419.50    8115.14      .2898        .0483
            K1=2     -2360.71      419.50    7419.32      .2898        .0483
            K1=3      1873.38      -96.03    9195.54      .2898        .0483
            K1=4     -1968.12      227.49    6157.66      .2898        .0483
I1 =   J
```

```
        K1 = 1      1904. 34     319. 19   11217. 64      . 9806      . 1634
        K1 = 2      -304. 11    -100. 18   10873. 90      . 9806      . 1634
        K1 = 3       351. 73     -13. 59   13382. 85      . 9806      . 1634
        K1 = 4      1104. 59     201. 86    8451. 40      . 9806      . 1634
I1 =  J    (EATHEQUAKE COMBINATION CONDITION)
        K1 = 1      1518. 03     419. 50    6796. 35      . 2898      . 0483
        K1 = 2      -520. 64     419. 50    6765. 49      . 2898      . 0483
        K1 = 3      -175. 12     -96. 03    8572. 57      . 2898      . 0483
        K1 = 4      1154. 80     227. 49    5534. 69      . 2898      . 0483
***************************************************
```

附录

FSAP 的其他子程序

1. 双精度向量送 0 的子程序 SUB. ZERO1

```
      SUBROUTINE ZERO1(A, N)                双精度向量送0
      REAL*8 A(N)
      DO 10 I=1, N
10    A(I)=0.D0
      RETURN
      END
```

2. 双精度二维数组送 0 的子程序 SUB. ZERO2

```
      SUBROUTINE ZERO2(A, L, M)             双精度二维数组送0
      REAL*8 A(L, M)
      DO 10 I=1, L
      DO 10 J=1, M
10    A(J, I)=0.D0
      RETURN
      END
```

3. 整型向量送 0 的子程序 SUB. ZERO3

```
      SUBROUTINE ZERO3(NA, N)               整型向量送0
      DIMENSION NA(N)
      DO 10 I=1, N
10    NA(I)=0
      RETURN
      END
```

4. 双精度三维数组送 0 的子程序 SUB. ZERO5

```
      SUBROUTINE ZERO2(A, L, M)             双精度三维数组送0
      REAL*8 A(L, M)
      DO 10 I=1, N
      DO 10 J=1, M
      DO 10 K=1, L
10    A(K, J, I)=0.D0
```

```
      RETURN
      END
```

5. 实型向量送0的子程序 SUB. ZERO6

```
      SUBROUTINE ZERO3(A, N)                    实型向量送0
      DIMENSIONA(N)
      DO 10 I=1, N
 10   A(I)=0
      RETURN
      END
```

6. 实型二维数组送0的子程序 SUB. ZERO7

```
      SUBROUTINE ZERO2(A, L, M)                 实型二维数组送0
      DIMENSION A(L, M)
      DO 10 I=1, L
      DO 10 J=1, M
 10   A(J, I)=0. D0
      RETURN
      END
```

7. 矩阵乘法子程序 SUB. XYZ

```
      SUBROUTINE XYZ(M2, I2, K2, RX, RY, RZ)   矩阵乘法
      REAL*8 RX(I2, K2), RY(K2), RZ(I2)
      IF(M2)10, 10, 20
 10   DO 1 I=1, I2
      S=0. D0
      DO 2 K=1, K2
 2    S=S+ RX(I, K) * RY(K)
 1    RZ(I)=S
      RETURN
 20   DO 3 I=1, I2
      S=0. D0
      DO 4 K=1, K2
      S=S+ RX(K, I) * RY(K)
      RZ(I)=S
      RETURN
      END
```

8. 打印字符串子程序 SUB. PRN

```
      SUBROUTIN EPRN(STAR)                      实型二维数组送0
      CHARACTER*4 STAR
      WRITE(9,900) (STAR, I=1,19)
      RETURN
```

```
900     FORMAT(1X, 19A)
        END
```

9. 矩阵转置的子程序 SUB. JZZ

```
        SUBROUTINE JZZ(A, N)                    矩阵转置
        REAL*8 A(N, N)
        N1=N-1
        DO 20 I=1, N1
        I1=I+1
        DO 20 J=I1, N
20      A(I, J)=A(J, I)
        RETURN
        END
```

参 考 文 献

[1] E. Hinton, D. R. J. Owen. Finite Element Programming. London: Academic Press, 1997.
[2] O. C. Zienkiewich . The Finite Element Method (The-3-rd Edit.). McGraw-Hill Book Company Limited, 1977.
[3] 朱伯芳著. 有限单元法原理与应用. 北京：中国水利水电出版社，1998.
[4] 赵超燮编. 结构矩阵分析原理. 北京：人民教育出版社，1983.
[5] 龙驭球编. 有限元法概论. 北京：人民教育出版社，1979.
[6] 刘正兴编. 结构分析程序设计基础. 上海：上海交通大学出版社，1988.
[7] 甘舜仙. 有限元技术与程序. 北京：北京理工大学出版社，1988.
[8] 王勖成，邵敏编著. 有限单元法基本原理及数值技术. 北京：清华大学出版社，1988.
[9] 张德兴编著. 有限元素法新编教程. 上海：同济大学出版社，1989.
[10] 武汉水利电力学院建筑力学教研室. 建筑力学. 北京：人民教育出版社，1981.
[11] 张允真，曹富新编著. 弹性力学及其有限元法. 北京：中国铁道出版社，1983.
[12] D. R. J. Owew, E. Hinton. Finite Elemints in Plasticity: Theory and Practice. Swansea, U. K.: Pineridge Press, 1980.
[13] 欧阳炎. 第七讲 结构分析程序中的若干问题. 建筑结构，1987(2)：46～48.
[14] 寒冰. 第三讲 软件测试及调试技术. 建筑结构，1986(4)：55～56.
[15] 林春哲. 第四讲 在微型机上编制结构分析程序的方法. 建筑结构，1986(5)：48～50，35.
[16]《建筑结构荷载规范》(GB 50009—2001)(2006 年版). 北京：中国建筑工业出版社，2006.
[17]《混凝土结构设计规范》(GB 50010—2010). 北京：中国建筑工业出版社，2011.
[18]《建筑抗震设计规范》(GB 50011—2010). 北京：中国建筑工业出版社，2010.
[19] 谭浩强，田淑清编著. FORTRAN 语言：FORTRAN77 结构化程序设计. 北京：清华大学出版社，1990.
[20]《建筑工程抗震设防分类标准》(GB 50223—2008). 北京：中国建筑工业出版社，2008.
[21] 侯建国，陈跃庆，邓恢义等. 按抗震新规范调整地震内力组合值的简化方法. 建筑结构，1993(7)：18～20.
[22] 侯建国，陈跃庆，邓恢义等. 调整地震内力组合值的简化方法和程序简介. 武汉水利电力大学学报，1993(5)：622～628.
[23] 徐有邻，周氏编著. 混凝土结构设计规范理解与应用. 北京：中国建筑工业出版社，2002.